高等学校电子信息类专业系列教材

信号与系统

主　编　周昌雄

副主编　俞兴明　王　峰　张　培

主　审　王松林

西安电子科技大学出版社

内容简介

本书主要内容包括：信号与系统的基本概念，信号与系统的时域分析，连续时间信号与系统的频域分析，连续时间信号与系统的复频域分析，离散时间系统的 z 域分析，离散傅里叶变换及快速傅里叶变换，数字滤波器设计等。

每章的最后一节安排了 MATLAB 语言的相关内容，以提高读者的计算机作图能力，使读者加快对本课程知识点的理解与掌握。

本书可作为应用型本科院校的电子信息、通信、应用电子、自动化等专业的教材，也可作为其他本科相关专业教材。

图书在版编目(CIP)数据

信号与系统/周昌雄主编. 一西安：西安电子科技大学出版社，2008.5(2025.8 重印)
ISBN 978-7-5606-2010-7

Ⅰ. 信… Ⅱ. 周… Ⅲ. 信号系统一高等学校一教材 Ⅳ. TN911.6

中国版本图书馆 CIP 数据核字(2008)第 030379 号

策　　划　张晓燕
责任编辑　杨宗周
出版发行　西安电子科技大学出版社(西安市太白南路 2 号)
电　　话　(029)88202421　88201467　　邮　　编　710071
网　　址　www.xduph.com　　电子邮箱　xdupfxb001@163.com
经　　销　新华书店
印刷单位　河北虎彩印刷有限公司
版　　次　2008 年 5 月第 1 版　2025 年 8 月第 7 次印刷
开　　本　787 毫米×1092 毫米　1/16　印　张　13.75
字　　数　319 千字
定　　价　39.00 元
ISBN 978-7-5606-2010-7

XDUP 2302001-7

＊＊＊**如有印装问题可调换**＊＊＊

前　言

信号与系统的概念及分析方法广泛地应用于通信、自动控制、航空航天、电子信息、生物工程等领域，因此“信号与系统”是许多应用型本科院校相关专业的重要基础课。

“信号与系统”的内容是传统经典的，但在实际教学过程中总感觉有许多内容与“数字信号处理”课程存在重复，因此编写一本符合通信、自动控制、电子信息等专业教学实际要求的通用教材是非常必要的。随着计算机知识的普及，编者尝试将具有强大计算功能的MATLAB 软件引入本课程，将经典理论与现代计算技术相结合。考虑到传统教学的习惯，为了更加突出基础知识、基本概念，并保持结构的相对完整，把与 MATLAB 相关的部分放在每章的最后一节，主要是通过例题验证的方式引入，帮助读者掌握并应用 MATLAB 工具，提高读者计算及作图能力。

目前许多普通高等院校不开设“积分变换”和“数字信号处理”课程，而只开设“信号与系统”这门课。为尽量照顾到教学内容的系统性，以及后续课程“数字信号处理器 DSP 及其应用”的知识点的需求，本书采用了以下编写原则：

1. 有机整合“信号与系统”与“数字信号处理”课程的内容，删去重复和次要内容，保留主要部分。本书包含“积分变换”、“信号与系统”、“数字信号处理”三门课程的主要内容，以一当三。

2. 以变换域分析为主，时域分析为辅；以信号与系统分析为主，系统设计为辅；以讲理论为主，MATLAB 语言实验为辅。

3. 在变换域分析中，以傅里叶变换为主，拉普拉斯变换、$\mathscr{Z}$变换和 DFT 变换为辅。

4. 在傅里叶变换中，以频域分析为主；在拉普拉斯变换和 $\mathscr{Z}$变换中，以系统变换域分析为主；在 DFT 变换中，重点讨论 FFT 算法原理。在数字滤波器中，只讨论窗口法设计 FIR 和双线性法设计 IIR。

本书适用于应用型本科院校的电子信息、通信、应用电子、自动化等电类专业。教学计划可按 72 学时安排，第 6 章和第 7 章的内容可供不同专业选学。

本书第 1、5 章由俞兴明编写，第 2 章由王峰编写，第 3、4 章由张培编写，第 6、7 章由周昌雄编写。周昌雄任本书主编并统稿。王松林教授审阅了全书，并提出了许多宝贵意见，在此表示衷心的感谢。

由于编者水平有限，书中错误和不足在所难免，恳请读者批评指正。

编者

2008 年 3 月

目　录

第 1 章　信号与系统的基本概念

1.1 概　　述

信号与系统理论包括信号理论和系统理论两个方面。

信号理论主要研究信号分析理论，包括时域法和频域法两种基本方法。时域法研究信号的时域特性、波形参数、波形变化、重复周期的大小和信号的时域分解与合成等。频域法是将信号分析变换为另一种方法来研究其频域特性，例如，用傅里叶变换可把信号表示为无穷多个正弦分量的组合，再用这种变换来分析信号的频率结构(频谱分析)、各频率分量的相对大小以及信号占有的频率范围等，以揭示信号的频率特性。

系统理论的研究包括系统分析和系统综合两个方面。系统分析是指在给定系统的条件下，求取输入(激励)所产生的输出(响应)；系统综合是指在给定的输入下，为了获得预期的输出去求系统的构成。本课程主要讨论系统分析，学好分析是学习综合的基础。

本书只讨论线性时不变系统，因为，第一，大多数系统是线性时不变系统；第二，许多非线性系统和线性时变系统经过适当处理后，可以近似地化作线性时不变系统来分析。另外，虽然系统分析研究的是系统的输入和输出关系，一般不涉及到系统内部的具体结构，但为了使分析过程和分析结果有明显的物理意义，因而用具体的电网络并应用电路分析的方法作例子，所以本课程与“电路分析”课程的关系是十分紧密的。

1.2 信号的分类和运算

1.2.1 信号的概念和分类

广义地说，信号(Signal)是随时间变化的反映某种信息的物理量，如光、电、声、位移、速度、加速度、力、温度等。在通信技术中，一般将语言、文字、图像或数据等统称为消息(Message)，在消息之中包含有一定数量的信息(Information)。消息一般是不能直接传送的，必须借助于一定形式的信号(光信号、电信号等)才能进行远距离快速传输和进行各种处理。因而，信号是消息的表现形式，它是通信传输的客观对象；而消息是信号的具体内容，它蕴藏在信号之中。

由于电信号比较容易产生和处理，传送速率快，也容易实现与非电信号的相互转换，因此，本课程中只讨论电信号，即随时间变化的电压或电流。由于电信号随时间而变化，在数学上可以用时间 t 的函数来表示，因此本课程常常交替使用“信号”与“函数”这两个名词。

信号的分类方法很多，可以从不同的角度对信号进行分类。在信号与系统分析中，我们常以信号所具有的时间函数特性来加以分类。

1. 确定信号与随机信号

确定信号(Determinate Signal)是指能够以确定的时间函数表示的信号，在其定义域内任意时刻都有确定的函数值。例如电路中的正弦信号和各种形状的周期信号等。随机信号(Random signal)不能预知它随时间变化的规律，不是时间的确定函数。例如，半导体载流子随机运动所产生的噪声和从目标反射回来的雷达信号(其出现的时间和强度是随机的)都是随机信号。

虽然实际应用中的大部分信号都是随机信号，但在一定的条件下，可把许多随机信号近似地作为确定信号来分析，从而可使分析过程简化，便于实际应用。理论上，应首先研究确定信号，在此基础上再根据随机信号的统计规律进一步研究随机信号的特性。

2. 连续时间信号与离散时间信号

连续时间信号是指在信号的定义域内，任意时刻都有确定的函数值的信号，如图 1-1 所示，通常用 $f(t)$ 表示。连续时间信号最明显的特点是自变量 t 在其定义域上除有限个间断点外，其余是连续可变的。仅在离散时刻点上有定义的信号称为离散时间信号，如图 1-2 所示。这里“离散”一词表示自变量只取离散的数值，相邻离散时刻点的间隔可以是相等的，也可以是不相等的。在这些离散时刻点以外，信号无定义。信号的值域可以是连续的，也可以是不连续的。定义在等间隔离散时刻点上的离散信号也称为序列，通常用 $f(nT_s)$ 来表示，简记为 $f(n)$，其中 n 为序号，T_s 为相邻离散时刻点的间隔。

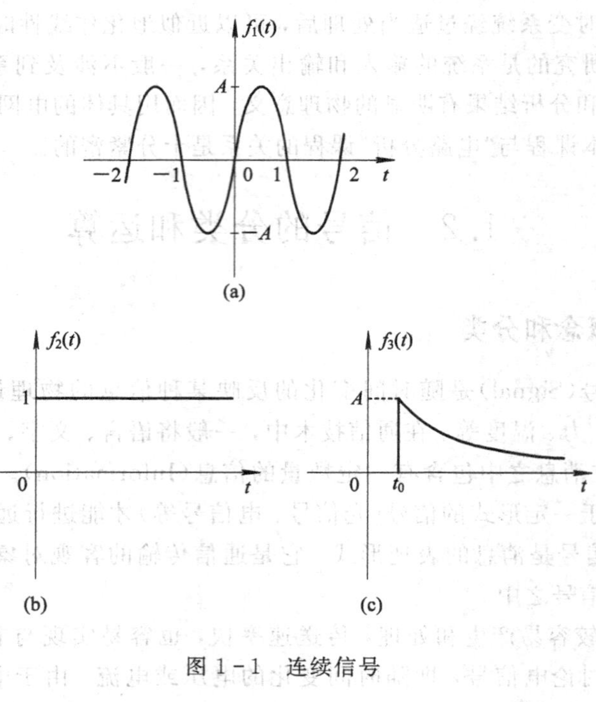

图 1-1　连续信号

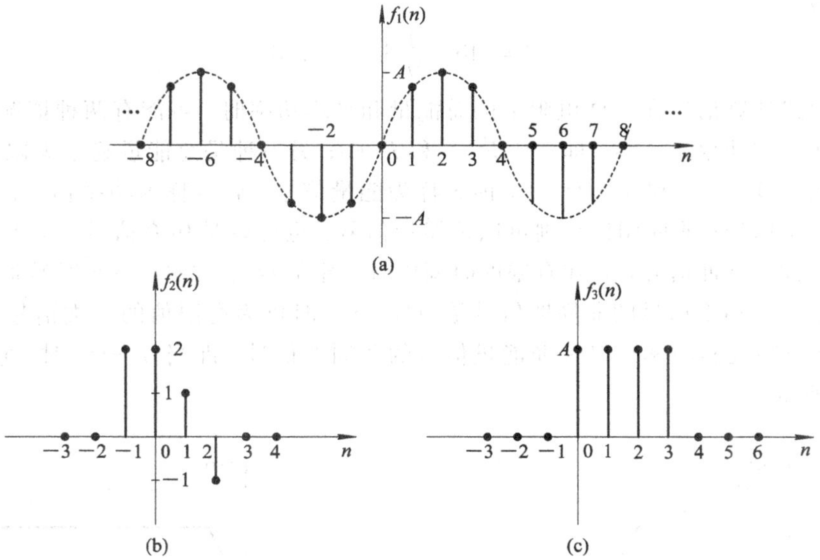

图 1 - 2　离散时间信号

3. 周期信号与非周期信号

确定信号又可分为周期信号(Periodic Signal)与非周期信号(Aperiodic Signal)。

周期信号是每隔一定的时间间隔重复变化的信号，如图 1 - 3 所示。连续周期信号与离散周期信号的数学表达式分别为

$$f(t)=f(t+nT)\quad n=0,\pm1,\pm2,\cdots,\pm\infty,-\infty<t<\infty \tag{1-1}$$

$$f(n)=f(n+mN)\quad m=0,\pm1,\pm2,\cdots,n\text{ 取整数} \tag{1-2}$$

式中，T 和 N 分别称为信号的周期。周期信号有两个要素：重复性和无限性。

非周期信号是不具有重复性的信号，实际信号一般都是非周期信号。

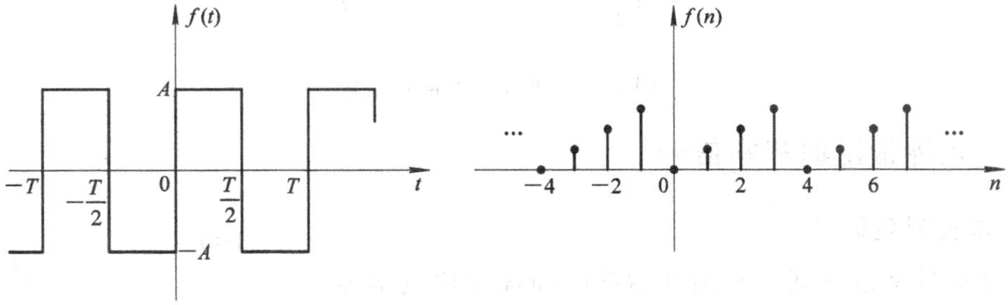

图 1 - 3　周期信号

4. 能量信号与功率信号

若将信号 $f(t)$ 设为电压或电流，则加载在 1 Ω 电阻上产生的瞬时功率为 $f^2(t)$，在一定的时间区间$[-t_0, t_0]$内会消耗一定的能量 $E=\int_{-t_0}^{t_0} f^2(t)\mathrm{d}t$。当 $t_0\to\infty$时，总能量为

$$E=\lim_{t_0\to\infty}\int_{-t_0}^{t_0} f^2(t)\mathrm{d}t \tag{1-3}$$

平均功率为

$$P=\lim_{t_0\to\infty}\frac{1}{2t_0}\int_{-t_0}^{t_0}f^2(t)\mathrm{d}t \tag{1-4}$$

应用上述两式计算信号在 1 Ω 电阻上的总能量和平均功率时，可能有两种情况：一种是总能量有限而平均功率趋于零，即 $0<E<\infty$ 和 $P\to0$；另一种是总能量趋于无限大而平均功率为有限值，即 $E\to\infty$ 和 $0<P<\infty$。前者称为能量信号，后者称为功率信号。一般，周期信号都是功率信号；非周期信号则可以是能量信号，也可以是功率信号。属于能量信号的非周期信号称为脉冲信号，它在有限的时间内有一定的数值，当 $|t|\to\infty$ 时数值为零，如图 1-4 所示。属于功率信号的非周期信号是当 $|t|\to\infty$ 时仍为有限值的一类信号，如图 1-5 所示。还有一些既非功率信号又非能量信号的非周期信号，即当 $|t|\to\infty$ 时，它为无穷大，如图1-6 所示。

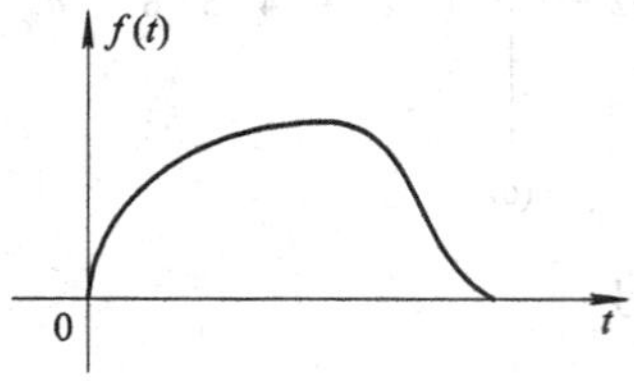

图 1-4　非周期能量信号

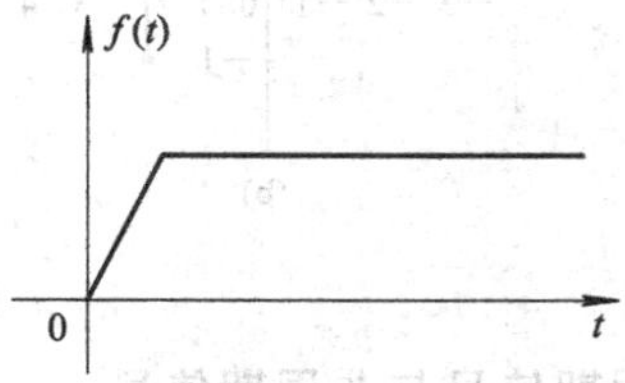

图 1-5　非周期功率信号

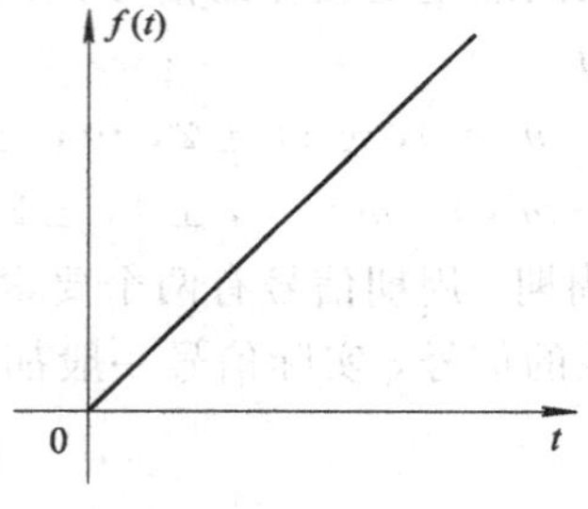

图 1-6　非功率非能量信号

1.2.2　几种常用的基本信号

1. 单位斜变信号

斜变信号是指从某一时刻开始随时间成正比例增加的信号。斜变信号也称斜坡信号。若斜变信号增长的变化率为 1，斜变的起始点发生在 $t=0$ 时刻，就称其为单位斜变信号（如图 1-7 所示），其数学表达式为

$$r(t)=\begin{cases}0, & t<0\\ t, & t\geqslant 0\end{cases} \tag{1-5}$$

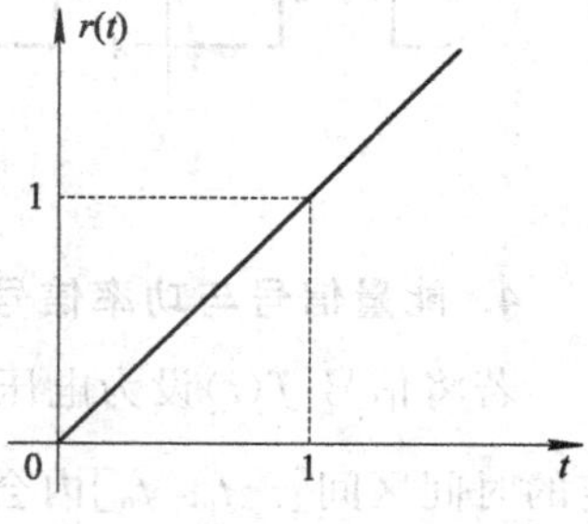

图 1-7　单位斜变信号

2. 单位阶跃信号和单位阶跃序列

单位阶跃信号定义为

$$\varepsilon(t)=\begin{cases}0, & t<0\\ 1, & t>0\end{cases} \tag{1-6}$$

在 $t=0$ 处，函数值未定义。

单位阶跃信号是对某些物理对象从一个状态瞬间突变到另一状态的描述。如图 1-8(a)所示，在 $t=0$ 时刻对某一电路接入 1 V 的直流电压源，并且无限持续下去，这个电路获得电压信号的过程可以用单位阶跃信号 $\varepsilon(t)$ 来描述，如图 1-8(b)所示。

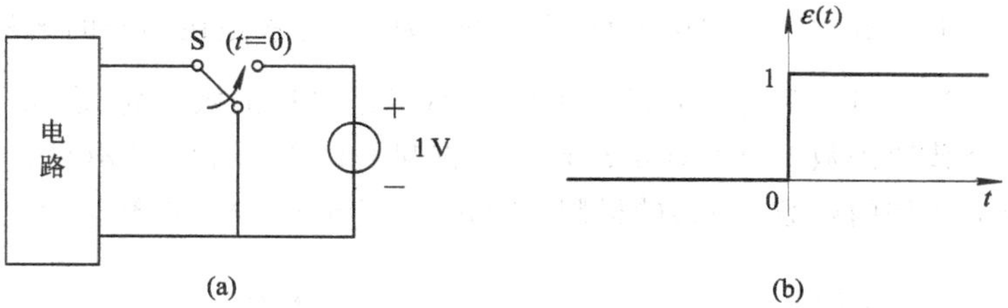

图 1-8　单位阶跃信号

如果接入电源的时间推迟 t_0 时刻($t_0>0$)，如图 1-9(a)所示，这时就可以用一个延时的单位阶跃信号来表示

$$\varepsilon(t-t_0)=\begin{cases}0, & t<t_0\\ 1, & t>t_0\end{cases} \tag{1-7}$$

其波形如图 1-9(b)所示。

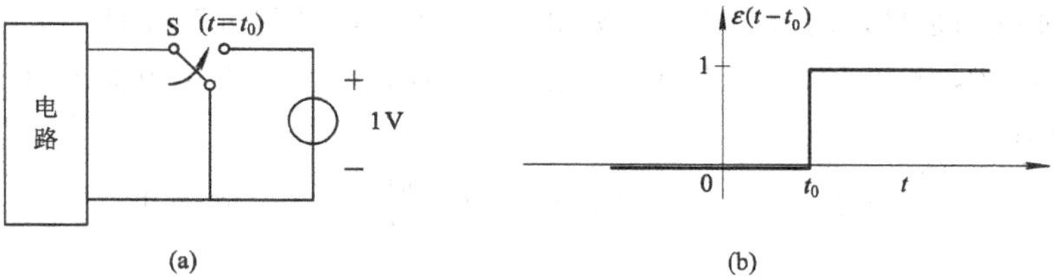

图 1-9　延迟 t_0 的单位阶跃信号

用阶跃函数的组合可以表示分段信号。例如图 1-10 所示的脉冲宽度为 τ 的单位矩形脉冲信号可以用阶跃信号的组合表示为

$$g_\tau(t)=\varepsilon\left(t+\frac{\tau}{2}\right)-\varepsilon\left(t-\frac{\tau}{2}\right)$$

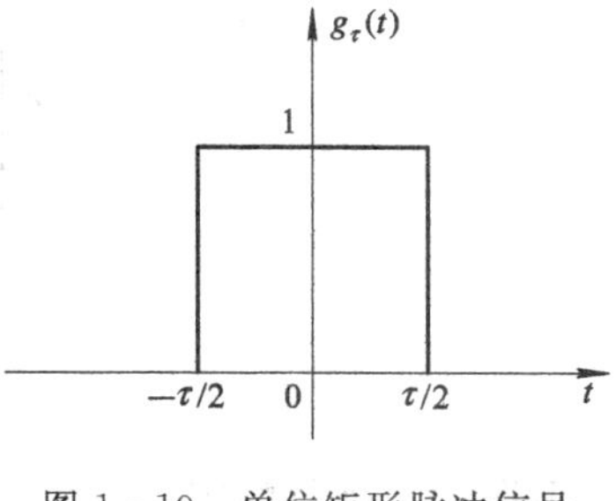

图 1-10　单位矩形脉冲信号

单位斜变信号 $r(t)$ 与单位阶跃信号 $\varepsilon(t)$ 之间有下列微积分的关系：

$$r(t)=\int_{-\infty}^{t}\varepsilon(\tau)\mathrm{d}\tau \tag{1-8a}$$

$$\varepsilon(t)=\frac{\mathrm{d}r(t)}{\mathrm{d}t} \tag{1-8b}$$

同样地，离散时间的单位阶跃序列定义为

$$\varepsilon(n)=\begin{cases}0, & n<0\\ 1, & n\geqslant 0\end{cases} \tag{1-9}$$

其波形如图 1-11 所示。

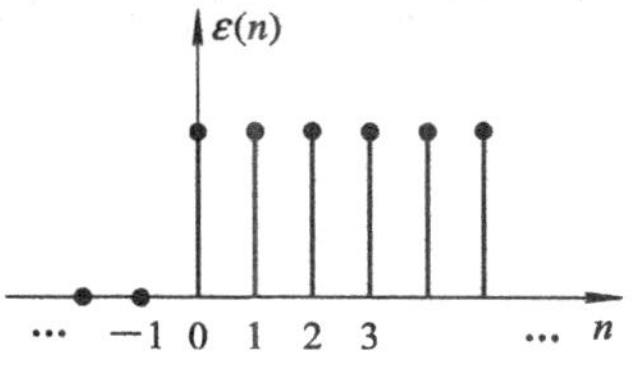

图 1-11　单位阶跃序列

3. 单位冲激信号和单位序列

单位冲激信号记为$\delta(t)$，其工程定义为

$$\begin{cases}\delta(t)=0, & t\neq 0\\ \delta(t)=\infty, & t=0\\ \int_{-\infty}^{+\infty}\delta(t)\mathrm{d}t=1\end{cases}\tag{1-10}$$

式中$\int_{-\infty}^{+\infty}\delta(t)\mathrm{d}t=1$表示$\delta(t)$所包围的面积(强度)为1，这就是在$\delta(t)$的名称前面冠以“单位”两字的意义。式(1-10)只是$\delta(t)$的工程定义而不是严格的数学定义。$\delta(t)$是一个广义函数，而不是一个普通函数，为了对$\delta(t)$有一个直观的认识，可以将$\delta(t)$看成是某些普通函数的极限情况，例如门函数$g_\Delta(t)$的极限，即$\delta(t)=\lim\limits_{\Delta\to 0}g_\Delta(t)$，如图1-12所示。

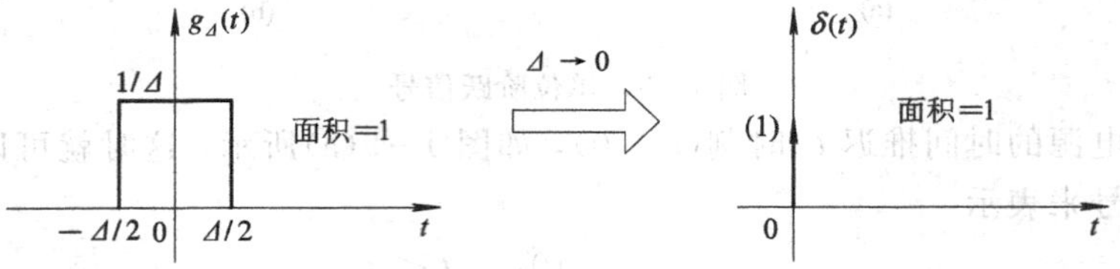

图1-12 单位冲激信号为门函数的极限

尽管单位冲激函数$\delta(t)$十分抽象，它不同于普通函数，但它对于集中于一瞬间(或一点)出现的物理量却是最好的数学描述。例如，一个1 V的理想电压源对一个1 F的理想电容器进行充电，如图1-13所示。在开关S接通的瞬间($t=0$)，充电电流$i(t)\to\infty$，但是充电电流的积分值：

$$\int_{-\infty}^{+\infty}i(t)\mathrm{d}t=\int_{0_-}^{0_+}i(t)\mathrm{d}t=\int_{0_-}^{0_+}C\frac{\mathrm{d}u(t)}{\mathrm{d}t}\mathrm{d}t=Cu=1\tag{1-11}$$

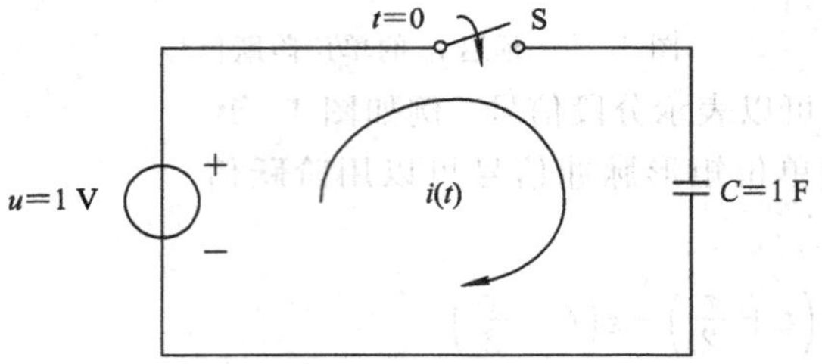

图1-13 单位冲激电流的产生

根据$\delta(t)$函数的定义，可以建立单位阶跃函数$\varepsilon(t)$和单位冲激函数$\delta(t)$的确切关系。由于$\delta(t)$只在$t=0$时存在，因此

$$\int_{-\infty}^{+\infty}\delta(t)\mathrm{d}t=\int_{0_-}^{0_+}\delta(t)\mathrm{d}t=1$$

故有

$$\int_{-\infty}^{t}\delta(\tau)\mathrm{d}\tau=\begin{cases}1, & t>0\\ 0, & t<0\end{cases}$$

根据 $\varepsilon(t)$ 的定义，应有

$$\varepsilon(t) = \int_{-\infty}^{t} \delta(\tau)\mathrm{d}\tau \tag{1-12}$$

上式表明，单位冲激信号的积分为单位阶跃信号；反过来，单位阶跃信号的导数应为单位冲激函数，即

$$\delta(t) = \frac{\mathrm{d}\varepsilon(t)}{\mathrm{d}t} \tag{1-13}$$

应当指出，当 $t=0$ 时，$\varepsilon(t)$ 不连续，普通意义上函数在该点无导数。而上式表明单位冲激函数可表示函数在不连续点的导数。

在理论分析中，还经常用到 $\delta(t)$ 的导数，即

$$\delta'(t) = \frac{\mathrm{d}\delta(t)}{\mathrm{d}t} \tag{1-14}$$

它可看做是位于原点的极窄矩形脉冲的导数极限，因而 $\delta'(t)$ 的波形可认为是由两个分别出现在 0_- 和 0_+ 的强度相等的正负冲激函数组成，如图 1-14 所示。通常把 $\delta'(t)$ 称为冲激偶。

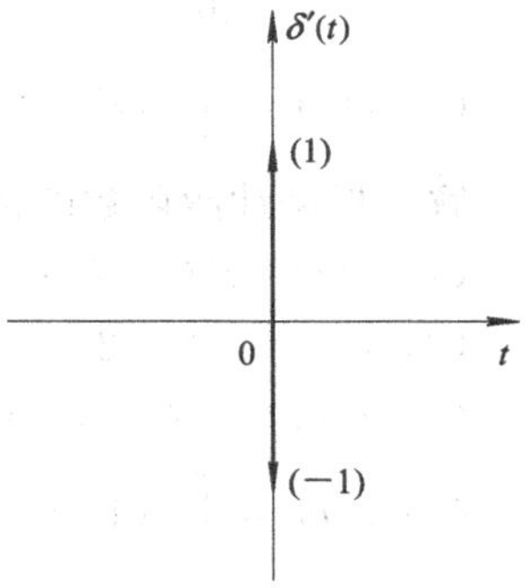

图 1-14　冲激偶信号

下面研究冲激函数 $\delta(t)$ 的性质。

1）偶对称性质

$$\delta(t) = \delta(-t) \tag{1-15}$$

因为 $\delta(t)$ 是门函数 $g_{\Delta}(t)$ 当 $\Delta \to 0$ 时的极限，而 $g_{\Delta}(t)$ 是偶函数，不难想象 $\delta(t)$ 也是偶函数。

2）采样(筛选)性质

若函数 $f(t)$ 在 $t=0$ 时连续，由于 $\delta(t)$ 只在 $t=0$ 时存在，则有

$$f(t)\delta(t) = f(0)\delta(t) \tag{1-16}$$

若 $f(t)$ 在 $t=t_0$ 时连续，则有

$$f(t)\delta(t-t_0) = f(t_0)\delta(t-t_0) \tag{1-17}$$

对上面两式取积分，可得到下面两个重要的积分结果：

$$\int_{-\infty}^{+\infty} f(t)\delta(t)\mathrm{d}t = f(0)\int_{-\infty}^{+\infty} \delta(t)\mathrm{d}t = f(0) \tag{1-18}$$

$$\int_{-\infty}^{+\infty} f(t)\delta(t-t_0)\mathrm{d}t = f(t_0) \tag{1-19}$$

式(1-19)说明，$\delta(t)$ 函数可以把信号 $f(t)$ 在某时刻的值采样(筛选)出来，这就是 $\delta(t)$ 的筛选性。

同样地，在离散信号中，单位序列(如图 1-15 所示)定义为

$$\delta(n) = \begin{cases} 0, & n \neq 0 \\ 1, & n = 0 \end{cases} \tag{1-20}$$

单位序列 $\delta(n)$ 与单位阶跃序列 $\varepsilon(n)$ 的关系为

$$\delta(n) = \varepsilon(n) - \varepsilon(n-1) \tag{1-21}$$

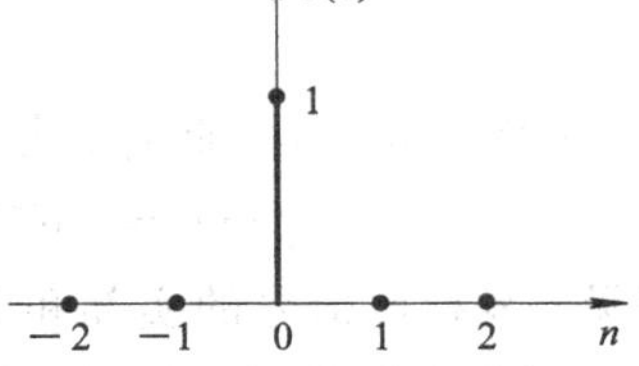

图 1-15　单位序列

$$\varepsilon(n) = \sum_{k=0}^{+\infty}\delta(n-k) \tag{1-22}$$

从式(1-22)可见 $\varepsilon(n)$是由无穷多个单位序列叠加而成的。

例 1-1　试分别化简下列各信号的表达式：

(1) $f(t)=t\delta(t-2)$；

(2) $f(t)=(t^3+2t^2+3)\delta(t-2)$；

(3) $f(t)=\frac{\mathrm{d}}{\mathrm{d}t}[\mathrm{e}^{-2t}\varepsilon(t)]$；

(4) $f(t)=\int_{-5}^{5}(t^2+2t+1)\delta(t-1)\mathrm{d}t$。

解　根据冲激函数的性质进行化简可得：

(1) $f(t)=t\delta(t-2)=2\delta(t-2)$；

(2) $f(t)=(2^3+2\times2^2+3)\delta(t-2)=19\delta(t-2)$；

(3) $f(t)=-2\mathrm{e}^{-2t}\varepsilon(t)+\mathrm{e}^{-2t}\delta(t)=-2\mathrm{e}^{-2t}\varepsilon(t)+\delta(t)$；

(4) $f(t)=\int_{-5}^{5}(1^2+2\times1+1)\delta(t-1)\mathrm{d}t=\int_{-5}^{5}4\delta(t-1)\mathrm{d}t=4$。

4. 指数信号

指数信号的一般数学表达式为

$$f(t)=A\mathrm{e}^{st} \tag{1-23}$$

根据式中 s 的不同取值，可以分下列两种情况讨论：

(1) $s=\sigma$ 时，此时为实指数信号，即

$$f(t)=A\mathrm{e}^{\sigma t} \tag{1-24}$$

当$\sigma>0$ 时，信号呈指数规律增长；当$\sigma<0$ 时，信号随指数规律衰减；当$\sigma=0$ 时，指数信号变成恒定不变的直流信号，如图 1-16 所示。

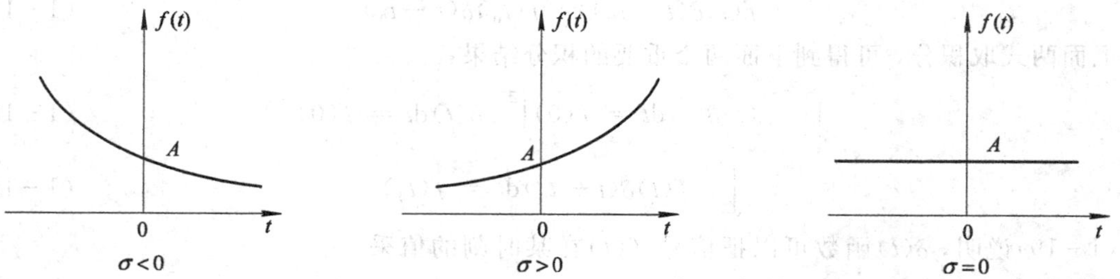

图 1-16　实指数信号

(2) $s=\sigma+\mathrm{j}\omega$，此时为复指数信号。利用欧拉公式，可以进一步表示为

$$f(t)=A\mathrm{e}^{(\sigma+\mathrm{j}\omega)t}=A\mathrm{e}^{\sigma t}\cdot\mathrm{e}^{\mathrm{j}\omega t}=A\mathrm{e}^{\sigma t}[\cos(\omega t)+\mathrm{j}\sin(\omega t)] \tag{1-25}$$

可见，复指数信号的实部和虚部都是振幅按指数规律变化的正弦振荡，当$\sigma>0(\sigma<0)$时，其实部和虚部的振幅按指数规律增长(衰减)；当$\sigma=0$ 时，复指数信号变为虚指数信号

$$f(t)=A\mathrm{e}^{\mathrm{j}\omega t}=A[\cos(\omega t)+\mathrm{j}\sin(\omega t)] \tag{1-26}$$

此时信号的实部和虚部都是等幅振荡的正弦波。复指数信号虚部的波形如图 1-17 所示。

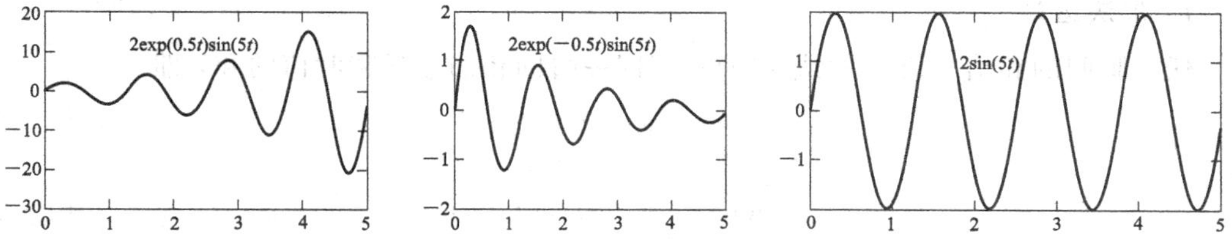

(a) $\sigma>0$ 增幅振荡 (b) $\sigma<0$ 衰减振荡 (c) $\sigma=0$ 等幅振荡

图 1－17 复指数信号虚部的波形

利用欧拉公式，可以把正弦和余弦信号用虚指数信号的组合表示：

$$\sin(\omega t)=\frac{1}{\mathrm{j}2}(\mathrm{e}^{\mathrm{j}\omega t}-\mathrm{e}^{-\mathrm{j}\omega t}) \tag{1-27a}$$

$$\cos(\omega t)=\frac{1}{2}(\mathrm{e}^{\mathrm{j}\omega t}+\mathrm{e}^{-\mathrm{j}\omega t}) \tag{1-27b}$$

复指数信号 e^{st} 是连续时间信号与系统分析中使用的基本信号，其中复频域 s 中的实部 σ 绝对值的大小反映了信号增长或衰减的速率，虚部 ω 的大小反映了信号振荡的频率。虽然实际中不能产生复指数信号，但是可以利用复指数信号来描述各种基本信号，如指数信号，正弦、余弦信号，直流信号等。指数信号的重要性还在于它的微积分结果仍然是同幂的指数信号。

5. 抽样信号

抽样信号的数学表达式为

$$\mathrm{Sa}(t)=\frac{\sin(t)}{t} \tag{1-28}$$

其波形如图 1－18 所示。它在 $t=0$ 时取得最大值，在 $t=\pm k\pi$ 时为零。

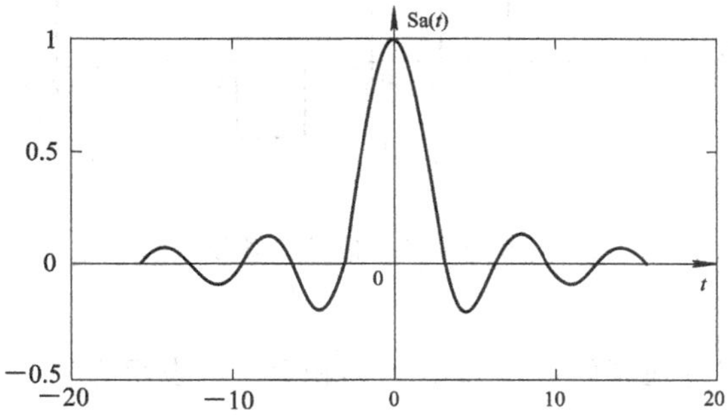

图 1－18 抽样信号 Sa(t)

1.2.3 信号的基本运算

为了研究信号通过加法器、乘法器、放大器、延时器、积分器和微分器等部件后的波形变化，经常涉及到对信号进行运算和波形变换。因此，掌握信号的各种基本运算及其对应的波形是非常必要的。

下面分别讨论信号的几种基本运算及其对应的波形。

1. 加法运算

任一瞬间的和信号值 $y(t)$或 $y(n)$等于同一瞬间相加信号瞬时值的和，即

$$y(t) = f_1(t) + f_2(t) \tag{1-29}$$

或

$$y(n) = f_1(n) + f_2(n) \tag{1-30}$$

2. 乘法运算

任一瞬时的乘积信号值 $y(t)$或 $y(n)$等于同一瞬时相乘信号瞬时值的积，即

$$y(t) = f_1(t) \cdot f_2(t) \tag{1-31}$$

$$y(n) = f_1(n) \cdot f_2(n) \tag{1-32}$$

3. 数乘(标量乘)

信号 $f_1(t)$或 $f_1(n)$和一个常数 a 相乘的积，即

$$y(t) = a \cdot f_1(t) \tag{1-33}$$

$$y(n) = a \cdot f_1(n) \tag{1-34}$$

数乘表示信号通过一个放大倍数为 a 的放大器。

4. 微分

信号的微分是指信号对时间的导数。可表示为

$$y(t) = \frac{\mathrm{d}}{\mathrm{d}t} f(t) = f'(t) \tag{1-35}$$

图 1-19 是信号微分的一个例子。

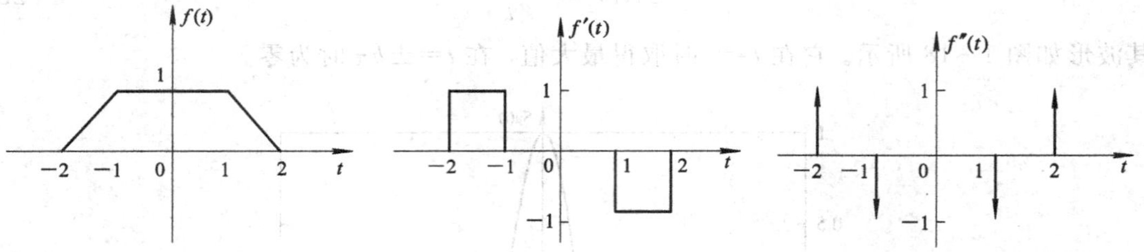

图 1-19 信号的微分

5. 积分

信号的积分是指信号在区间$(-\infty, t)$上的积分。可表示为

$$y(t) = \int_{-\infty}^{t} f(\tau)\mathrm{d}\tau = f^{(-1)}(t) \tag{1-36}$$

图 1-20 是信号积分的一个例子。

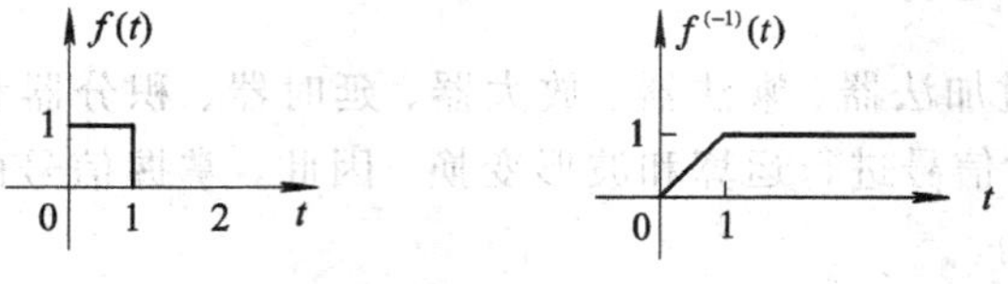

图 1-20 信号的积分

6. 信号的时移

信号时移$\pm t_0$(t_0 为大于零的常数)可表示成 $f(t\pm t_0)$。从波形上看，时移信号 $f(t+t_0)$ 的波形比 $f(t)$的波形在时间轴上超前 t_0，即 $f(t)$的波形向左移动 t_0；时移信号 $f(t-t_0)$的波形比 $f(t)$的波形在时间轴上滞后 t_0，即 $f(t)$的波形向右移动 t_0。信号的时移例子如图 1-21 所示。

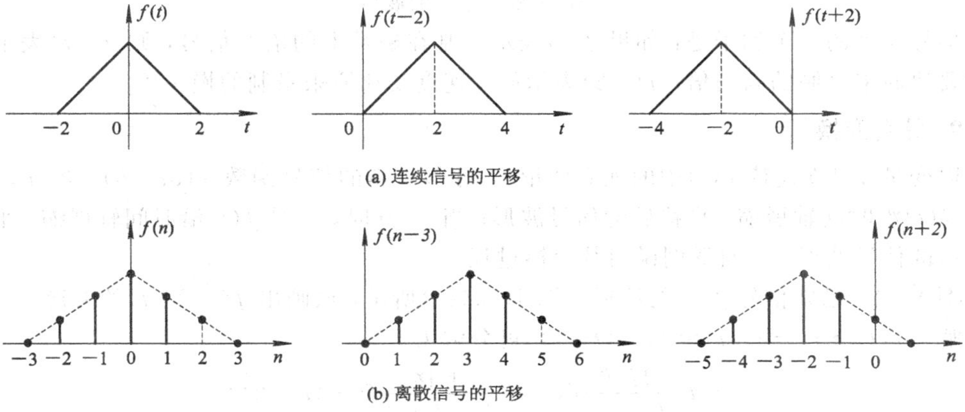

图 1-21　信号的时移

7. 信号的反转

以变量$-t$ 代替 $f(t)$中的独立变量 t，可得反转信号 $f(-t)$，它是 $f(t)$以纵轴($t=0$)为转轴作 180°反转而得到的信号波形。同理，以变量$-n$ 代替 $f(n)$中的独立自变量 n，可得反转信号 $f(-n)$，它是 $f(n)$以纵轴($n=0$)为转轴作 180°反转而得到的信号波形。信号的反转波形如图 1-22 所示。

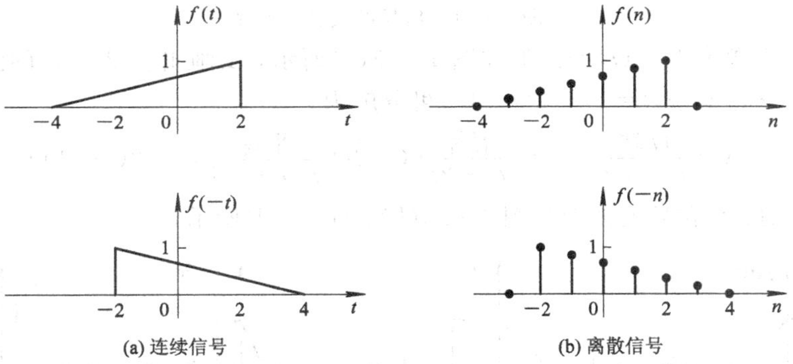

图 1-22　连续时间信号的反转

8. 展缩(尺度变换)

以变量 at 代替 $f(t)$中的独立变量 t 可得 $f(at)$，它是 $f(t)$沿时间轴展缩(尺度变换)而成的一个新的信号函数或波形。在信号 $f(at)$中，a 为常数，$|a|>1$ 时表示 $f(t)$沿时间轴压缩；$|a|<1$ 时表示 $f(t)$沿时间轴展宽。例如图 1-23 分别表示 $f(t)$、$f(2t)$、$f(t/2)$的波形。

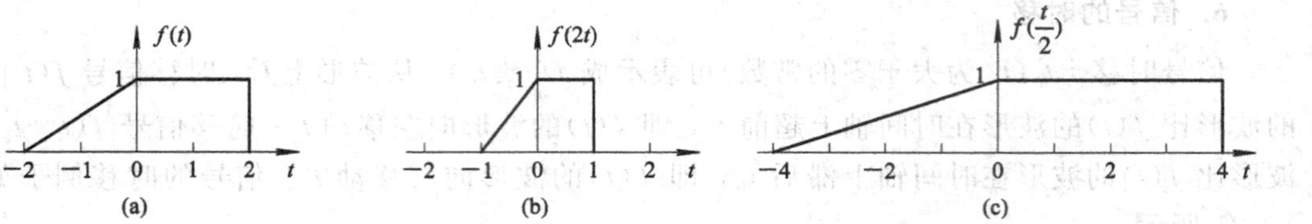

图 1－23　信号的展缩

信号展缩的一个例子是：如果 $f(t)$表示录制在磁带上的语音信号，则 $f(2t)$表示放音速度要比原来录制的高一倍；$f(t/2)$表示放音速度要比原来录制的慢一倍。

9. 综合变换

以变量 $at+b$ 代替 $f(t)$中的独立变量 t，可得一新的信号函数 $f(at+b)$。当 $a>0$ 时，它是 $f(t)$沿时间轴展缩、平移后的信号波形；当 $a<0$ 时，它是 $f(t)$沿时间轴展缩、平移和反转后的信号波形，下面举例说明其变换过程。

例 1－2　已知信号 $f(t)$的波形如图 1－24(a)所示，试画出 $f(-2-t)$的波形。

解　$f(t)\to f(-2-t)=f(-(t+2))$可分解为

$$f(t)\xrightarrow[t\to -t]{\text{反转}}f(-t)\xrightarrow[t\to t+2]{\text{平移}}f(-(t+2))$$

信号反转、平移后的波形如图 1－24(b)、(c)所示。

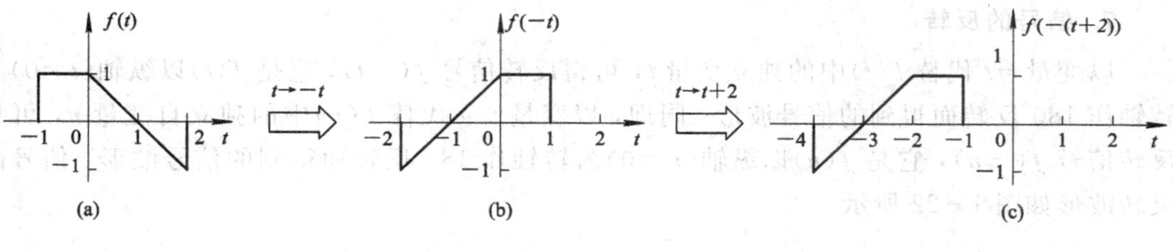

图 1－24　信号的反转、平移

例 1－3　已知信号 $f(t)$的波形如图 1－25(a)所示，试画出 $f(2-2t)$的波形。

解　$f(t)\to f(2-2t)=f(-2(t-1))$可分解为

$$f(t)\xrightarrow[t\to -t]{\text{反转}}f(-t)\xrightarrow[t\to 2t]{\text{展缩}}f(-2t)\xrightarrow[t\to t-1]{\text{平移}}f(-2(t-1))$$

信号反转、展缩、平移后的波形如图 1－25(b)、(c)、(d)所示。

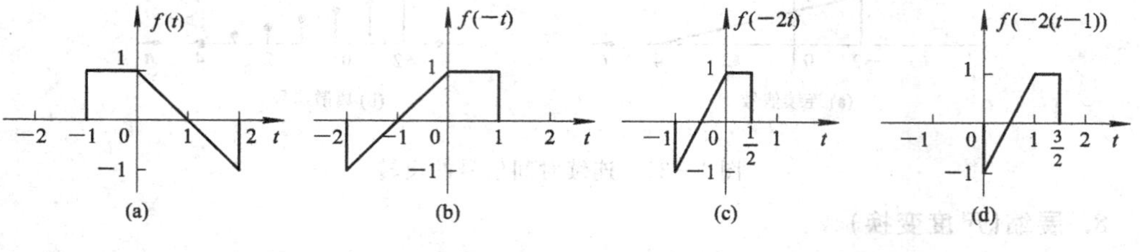

图 1－25　信号的反转、展缩和平移

值得注意的是，已知信号 $f(t)$的波形求 $f(at+b)$的波形时，一定要把 t 前面的系数 a 提出来，使 t 前的系数为 1。信号波形的变换总是对 t 而言的。信号波形的变换一般按照：反转→展缩→平移的顺序进行。

1.3 系　　统

1.3.1 系统的概念

系统(System)是一个较为广义的概念。从一般意义上来说，系统是由若干个相互关联的单元组成的且具有一定功能的有机整体。

系统的种类很多，如通信系统、计算机系统、自动控制系统、生态系统、经济系统、社会系统等。系统的规模可大可小，视实际需要而定。例如通信系统，它的功能是传送消息，它一般由七个子系统依次连接，如图 1-26 所示。各个子系统的功能分别是：

(1) 消息源——产生语言、文字、图像、数据等消息的人或设备。

(2) 输入转换器——把消息转换为信号的装置。

(3) 发送器——把输入转换器输出的信号转换为另一种形式的信号，以便于信号传输。

(4) 信道——信号传输的通道。

(5) 接收器——接收由信道传来的信号，并把它的形式转换为适合于输出转换器工作的装置。

(6) 输出转换器——把接收器输出的信号转换为消息的装置。

(7) 消息用户——接收消息的人或设备。

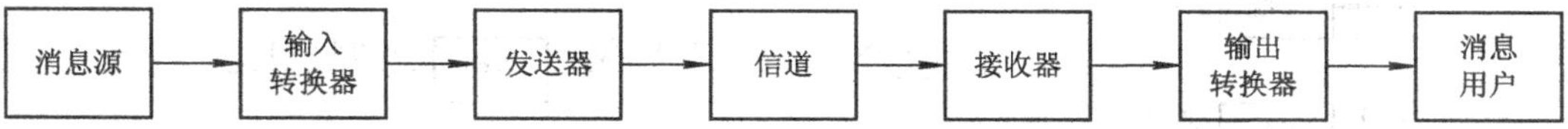

图 1-26　通信系统的组成

系统的功能随其结构形式而定。有的可完成对信号的加工与处理，如放大、滤波、延迟、积分；有的可完成对运动物体的遥测与控制，如雷达、卫星遥测遥控系统等；有的可完成工业过程中各物理量(如温度、压力、流量、速度等)的自动检测。系统的功能虽然不尽相同，但其输入与输出的关系却可以简单地用框图表示出来，并有普遍的规律性。若系统的输入(激励)信号 $f(t)$ 和输出信号 $y(t)$ 均只有一个，这样的系统称为单输入—单输出系统，表示方法如图 1-27(a)所示。若系统的输入信号有多个，如 $f_1(t)$、$f_2(t)$、…、$f_n(t)$，输出信号也有多个，如 $y_1(t)$、$y_2(t)$、…、$y_m(t)$，则称这样的系统为多输入—多输出系统，表示方法如图 1-27(b)所示。单输入—单输出系统是基础，本书主要讨论单输入—单输出系统。

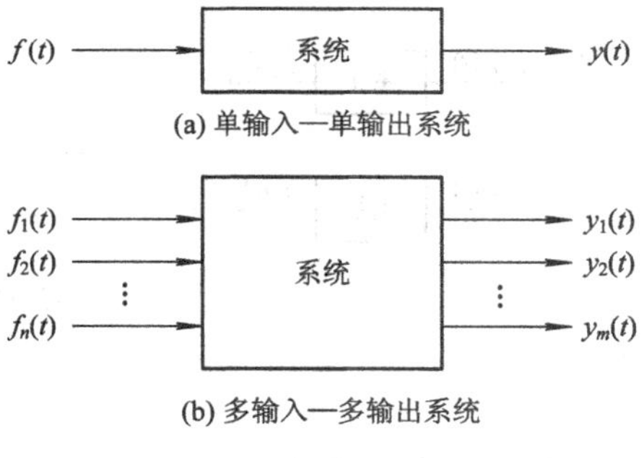

图 1-27　系统的表示

1.3.2 系统的分类

1. 连续时间系统和离散时间系统

输入和输出均为连续时间信号的系统称为连续时间系统。输入和输出均为离散时间信号的系统称为离散时间系统。例如，常见的由 R、L、C 元件组成的电路是连续时间系统，而计算机系统则为离散时间系统。

连续时间系统的数学模型是微分方程，离散时间系统的数学模型是差分方程。

2. 线性系统与非线性系统

线性(Linearity)包含两个重要概念，即齐次性和叠加性。若系统输入增加 k 倍，输出也增加 k 倍，这就是齐次性，如图 1-28(a)所示。若有几个输入同时作用于系统，则系统总的输出等于每一个输入单独作用系统引起的输出之和，这就是叠加性，如图 1-28(b)所示。同时具有齐次性和叠加性便是线性，如图 1-28(c)所示。用式子表示：

若

$$f_1(t) \rightarrow y_1(t),\ f_2(t) \rightarrow y_2(t)$$

则

$$k_1 \cdot f_1(t) + k_2 \cdot f_2(t) \rightarrow k_1 \cdot y_1(t) + k_2 \cdot y_2(t) \tag{1-37}$$

式中，k_1、k_2 为任意常数。

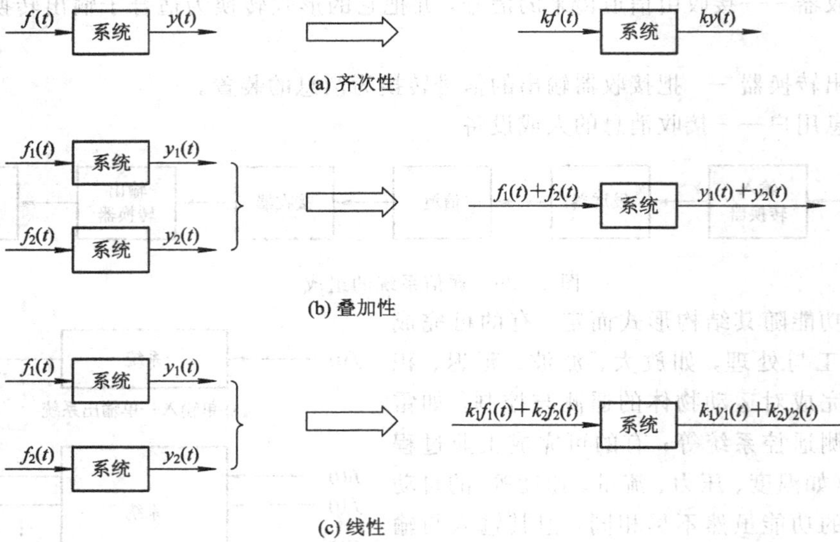

图 1-28 齐次性和叠加性

一个系统的输出不仅与输入有关，还与系统的初始状态有关。根据系统的线性特性，可以将系统的初始状态看做是系统的一种激励。这样，对于一个线性系统，其总响应必然是由外部激励与初始状态分别产生的响应之叠加。设系统仅有外部激励而初始状态为零时的响应为 $y_{zs}(t)$，称为**零状态响应**；仅有初始状态而外部激励为零时的响应为 $y_{zi}(t)$，称为**零输入响应**。当系统既有外部激励又同时有初始状态时，若下式成立

$$y(t) = y_{zs}(t) + y_{zi}(t), \quad t \geqslant 0 \tag{1-38}$$

则称系统具有可分解性，$y(t)$称为**完全响应**。

因此，判断一个系统是否为线性系统，应从三个方面来判断：

(1) 可分解性，即系统满足式(1-38)。

(2) 零输入线性，即当系统有多个初始状态时，零输入响应 $y_{zi}(t)$ 对每一个初始状态呈现线性。

(3) 零状态线性，即当系统有多个激励时，其零状态响应 $y_{zs}(t)$ 对每一个激励呈现线性。

满足上述三个条件的系统称为线性系统，不满足上述条件的系统称为非线性系统。

同理，对于具有线性特性的离散时间系统，也应具有可分解性和线性，即

$$f_1(n) \to y_1(n),\ f_2(n) \to y_2(n)$$

则

$$k_1 \cdot f_1(n) + k_2 \cdot f_2(n) \to k_1 \cdot y_1(n) + k_2 \cdot f_2(n) \tag{1-39}$$

式中 k_1、k_2 为常数。同样，系统的完全响应可表示为

$$y(n) = y_{zi}(n) + y_{zs}(n) \tag{1-40}$$

例 1-4　判断下列输出响应所对应的系统是否为线性系统(其中 $y(0)$ 为系统的初始状态，$f(t)$ 为系统的外部激励，$y(t)$ 为系统的响应)。

(1) $y(t)=5y(0)+4f(t)$；

(2) $y(t)=2y(0)+6f^2(t)$；

(3) $y(t)=4y(0)f(t)+3f(t)$；

(4) $y(t) = 2t^2y(0) + 7\dfrac{\mathrm{d}f(t)}{\mathrm{d}t}$

(5) $y(t) = 4y(0) + 4t\int_0^t f(\tau)\mathrm{d}\tau$。

解　判断一个系统是否为线性系统，只需根据系统的完全响应是否满足可分解性、零输入线性和零状态线性。

(1) 满足可分解性，且 $y_{zi}(t)=5y(0)$ 与 $y_{zs}(t)=4f(t)$ 都具有线性特性，故为线性系统。

(2) 满足可分解性，$y_{zi}(t)=2y(0)$ 具有线性特性，但 $y_{zs}(t)=6f^2(t)$ 为非线性，故为非线性系统。

(3) 不满足可分解性，故为非线性系统。

(4) 满足可分解性，$y_{zi}(t)=2t^2y(0)$ 为线性(注：应以 $y(0)$ 为考察对象，而不是 t，t 只是一个变系数)，$y_{zs}(t)=7\dfrac{\mathrm{d}f(t)}{\mathrm{d}t}$ 仍为线性(注：微分运算为线性运算)，故为线性系统。

(5) 满足可分解性，$y_{zi}(t)=4y(0)$ 为线性，$y_{zs}(t) = 4t\int_0^t f(\tau)\mathrm{d}\tau$ 仍为线性(注：积分运算仍为线性运算)，故为线性系统。

在判断系统的零输入响应 $y_{zi}(t)$ 是否为线性时，应以 $y(0)$ 为自变量，而不能以其他变量(如 t)作为自变量。同样，在判断系统的零状态响应 $y_{zs}(t)$ 时，应以激励 $f(t)$ 为自变量，而不能以其他变量(如 t)作为自变量。这一点非常重要。

例 1-5　已知某线性系统，当其初始状态 $y(0)=2$ 时，系统的零输入响应 $y_{zi}(t)=6e^{-4t}(t>0)$。而在初始状态 $y(0)=8$ 时以及激励 $f(t)$ 共同作用下产生的系统完全响应 $y(t)=3e^{-4t}+5e^{-t}$，$t>0$。试求：

(1) 系统的零状态响应 $y_{zs}(t)$；

(2) 系统在初始状态 $y(0)=1$ 以及激励为 $3f(t)$ 共同作用下的完全响应。

解 (1) 由于 $y(0)=2$ 时 $y_{zi}(t)=6e^{-4t}(t>0)$，故有 $y(0)=8$ 时 $y_{zi}(t)=24e^{-4t}(t>0)$。因此

$$y_{zs}(t)=y(t)-y_{zi}(t)=3e^{-4t}+5e^{-t}-24e^{-4t}=5e^{-t}-21e^{-4t},\quad t>0$$

(2) 同理，当 $y(0)=1$ 和 $3f(t)$ 作用下，有

$$y(t)=0.5\cdot(6e^{-4t})+3\cdot(5e^{-t}-21e^{-4t})=15e^{-t}-60e^{-4t},\quad t>0$$

例 1-6 试证明方程

$$y'(t)+ay(t)=f(t)$$

所描述的系统为线性系统。式中 a 为常数。

证明 不失一般性，设输入有两个分量，且

$$f_1(t)\rightarrow y_1(t),\ f_2(t)\rightarrow y_2(t)$$

则有

$$y_1'(t)+ay_1(t)=f_1(t)$$
$$y_2'(t)+ay_2(t)=f_2(t)$$

相加得

$$y_1'(t)+ay_1(t)+y_2'(t)+ay_2(t)=f_1(t)+f_2(t)$$

即

$$\frac{d}{dt}[y_1(t)+y_2(t)]+a[y_1(t)+y_2(t)]=f_1(t)+f_2(t)$$

可见

$$f_1(t)+f_2(t)\rightarrow y_1(t)+y_2(t)$$

即满足叠加性。齐次性是显而易见的。故系统为线性。

线性系统有三个重要的特性，即微分特性、积分特性和频率保持特性。

(1) **微分特性。**如果线性系统的输入 $f(t)$ 引起的响应为 $y(t)$，则当输入为 $f(t)$ 的导数 $\frac{df(t)}{dt}$ 时，其响应变为 $y(t)$ 的导数 $\frac{dy(t)}{dt}$。

(2) **积分特性。**如果线性系统的输入 $f(t)$ 引起的响应为 $y(t)$，则当输入为 $f(t)$ 的积分 $\int_0^t f(\tau)d\tau$ 时，其响应变为 $y(t)$ 的积分 $\int_0^t y(\tau)d\tau$。

上述线性系统的直观描述如图 1-29 所示。

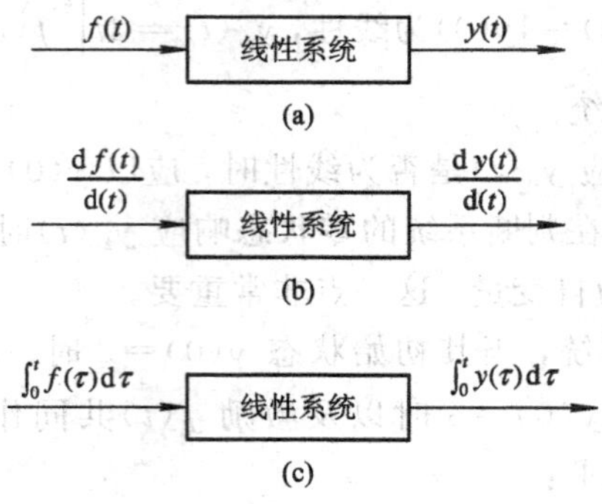

图 1-29　线性系统的微分、积分特性

(3) **频率保持性**。如果线性系统的输入信号含有 ω_1，ω_2，…，ω_n 的成分，则系统的稳态响应也只含有 ω_1，ω_2，…，ω_n 的成分(其中有些频率成分的大小可能为零)。换言之，信号通过线性系统后不会产生新的频率分量。

3. 时不变系统与时变系统

系统可分为时不变系统(Time Invariant System)和时变系统(Time-varying System)。一个系统，如果在零状态条件下，系统的输出波形仅取决于输入波形而与输入的起始时刻无关，就称为时不变系统，这一特性可直观地用图 1 - 30 描述。不满足上述特性的系统就称为时变系统。时不变系统可表示为

$$f(t) \rightarrow y_{zs}(t)$$

则

$$f(t-t_0) \rightarrow y_{zs}(t-t_0) \tag{1-41}$$

同理，对于时不变离散系统，可表示为

$$f(n) \rightarrow y_{zs}(n)$$

则

$$f(n-m) \rightarrow y_{zs}(n-m) \tag{1-42}$$

式中，n、m 为任意整数。

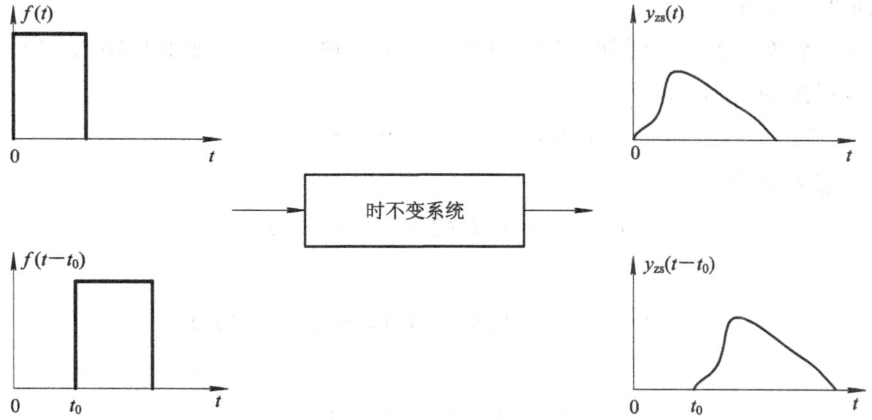

图 1 - 30　时不变系统的响应

如果一个系统的元件参数不随时间而变化，例如图 1 - 31 所示的 RLC 串联电路，对常参数 RLC 有方程

$$LC\frac{\mathrm{d}^2 u_C(t)}{\mathrm{d}t^2} + RC\frac{\mathrm{d}u_C(t)}{\mathrm{d}t} + u_C(t) = f(t)$$

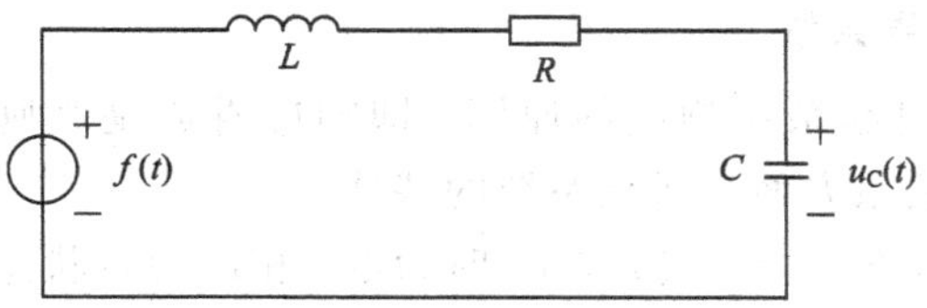

图 1 - 31　时不变系统的例子

而且该方程的各系数都是常数，故该系统是时不变(或称非时变)系统。只要有一个元件为时变的，如 $R(t)$ 或 $C(t)$，系统即为时变的。同理，时不变离散系统的差分方程的系数也应为常数。

例 1-7　试判断以下系统是否为时不变系统：

(1) $y_{zs}(t)=a\cos[f(t)]$，$t\geqslant 0$；

(2) $y_{zs}(t)=f(2t)$，$t\geqslant 0$。

输入输出方程中 $f(t)$ 和 $y_{zs}(t)$ 分别表示系统的激励和零状态响应，a 为常数。

解　(1) 已知

$$f(t)\rightarrow y_{zs}(t)=a\cos[f(t)]$$

设

$$f_1(t)=f(t-t_d),\quad t\geqslant t_d$$

则其零状态响应为

$$y_{zs(f_1)}(t)=a\cos[f_1(t)]=a\cos[f(t-t_d)]$$

显然

$$y_{zs(f_1)}(t)=y_{zs}(t-t_d)$$

故该系统是时不变系统。

(2) 这个系统代表一个时间上的尺寸压缩，系统输出 $y_{zs}(t)$ 波形是输入 $f(t)$ 在时间上压缩 1/2 后得到的波形。设

$$f_1(t)=f(t-t_d),\quad t\geqslant t_d$$

相应的零状态响应为

$$y_{zs(f_1)}(t)=f_1(2t)=f(2t-t_d)$$

而

$$y_{zs}(t-t_d)=f[2(t-t_d)]=f(2t-2t_d)$$

由于

$$y_{zs(f_1)}(t)\neq y_{zs}(t-t_d)$$

故该系统是时变系统。

必须指出，系统的线性和时不变性是两个不同的概念，线性系统可以是时不变的，也可以是时变的，非线性系统也可以如此。线性时不变(Linear Time Invariant，LTI)系统可用常系数的线性微分方程或差分方程描述，而线性时变系统则由时变系数的线性微分方程描述。本书只讨论线性时不变系统，简称 LTI 系统。

4. 因果系统和非因果系统

如果把激励看成是引起系统响应的原因，即响应看成是激励作用于系统的结果，那么，我们还可以从因果关系方面来研究系统的特性。

一个系统，如果激励在 $t<t_0$(或 $n<n_0$)时为零，相应的零状态响应在 $t<t_0$(或 $n<n_0$)时也恒为零，就称该系统具有**因果性**，并称这样的系统为**因果系统**；否则，为**非因果系统**。

在因果系统中，原因决定结果，结果不会出现在原因之前。因此，系统在任一时刻的响应只与该时刻以及该时刻以前的激励有关，而与该时刻以后的激励无关。所谓激励可以是当前输入，也可以是历史输入或等效的初始状态。由于因果系统没有预测未来输入的能力，因而也常称为**不可测系统**。

例如，对于以下两个系统：

$$y_{zs}(t) = af(t) + b$$

$$y_{zs}(t) = cf(t) + df(t-1)$$

由于任一时刻的零状态响应均与该时刻以后的输入无关，因此都是因果系统。

而对于输入输出方程为

$$y_{zs}(t) = f(t+1)$$

的系统，其任一时刻的响应都与该时刻以后的激励有关。例如，令 $t=0$ 时，就有 $y_{zs}(0)=f(1)$，即 $t=0$ 时刻的响应取决于 $t=1$ 时刻的激励，响应在先，激励在后，因此，该系统是非因果系统。这种系统不是真实系统，在物理系统中是不可能实现的，只是一种理想系统。以后要讨论的理想滤波器就是属于这一类系统。

1.4　信号与系统分析方法概述

这一节简要地概述信号与系统分析的一些主要方法，给读者提供一个概貌。

信号与系统分析包括信号分析和系统分析两大部分。

信号分析的内容十分广泛，分析方法也有多种，目前最常用的最基本的两种方法是时域法和频域法。时域法研究的是信号的时域特性，如波形的参数、波形的变化、出现时间的先后、持续时间的长短、重复周期的大小和信号的时域分解与合成等等。频域法是将信号变换为另一种形式研究其频域特性。例如，可把信号表示为无穷多个正弦分量的组合，即所谓傅里叶变换，通过这种变换分析信号的频率结构(频谱分析)，各种频率分量的相对大小以及主要频率分量占有的范围等，以揭示信号的频域性质。信号分析在通信、自动控制、生物医学工程等领域有着广泛的应用。

系统分析的主要任务就是在已知输入激励和系统结构的条件下，求解系统响应的输出响应、研究系统的频率响应特性及各种响应的变化规律、系统的稳定性等。其总体方法是建立系统的数学模型并求解。在建立系统模型方面，描述系统的方法有输入—输出法(外部法)和状态变量法(内部法)。输入—输出法是建立系统激励与响应之间的直接关系，不涉及系统内部变量的情况，因而输入—输出法对于通信工程中常遇到的单输入单输出系统是适用的。状态变量法不仅给出系统的响应，还给出系统内部变量情况，特别适用于多输入多输出系统，这种方法便于计算机求解，它不仅适用于线性时不变系统，也便于推广应用于时变系统和非线性系统。本书不介绍状态变量法。

系统数学模型的求解方法主要有两大类：时域法和变换域法。时域法比较直观，它直接分析时间变量的函数，研究系统的时域特性。对于输入—输出法，利用经典法求解常系统线性微分方程或差分方程。而对于状态变量法，则需求解矩阵方程。在线性系统时域分析中，卷积方法是一种重要的方法，在第 2 章中将作详细讨论。变换域方法是将信号与系统的时间变量函数变换成相应变换域的某个变量函数。例如，第 3 章中讨论的傅里叶变换是以频率为变量的函数，利用傅里叶变换来研究系统的频域特性。第 4 章中讨论的拉普拉斯变换和第 5 章中讨论的 $\mathscr{Z}$ 变换则主要研究极点与零点分析，对系统进行 s 域和 z 域分析。变换域方法可以将时域分析中的微分方程或差分方程转换为代数方程，或将卷积积分与卷积和转换为乘法，这使信号与系统分析求解过程变得简单方便。

在利用变换域法和时域法进行线性时不变系统分析时，时域法和频域法都是把激励信号分解为某些类型的基本信号，在这些基本信号分别作用下求得系统的响应，然后叠加。在时域法中这些基本信号是单位冲激信号，而频域法中是正弦信号或指数信号，而在 s 域分析中是复指数信号。

1.5 MATLAB 语言简介

1.5.1 MATLAB 语言基本知识

在科学研究和工程应用中，往往需要大量的数学运算，其中包括矩阵运算。一般来说，这些运算难于用手工精确、快捷地进行，而需要借助计算机编制相应的程序来做近似计算。用 C、BASIC 和 FORTRAN 语言编制计算机程序，既要对有关算法有深刻的了解，还需要熟练掌握所用语言的语法及编程技巧。对于大多数科技工作者而言，同时具备这两方面的技能有一定的困难。为了克服上述困难，美国 MathWorks 公司于 1967 年推出矩阵实验室 Matrix Laboratory(缩写为 MATLAB)软件包，并不断更新和扩充。目前，MATLAB 已经发展到 7.1 版本(MATLAB Release 14 with Service Pack 1)。

1. MATLAB 的基本组成和典型应用

1) MATLAB 系统的基本组成

(1) 开发环境：这是帮助用户使用 MATLAB 函数和文件的一套工具。许多这样的工具都有图形化的用户界面，包括 MATLAB 桌面环境和命令窗口、命令历史记录、编辑/调试器、帮助文件浏览器、工作空间、文件及搜索路径。

(2) MATLAB 数学函数库：这是一个巨大而广泛的计算算法的集合库，从基本的函数(如求和、正弦、余弦和复数运算等)到更加复杂(如求逆矩阵、求矩阵的特征值、贝塞尔函数和快速傅里叶变换等)。

(3) MATLAB 语言：这是一种高级矩阵语言，包括流程控制语句、函数、数据结构、输入/输出和面向对象的编程特性。它既允许小型编程，又允许大型编程，能编制出大型的、复杂的应用程序。

(4) 绘图功能：MATLAB 具有将矢量和矩阵显示成图形的工具，也可以对这些图形进行标注和打印。包括可用于二维和三维数据可视化绘图、图像处理、动画和图形演示的高级函数，也包括可以允许用户完全定制图形外观，为用户的 MATLAB 应用程序建立复杂的图形用户界面的底层函数。

(5) MATLAB 应用程序接口(API)：这是一个允许用户编写 C 语言和 FORTRAN 语言程序来与 MATLAB 进行交互的接口库。

另外，MATLAB系统中还包含一系列附加的、针对特定应用求解的工具箱(Toolbox)。它是MATLAB函数(M文件)的综合性的集合，可延伸MATLAB环境来解决特定领域的问题，包括信号处理、控制系统、神经网络、小波分析、科学仿真等等。

2) MATLAB的典型应用

(1) 数学计算(包括数值运算和符号运算)。

(2) 科学算法开发。

(3) 数据采集和信号处理。

(4) 建模及原型仿真。

(5) 数据分析和数据可视化。

(6) 科学与工程绘图。

(7) 应用程序开发(包括建立图形化用户界面)。

2. MATLAB所需的软硬件环境

1) MATLAB系统运行需要的硬件环境

(1) CPU最好是Pentium Ⅲ或更高。

(2) 内存至少为128 MB，推荐256 MB以上。

(3) 硬盘空间至少需要120 MB，若安装帮助文档则需要260 MB硬盘空间，如果安装其他工具箱，则需要更大的硬盘空间。

(4) 16位、24位或32位支持OpenGL的图形适配卡。

2) MATLAB运行的软件环境

(1) 操作系统为Windows 98/NT/2000或Windows XP等版本。

(2) 为了运行MATLAB Notebook、MATLAB Excel Builder、Excel Link、Database Toolbox及MATLAB Web Sever组件，需要安装Office 97或Office 2000、Office XP。

(3) 如果用户想完全阅读MATLAB的帮助信息，需预先安装Microsoft IE4.0或更高版本和Adobe Acrobat Reader 3.0或更高版本。

3. MATLAB的桌面环境

在运行MATLAB之前首先要在自己的操作系统中安装MATLAB，如果读者使用Windows操作系统，则建议使用Windows 2000或者Windows XP Professional版本作为MATLAB的运行平台。运行MATLAB时，可以双击MATLAB的图标，或者在命令行提示符(控制台方式)下键入指令：matlab，这时将启动MATLAB的图形桌面工具环境。MATLAB的桌面环境可以包含多个窗口，这些窗口分别为历史命令窗口(Command History)、命令行窗口(Command Window)、当前目录浏览器(Current Directory Browser)、工作空间浏览器(Workspace Browser)、目录分类窗口(Launch Pad)、数组编辑器(Array Editor)、M文件编辑器/调试器(Editor/Debugger)、超文本帮助浏览器(Help Navigator/Browser)，它们都可以内嵌在MATLAB主窗口中，组成MATLAB的用户界面。当MATLAB安装完毕并首次运行时，展示在用户面前的界面为MATLAB运行时的缺省界面窗口，如图1-32所示。

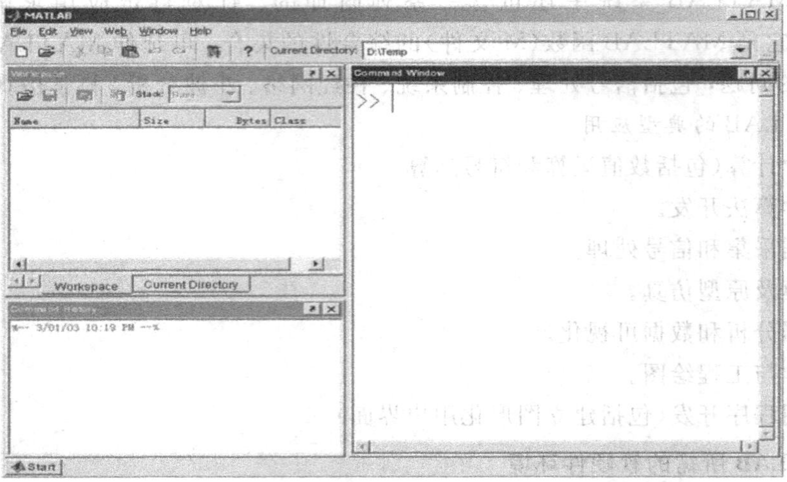

图 1-32　MATLAB 的缺省界面

MATLAB 的命令行窗口最具特色的就是其命令回调的功能，也就是说在 MATLAB 的命令行窗口键入任意算术表达式，系统将自动计算，并给出结果，见例 1-8。

例 1-8　用 MATLAB 计算如下算术表达式：

$$\frac{-5}{(4.8+5.32)^2}$$

解　只要直接在 MATLAB 的命令行窗口中键入

＞＞－5/(4.8＋5.32)^2↙

系统将直接计算表达式的结果，并且给出答案：

ans ＝

　　－0.0488

说明：这里的符号"＞＞"为 MATLAB 的命令行提示符；"↙"表示键入表达式之后按回车键；计算得到的结果显示为 ans(英文单词"answer"的缩写)，它是 MATLAB 默认的系统变量。所有 MATLAB 的计算结果和数值都默认使用双精度类型显示。MATLAB 的数学运算符(如 *、/等)与其他的计算机高级语言(例如 C 语言)类似。

特别需要指出的是，MATLAB 作为一个优秀的科学软件，其在数据可视化方面也有上乘的表现。MATLAB 的图形功能很强，不但可以绘制一般函数的图形，而且还可以绘制专业图形，如饼图、条形图等。MATLAB 可以给出数据的二维、三维乃至四维的图形表示。通过对图形线型、立面、色彩、光线、视角等的控制，可把数据的特征表现得淋漓尽致。

1.5.2　MATLAB 程序设计基础

1. MATLAB 的基本运算单位

MATLAB 的基本运算单位就是矩阵和向量，而 M 语言本身就是以向量化运算为基础的编程语言。从编程语言的角度上看，向量也就是一维数组。

在 MATLAB 中创建向量可以使用不同的方法，最直接也最简单的方法就是逐个输入向量的元素，还有使用冒号(：)运算符、使用函数 linspace 和 logspace 创建向量等方法。创建矩阵的方法也类似，如用直接输入矩阵元素的方法创建矩阵“>>A = [1 2 3; 4 5 6; 7 8 9]”。

需要注意的是：整个矩阵的元素必须在“[]”中键入；矩阵的元素行与行之间需要使用分号“；”间隔，也可以在需要分行的地方用回车键间隔；矩阵的元素之间可以使用逗号“，”或者空格间隔。矩阵或者向量元素的编辑也可以通过数组编辑器来完成。

访问向量的元素只要使用相应元素的索引即可，如访问向量的最后四个元素时输入“>> A([end−3: end])”，按一定规则访问矩阵元素的方式见表 1－1。可以通过访问元素的方法，对具体的元素赋值，如“>> A(3) = −3”。访问矩阵的元素也需要使用矩阵元素的索引。注意，MATLAB 的矩阵元素的排列以列元素优先，与 C 语言的二维数组元素的排列不同。

表 1－1 矩阵元素的访问方式

矩阵元素的访问	说 明
A(*i*, *j*)	访问矩阵 **A** 的第 *i* 行第 *j* 列上的元素，其中 *i* 和 *j* 为标量
A(***I***, ***J***)	访问由向量 ***I*** 和 ***J*** 指定的矩阵 **A** 中的元素
A(*i*, :)	访问矩阵 **A** 中第 *i* 行的所有元素
A(:, *j*)	访问矩阵 **A** 中第 *j* 列的所有元素
A(:)	访问矩阵 **A** 的所有元素，将矩阵看做一个向量
A(*l*)	使用单下标的方式访问矩阵元素，其中 *l* 为标量
A(***L***)	访问由向量 ***L*** 指定的矩阵 **A** 的元素，向量 ***L*** 中的元素为矩阵元素的单下标数值

2. M 文件和 M 函数简介

MATLAB 提供了完整的编写应用程序的能力，这种能力通过一种被称为 M 语言的高级语言来实现。M 语言是一种解释性语言，利用该语言编写的代码仅能被 MATLAB 接受，被 MATLAB 解释、执行。其实，一个 M 文件就是由若干 MATLAB 的命令组合在一起构成的。与 C 语言类似，M 文件的结构也有流程控制，包括选择结构(使用 if 语句或者 switch 语句)、循环结构(while 循环和 for 循环)等。

和 C 语言类似，M 语言文件都是标准的纯文本格式的文件，利用任何一种纯文本编辑器都可以编写相应的文件，其文件的扩展名为 .m。为了方便编辑 M 文件，MATLAB 提供了一个编辑器，叫作 Meditor，它也是系统默认的 M 文件编辑器，如图 1－33 所示。在 MATLAB 命令行窗口中键入指令“edit”，就可以打开 Meditor。

在 MATLAB 中，M 文件有两类：脚本(Script)文件和函数(Function)文件。这两类文件的命名必须以字母开头，其余部分可以是字母、数字或下划线(不能是汉字)。

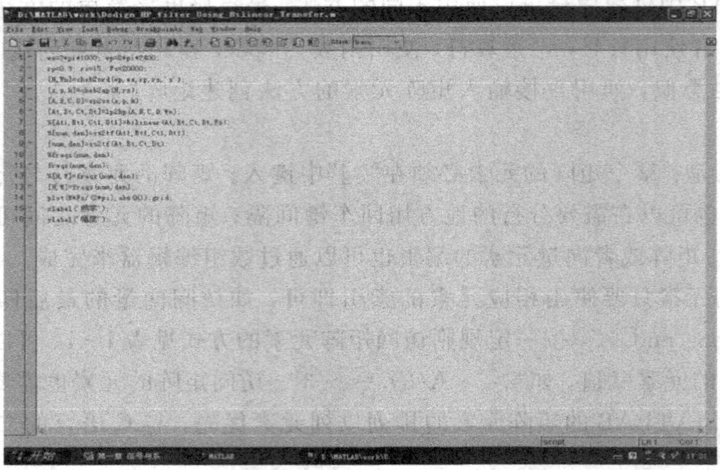

图 1 - 33　MATLAB 的 M 文件编辑器(Meditor/Debugger)

1) M 脚本文件

所谓脚本文件，就是由一系列的 MATLAB 指令和命令组成的纯文本格式的 M 文件。执行脚本文件时，文件中的指令或者命令按照出现在脚本文件中的顺序依次执行。脚本文件没有输入参数，也没有输出参数，执行起来就像早期的 DOS 操作系统的批处理文件一样，而脚本文件处理的数据或者变量必须在 MATLAB 的公共工作空间中。脚本文件的主要用途是使输入更加简化，如果用户需要重复输入许多指令，即可将这些指令放在一个脚本文件中。可以说，脚本文件就是将用户在 MATLAB 指令窗口中输入的一组指令用另外一个名称(文件名)来代替。在程序设计中，指令文件常作为主程序来设计。

脚本文件在文本编辑器(如上述的 Meditor)编辑和修改好以后，取名保存。按 Save and Run 图标或菜单可以保存并运行该文件。如果有错误，则在指令窗口给出相应的提示，用户可根据出错提示找到出错的地方并进行修改。

2) M 函数文件

函数文件的主要用途是扩充 MATLAB 的应用范围和满足用户不同的实际应用需求。M 函数文件和脚本文件不同，M 函数文件不仅可以有一个输入参数和一个返回值，还可以为 M 语言函数文件定义多个输入参数和多个输出参数。除了输入变量和输出变量以外，在函数文件内部的其他变量通常为该函数文件的局部变量，只在本函数的工作区内有效，一旦退出该函数，即为无效变量。而脚本文件中定义或使用的变量都是全局变量，在退出文件后仍是有效变量，且保留在工作空间中，其他脚本文件和函数可以共享这些变量。

3) M 函数

M 函数主要有两类：一类被称为内建(Build-in)函数，这类函数是由 MATLAB 的内核提供的，能够完成基本的运算，例如三角函数、矩阵运算的函数等；另外一类函数就是利用高级语言开发的函数文件，这里的函数文件既包括用 C 语言开发的 MEX 函数文件，又包含 M 函数文件。MATLAB 的功能是通过大量的 M 语言函数或者 MATLAB 内建的指令来完成的，在命令行窗口中，调用这些函数的方法就是直接键入函数或者指令，并且根据不同的函数提供相应的参数列表。

M 函数文件的文件名必须以关键词“Function”开头，第一行为函数说明语句，其格式为

Function[返回变量 1，返回变量 2，…]=函数名(输入变量 1，输入变量 2，…)

其中函数名由用户自己定义，一般推荐将函数名称用小写的英文字母表示。其存储文件的文件名与函数名最好一致。若不一致，则在调用时应使用文件名。

所有的 MATALB 函数都具有自己的帮助信息，这些帮助信息都保存在相应的函数文件的注释区中。获取帮助的方法是使用指令“help 函数名”或者“helpwin 函数名”(在线帮助)，要获得更详细的帮助信息可在帮助窗口中阅读帮助文档。

M 语言函数文件由下面几部分组成：

- 函数定义行。
- 在线帮助。
- 注释行。
- M 语言代码。

例 1-9　函数文件：average.m 示例。

解　MATLAB 程序如下：

```
function y = average(x)                          函数定义行
% AVERAGE 求向量元素的均值                        ┐
% 语法：                                          │
% Y = average(X)                                  ├ 注释行
% 其中，X 是向量，Y 是计算得到向量元素的均值      │
% 若输入参数为非向量则出错                        ┘

% 代码行                                          ┐
[m, n] = size(x);                                 │
% 判断输入参数是否为向量                          │
if (~((m == 1) | (n == 1)) | (m == 1 & n == 1))   │
   % 若输入参数不是向量，则出错                   ├ 代码行
   error('Input must be a vector')                │
end                                               │
% 计算向量元素的均值                              ┘
y = sum(x)/length(x);
```

在上面程序中，每行最前面的数字编号(行号)是编辑器固有的，不用输入。在 MATLAB 命令行中，键入下面的指令运行例 1-9 的代码：

```
>> z = 1:99;
>> y = average(z)
y =
   50
```

上例中的 M 文件存盘 “average.m ”文件即得“average”函数。

M 文件的注释行需要使用%定义符，在%之后的所有文本都认为是注释文本，不过，M 文件的注释定义符仅能影响一行代码。给程序添加适当的注释是良好的编程习惯，希望读者能够在日常编程中多多使用。

同一个 M 函数文件中可以包含多个函数。如果在同一个 M 函数文件中包含了多个函

数，那么出现在文件中的第一个 M 函数称为主函数(primary function)，其余的函数称为子函数(subfunction)。

编写完 M 文件后，应对其进行调试，以排除程序中的错误。一般来说，应用程序的错误有两类：一类是语法错误；另外一类是运行时的错误。程序的调试往往是在程序无法得到正确结果时进行程序修正的惟一手段。M 语言文件的编辑器——meditor 不仅仅是一个文件编辑器，同时还是一个可视化的调试开发环境，这里有许多与调试有关的按钮。调试时用设置断点查看堆栈状态来发现和排除错误。

1.5.3 MATLAB 语言在信号与系统中的应用

“信号与系统”是电子信息类专业一门重要的专业基础课，其特点是理论性强，对学生的数学知识要求较高，理论计算繁琐，系统分析时出现的时域图和频域图较多，在传统学习中学生要将大量时间花在手工计算和绘图中。MATLAB 软件是由美国 Mathworks 公司推出的用于数值计算和图形处理的科学计算系统环境，它集高效的数值分析、完备的信号和图形处理、功能丰富的应用工具箱为一体，构成了一个方便且界面友好的用户环境，是一种适应多种硬件平台的数学计算工具。MATLAB 在信号与系统课程的教学中，主要有以下两方面的作用：

(1) 利用 MATLAB 的数值计算和分析功能，将学生从繁杂的数学运算及推导中解脱出来。“信号与系统”课程中有许多复杂的数学运算及推导，例如微积分运算、微分方程求解、差分方程求解、多项式求根、系统零极点计算、部分分式展开、卷积积分、卷积和运算等，在传统的教学中，这类运算都是由学生经过手算来完成的，既耗费了大量的时间又达不到理想的学习效果。利用 MATLAB 可以让学生学会用科学的运算方法解决问题，从繁重的手工数学运算中解脱出来，将学习重点放在对信号与系统分析的基本概念、方法和原理的理解和运用上。

(2) 利用 MATLAB 具有计算结果可视化及强大的图形处理功能，将信号与系统课程中大量较为抽象、学生难以理解的概念和习题，编制成 MATLAB 程序，用文字、声音、图形、动态画面及友好的人机交互界面展现出来，使学生易于理解和掌握。

通过后续章节的理论学习和 MATLAB 的具体操作，读者肯定会对以上两点有较深感受。

小　结

本章首先给出了信号的概念和分类。信号是随时间变化的某种物理量，是传送各种消息的工具。常见的信号形式有连续时间信号和离散时间信号两大类。在常见的信号中，单位阶跃信号和单位冲激信号有许多特殊的性质，它们是分析其他信号的有力工具。信号的运算有相加(减)、相乘、数乘、微分、积分、延迟、反转、压缩展宽等。

系统是由若干单元按一定规则相互连接并完成确定功能的有机整体。系统可分为连续时间系统、离散时间系统和混合系统三大类。线性非时变(时不变)系统是实际系统的一类重要理论模型，本章主要讨论了线性非时变(时不变)系统的概念和性质，系统响应的分解性、齐次性和叠加性是线性系统的充要条件。线性时不变系统具有微分特性、积分特性和频率保持性。

MATLAB 是一种功能强大的工程计算软件，其强大的数值计算和符号运算功能、可视化图形功能等为信号与系统的研究提供了强有力的计算机辅助手段。

习　题　1

1－1　试画出下列信号的波形：

(1) $f(t)=(2e^{-2t}-4e^{-4t})\varepsilon(t)$；

(2) $f(t)=(3-3e^{-t})\varepsilon(t-2)$；

(3) $f(t)=e^{-2t}\sin(2t)\varepsilon(t)$；

(4) $f(t)=(t-2)\varepsilon(t)$；

(5) $f(t)=2\cos\left(\pi t+\frac{\pi}{3}\right)$，$-\infty<t<\infty$；

(6) $f(t)=(t-1)\varepsilon(t-1)$。

1－2　试写出题 1－2 图中各信号的时域表达式。

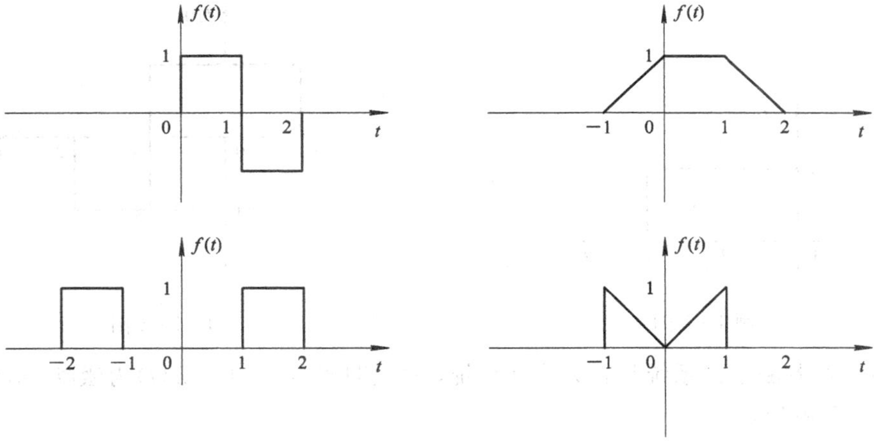

题 1－2 图

1－3　写出题 1－3 图所示各序列的闭合形式表达式。

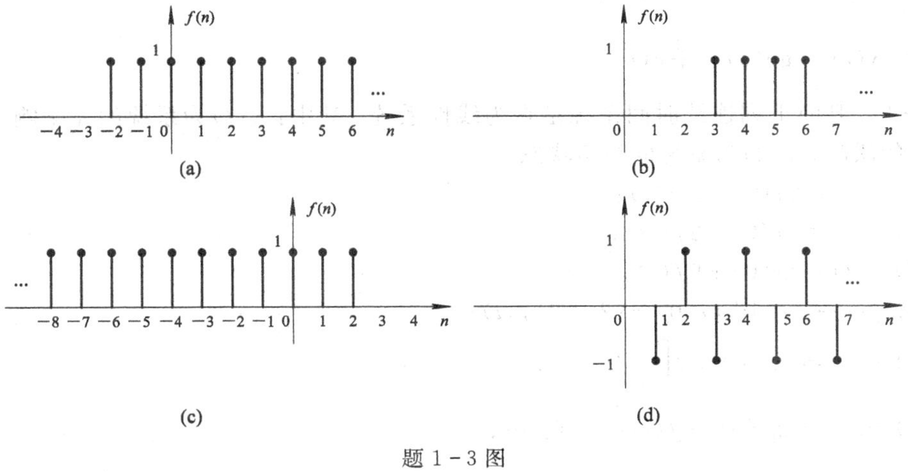

题 1－3 图

1－4　信号 $f_1(t)$ 和 $f_2(t)$ 的波形如题 1－4 图所示，试绘出 $f_1(t)+f_2(t)$、$f_1(t)-f_2(t)$、$f_1(t)\times f_2(t)$ 的波形。

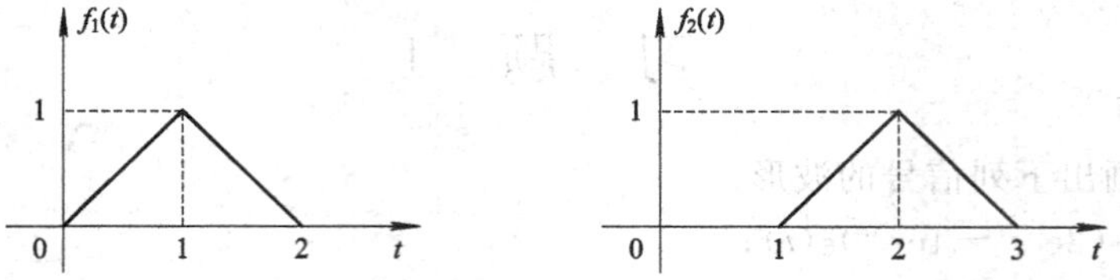

题 1－4 图

1－5　信号 $f(t)$ 的波形如题 1－5 图所示，试画出 $2f(t-2)$、$f(2t)$、$f\left(\frac{1}{2}t\right)$、$f(-t+1)$ 的波形。

1－6　信号 $f(t)$ 的波形如题 1－6 图所示，试画出 $f'(t)$、$\int_{-\infty}^{t} f(t)\mathrm{d}t$ 的波形。

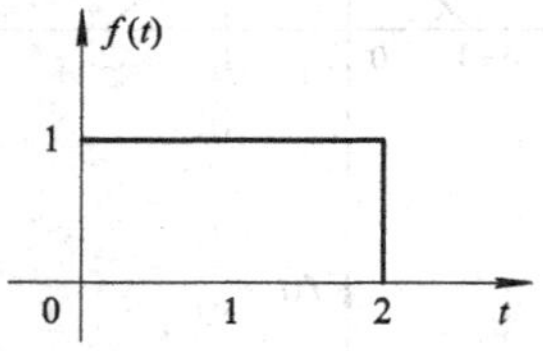

题 1－5 图

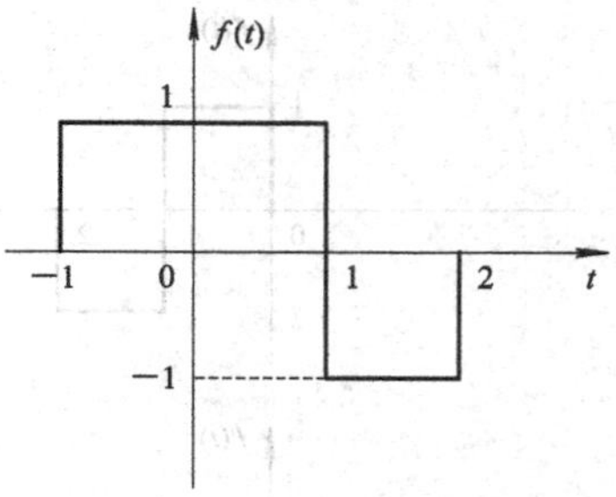

题 1－6 图

1－7　试判断下列系统是否为线性系统，并说明理由。其中：$x(t)$ 为激励，$q(0)$ 为初始状态，$y(t)$ 为响应。

(1) $y(t)=q^2(0)+x^2(t)$；

(2) $y(t)=q(0)\lg x(t)$；

(3) $y(t)=q(0)+\int_0^t x(\lambda)\mathrm{d}\lambda$；

(4) $y(t)=\lg q(0)+\frac{\mathrm{d}}{\mathrm{d}t}x(t)$。

1－8　判断下列连续时间系统是否为线性系统。其中：$y(t)$ 为系统的完全响应，$f(t)$ 为系统的激励，$x(0)$ 为系统的初始状态。

(1) $y(t)=2x(0)+t^2 f(t)$；

(2) $y(t)=4x(0)+3f^2(t)$；

(3) $y(t)=3x(0)+5f(t)$；

(4) $y(t)=(t^2+5)x(0)+(2t+3)f(t)$；

(5) $y(t)=3x(0)+t\int_{-\infty}^{t} f(\tau)\mathrm{d}\tau$；

(6) $y(t)=2x(0)+f(t)\int_{-\infty}^{t} f(\tau)\mathrm{d}\tau$；

(7) $y(t) = x(0)f(t) + 2f(t)$;

(8) $y(t) = 2tx(0) + 4x(0) + t^2 f(t) + 3tf(t)$。

1-9　试判断下列动态方程式所描述的连续时间系统是否为线性时不变系统。其中：$f(t)$为系统输入信号，$y(t)$为系统输出信号，系统初始状态为零。

(1) $\frac{d^2y}{dt^2}+4\frac{dy}{dt}+y(t)=3f(t)$;

(2) $\frac{d^2y(t)}{dt^2}+3\frac{dy(t)}{dt}+2y(t)=\frac{d^2t}{dt^2}+4f(t)$;

(3) $\frac{d^2y(t)}{dt^2}+2t^2\frac{dy}{dt}+5y(t)=3t\cdot f(t-1)$;

(4) $\frac{dy}{dt}+3y(t)+6=2f(t-2)$;

(5) $\frac{dy(t)}{dt}+y^2(t)=4f(t)$;

(6) $y(t)=\frac{d^2f(t)}{dt^2}+2f(t)$。

1-10　题 1-10 图(a)和(b)的系统是由两个子系统级联而成，其中 $S_1[x_1(t)]=tx_1(t)$，$S_2[x_2(t)]=\frac{d}{dt}[x_2(t)]$。若 $x(t)=t$，求 $y(t)$。

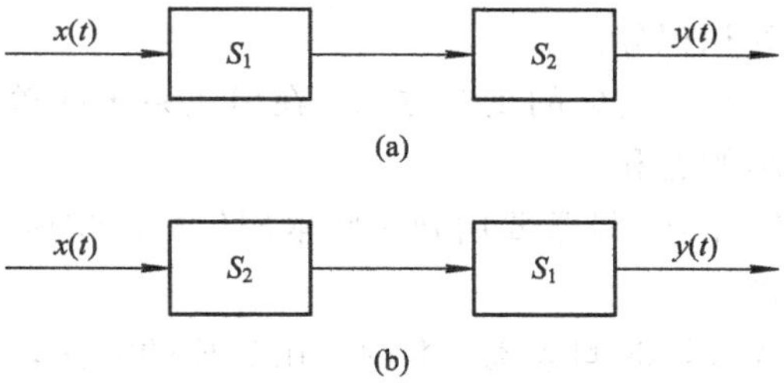

题 1-10 图

1-11　若有线性时不变系统方程为

$$\frac{dy(t)}{dt}+ay(t)=f(t)$$

在系统输入信号 $f(t)$作用下其响应为 $y(t)=1-e^{-t}$，试求方程

$$\frac{dy(t)}{dt}+ay(t)=2f(t)+\frac{df(t)}{dt}$$

的响应(提示：利用线性和微分特性)。

1-12　已知某线性时不变系统有两个初始状态 $x_1(0)$和 $x_2(0)$，其零输入响应为 $y_x(t)$。当 $x_1(0)=1$，$x_2(0)=0$ 时，$y_{x1}(t)=4e^{-2t}+6e^{-4t}$，$(t>0)$；当 $x_1(0)=0$，$x_2(0)=1$ 时，$y_{x2}(t)=3e^{-2t}-2e^{-4t}$，$(t>0)$；而当 $x_1(0)=0$，$x_2(0)=0$ 时，在 $f(t)$作用下，产生零状态响应 $y_f(t)=5e^{-2t}+e^{-4t}+2e^{-t}$，$(t>0)$。试求：

(1) 当 $x_1(0)=2$，$x_2(0)=3$ 时，系统的零输入响应 $y_{x3}(t)$；

(2) 当 $x_1(0)=3$，$x_2(0)=3$，$3f(t)$作用时，系统的完全响应 $y(t)$。

第 2 章　信号与系统的时域分析

2.1 概　　述

时域分析法是根据系统响应与激励之间关系的微分方程或者差分方程求得其响应的方法。根据时域的特点，可以采用经典法、卷积(卷和)法等计算系统的零输入响应和零状态响应，这在实际生活中具有重要的实用意义。

本章首先利用单位序列和单位冲激函数分别对离散时间信号、连续时间信号进行分解，使读者对其有一定的认识；采用对比的方法对连续系统和离散系统进行描述，并利用经典法进行求解。

卷积法是求解连续系统零状态响应的重要方法，在引入系统的冲激响应后，零状态响应就等于冲激响应与激励的卷积积分。

卷和法是求解离散系统零状态响应的重要方法，在引入系统的单位序列响应后，零状态响应就等于序列响应与激励的卷和。

另外，由于在对系统的分析中，经常要用到一些常用信号的响应，本章还就冲激响应、序列响应及阶跃响应展开讨论。

系统分为连续时间系统和离散时间系统，本章采用类比的方法，分别讨论了连续时间系统和离散时间系统的时域分析方法，便于读者理解掌握。

2.2 信号的时域分析

信号分为连续时间信号和离散时间信号，为了分析方便，经常将信号进行分解，离散时间序列可分解为单位序列的线性组合，连续时间信号可以用无穷多个冲激信号的线性组合表示。

2.2.1 离散时间序列分解为单位序列

由于离散信号本身是一个序列，因此离散信号 $f(n)$ 很容易分解为单位序列 $\delta(n)$ 的线性组合。因为单位序列信号

$$\delta(n)=\begin{cases}0, & n\neq 0\\ 1, & n=0\end{cases}$$

则

$$\delta(n-k)=\begin{cases}0, & n\neq k\\ 1, & n=k\end{cases}$$

于是有

$$f(k)\delta(n-k)=\begin{cases}0, & n\neq k\\ f(k), & n=k\end{cases} \tag{2-1}$$

所以，由式(2-1)可知，对于任意离散时间序列 $f(n)(n=\cdots,-2,-1,0,1,2,\cdots)$ 可以表示为

$$f(n)=\cdots+f(-2)\delta(n+2)+f(-1)\delta(n+1)+f(0)\delta(n)$$
$$+f(1)\delta(n-1)+f(2)\delta(n-2)+\cdots$$

即

$$f(n)=\sum_{k=-\infty}^{\infty}f(k)\delta(n-k) \tag{2-2}$$

式(2-2)是离散时间信号的时域分解公式。它表明，任意一个离散信号 $f(n)$ 均可以表示为许多 δ 序列的线性组合。

例 2-1　已知 $f(n)=\{1,\underset{\underset{n=0}{\uparrow}}{1.5},2,-3,2,2\}$，试将 $f(n)$ 用单位序列表示。

解　$f(n)$ 用图形表示如图 2-1 所示。

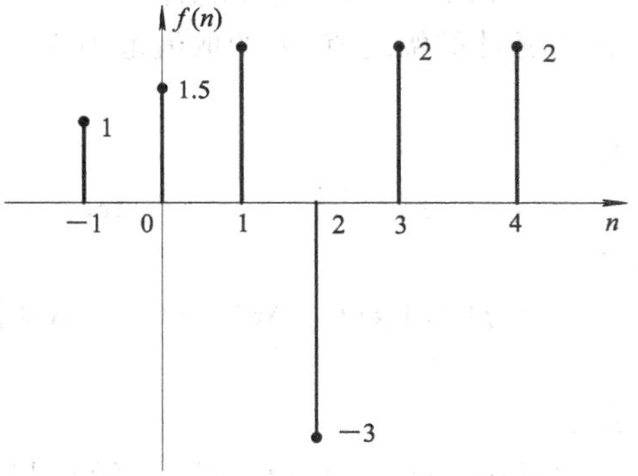

图 2-1　例 2-1 单位序列 $f(n)$ 图

显然 n 从 -1 到 4 $f(n)$ 不为零，其他点 $f(n)$ 的值均为 0。

$$f(-1)\delta(n+1)=\delta(n+1),\quad n=-1$$
$$f(0)\delta(n)=1.5\delta(n),\quad n=0$$
$$f(1)\delta(n-1)=2\delta(n-1),\quad n=1$$
$$f(2)\delta(n-2)=-3\delta(n-2),\quad n=2$$
$$f(3)\delta(n-3)=2\delta(n-3),\quad n=3$$
$$f(4)\delta(n-4)=2\delta(n-4),\quad n=4$$

故

$$f(n)=\delta(n+1)+1.5\delta(n)+2\delta(n-1)-3\delta(n-2)+2\delta(n-3)+2\delta(n-4)$$
$$=\sum_{k=-1}^{4}f(k)\delta(n-k)$$

2.2.2 连续信号分解为脉冲序列

为了便于对信号分析，常把复杂信号分解成一些基本信号。利用冲激信号对任意连续信号 $f(t)$进行分解，信号 $f(t)$均可以表示为无穷多个冲激信号的线性组合。

如图 2-2 所示，任意信号 $f(t)$可以用台阶信号 $f_p(t)$逼近，$f_p(t)$又可用许多相邻的幅度不等的矩形窄脉冲的加权叠加表示。这些脉冲的宽度为 $\Delta\tau$，幅度分别取 $f(t)$在窄脉冲左侧的函数值。这些窄脉冲的顶部连线是一阶梯曲线。

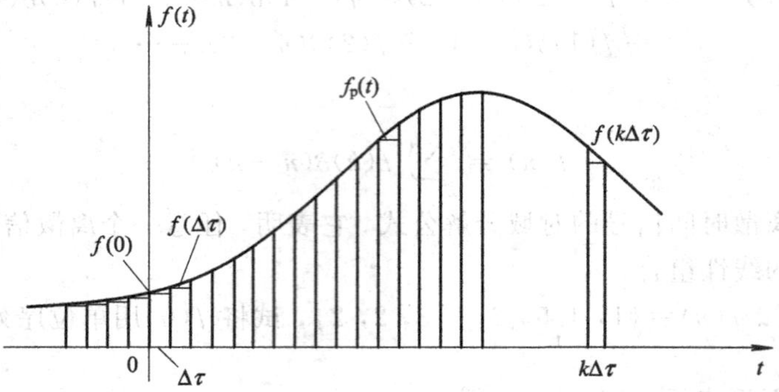

图 2-2　连续信号分解图

设 $f(k\Delta\tau)$表示第 k 个矩形脉冲的幅度值，k 的取值范围为$(-\infty, \infty)$，使用阶跃信号及其延时信号可表示为：

第 0 个矩形脉冲表示为

$$f_0(t) = f(0)[\varepsilon(t) - \varepsilon(t-\Delta\tau)]$$

第 1 个矩形脉冲表示为

$$f_1(t) = f(\Delta\tau)[\varepsilon(t-\Delta\tau) - \varepsilon(t-2\Delta\tau)]$$

$$\vdots$$

则第 k 个矩形脉冲表示为

$$f_k(t) = f(k\Delta\tau)\{\varepsilon(t-k\Delta\tau) - \varepsilon[t-(k+1)\Delta\tau]\}$$

则信号 $f_p(t)$为无数个矩形脉冲的叠加，可表示为

$$\begin{aligned} f_p(t) &= \sum_{k=-\infty}^{\infty} f_k(t) \\ &= \sum_{k=-\infty}^{\infty} f(k\Delta\tau)\{\varepsilon(t-k\Delta\tau) - \varepsilon[t-(k+1)\Delta\tau]\} \\ &= \sum_{k=-\infty}^{\infty} f(k\Delta\tau)\frac{\{\varepsilon(t-k\Delta\tau) - \varepsilon[t-(k+1)\Delta\tau]\}}{\Delta\tau}\Delta\tau \end{aligned}$$

可见，当 $\Delta\tau$ 很小时，阶梯曲线能近似表示信号 $f(t)$；当 $\Delta\tau$ 趋近于零时，则阶梯曲线就可以表示信号 $f(t)$。根据微积分知识可知，当 $\Delta\tau\to 0$ 时，

$$k\Delta\tau \to \tau$$

$$\Delta\tau \to d\tau$$

$$\frac{\{\varepsilon(t-k\Delta\tau) - \varepsilon[t-(k+1)\Delta\tau]\}}{\Delta\tau} \to \delta(t-\tau)$$

因此

$$f(t)=\lim_{\Delta\tau\to 0}f_{\mathrm{p}}(t)=\lim_{\Delta\tau\to 0}\sum_{k=-\infty}^{\infty}f(k\Delta\tau)\frac{\{\varepsilon(t-k\Delta\tau)-\varepsilon[t-(k+1)\Delta\tau]\}}{\Delta\tau}\Delta\tau$$

即

$$f(t)=\int_{-\infty}^{+\infty}f(\tau)\delta(t-\tau)\mathrm{d}\tau \tag{2-3}$$

式(2-3)表明，任意信号 $f(t)$可以分解为一系列冲激信号之和，而信号间的不同仅仅在于它们的脉冲强度 $f(t)$不同。因此求解信号通过系统后的响应，就可转化为求解冲激信号通过系统的响应，然后利用线性时不变系统特性，进行冲激响应的延时和叠加即可求得该系统因信号 $f(t)$而产生的响应。

2.3　连续系统的时域分析

对于线性时不变连续系统可用常系数线性微分方程来描述，其响应可通过求解系统微分方程。系统的全响应由零输入响应和零状态响应组成，系统的零输入响应可由求齐次方程的解得到，系统的零状态响应可通过求非齐次方程的解得到，从而得到系统的全响应。

2.3.1　连续系统的微分方程

1. 系统的微分方程

线性时不变(LTI)系统是最常见最有用的一类系统，描述这类系统输入—输出特性的是常系数线性微分方程。从系统的模型—微分方程出发，在时域中研究输入信号通过系统后响应的变化规律，是研究系统时域特性的重要方法，这种方法就是时域分析法。

为了在时域中分析系统，必须首先建立线性时不变系统的微分方程。以电路系统为例，建立微分方程的基本依据是基尔霍夫定律(KCL、KVL)以及元件的电压—电流关系(VCR)。具体说，对任一回路和节点，建立其微分方程的基本依据是：

KCL：
$$\sum i(t)=0$$

KVL：
$$\sum u(t)=0$$

VCR：
$$u_{\mathrm{R}}(t)=Ri(t)$$

$$u_{\mathrm{L}}(t)=L\frac{\mathrm{d}i(t)}{\mathrm{d}t}$$

$$i_{\mathrm{C}}(t)=C\frac{\mathrm{d}u(t)}{\mathrm{d}t}$$

图 2-3 所示为两个一阶系统。对于图 2-3(a)的 RC 电路，有微分方程

$$RC\frac{\mathrm{d}u_{\mathrm{C}}(t)}{\mathrm{d}t}+u_{\mathrm{C}}(t)=u_{\mathrm{S}}(t)$$

即

$$u_{\mathrm{C}}'(t)+\frac{1}{RC}u_{\mathrm{C}}(t)=\frac{1}{RC}u_{\mathrm{S}}(t) \tag{2-4}$$

对于图 2-3(b)的 RL 电路，有

$$\frac{L}{R}\frac{di_L(t)}{dt}+i_L(t)=i_S(t)$$

即

$$i_L'(t)+\frac{R}{L}i_L(t)=\frac{R}{L}i_S(t) \tag{2-5}$$

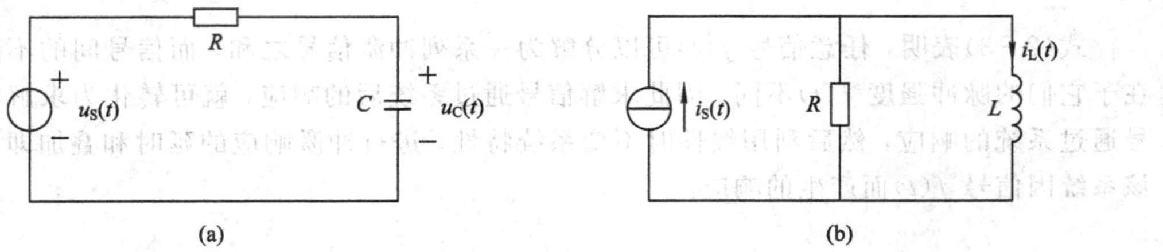

图 2-3　RC、RL 电路

由式(2-4)和式(2-5)，可以写出一阶微分方程的一般形式：

$$y'(t)+ay(t)=f(t) \tag{2-6}$$

式中，$y(t)$为系统的响应变量(电流或电压)，$f(t)$为联系输入信号的强迫函数。

同理，对图 2-4 所示的二阶系统，其方程为

KCL：
$$i_C(t)=i_S(t)-i_L(t)$$

KVL：
$$u_L(t)=u_C(t)-u_R(t)$$

VCR：
$$u_L(t)=L\frac{di_L(t)}{dt}$$

$$u_C(t)=\frac{1}{C}\int_{-\infty}^{t}i_C(\tau)d\tau$$

$$u_R(t)=Ri_L(t)$$

联合上述各式，有

$$u_C''(t)+\frac{R}{L}u_C'(t)+\frac{1}{LC}u_C(t)=\frac{1}{C}i_S'(t)+\frac{R}{LC}i_S(t) \tag{2-7}$$

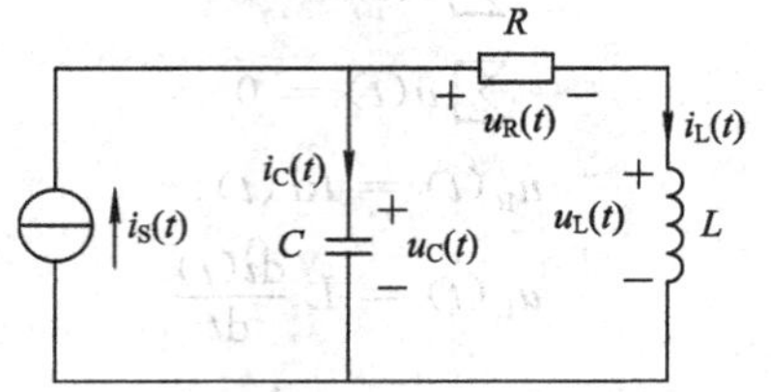

图 2-4　LC 二阶电路

式(2-7)表明，方程右端不但含有输入信号$i_S(t)$，而且还含有$i_S(t)$的导数。

因此，对于一般的n阶线性时不变系统，激励与响应之间关系的数学模型为n阶线性常系数微分方程的形式，可写为

$$\begin{aligned}&a_ny^{(n)}(t)+a_{n-1}y^{(n-1)}(t)+\cdots+a_1y'(t)+a_0y(t)\\&=b_mf^{(m)}(t)+b_{m-1}f^{(m-1)}(t)+\cdots+b_1f'(t)+b_0f(t)\end{aligned} \tag{2-8}$$

在式(2－8)中，$y(t)$为系统的响应变量(电流或电压)，$f(t)$为系统的激励信号(电压源或电流源)。这种 n 阶微分方程是系统时域分析的基础。

2. 微分方程的经典解

一般来说，对于单输入单输出的 n 阶线性时不变系统，其激励与响应的关系可用式(2－8)表示，将其变形得

$$\begin{aligned} & y^{(n)}(t)+a_{n-1}y^{(n-1)}(t)+\cdots+a_1y'(t)+a_0y(t) \\ & =b_mf^{(m)}(t)+b_{m-1}f^{(m-1)}(t)+\cdots+b_1f'(t)+b_0f(t) \end{aligned} \tag{2-9}$$

式中 $a_i(i=0, 1, \cdots, n)$和 $b_j(j=0, 1, \cdots, m)$均为常数，且 $a_n=1$。则该微分方程的全解由齐次解 $y_h(t)$和特解 $y_p(t)$组成，即

$$y(t)=y_h(t)+y_p(t) \tag{2-10}$$

1) 齐次解

齐次解是式(2－9)的齐次微分方程

$$y_h^{(n)}(t)+a_{n-1}y_h^{(n-1)}(t)+\cdots+a_1y_h'(t)+a_0y_h(t)=0 \tag{2-11}$$

的解。此微分方程的特征方程为

$$\lambda^n+a_{n-1}\lambda^{n-1}+\cdots+a_1\lambda+a_0=0 \tag{2-12}$$

其中 $\lambda_i(i=1, 2, \cdots, n)$称为微分方程的特征根。

齐次解 $y_h(t)$的函数形式由特征根确定，表 2－1 列出了特征根取不同值时所对应的齐次解，其中 C_i，C_j，D_i，A_i 均为待定常数。

表 2－1　不同特征根所对应的齐次解

特征根 λ	齐次解 $y_h(t)$
单实值	$\sum_{i=1}^{n}C_ie^{\lambda_it}$
r 重实根	$\sum_{i=1}^{r}C_it^{r-i}e^{\lambda_it}+\sum_{j=r+1}^{n}C_je^{\lambda_jt}$
一对共轭复根 $\lambda_{1,2}=\alpha+j\beta$	$e^{\alpha t}(C\cos\beta t+D\sin\beta t)$或 $Ae^{\alpha t}\cos(\beta t-\theta)$，其中 $Ae^{\alpha t}=C+jD$
r 重共轭复根	$A_{r-1}t^{r-1}e^{\alpha t}\cos(\beta t+\theta_{r-1})+A_{r-2}t^{r-2}e^{\alpha t}\cos(\beta t+\theta_{r-2})+\cdots+A_0e^{\alpha t}\cos(\beta t+\theta_0)$

例如，若方程式(2－12)的 n 个根均为单实根，则式(2－9)的齐次解为 $y_h(t)=\sum_{i=1}^{n}C_ie^{\lambda_it}$，式中，常系数 C_i 在求得全解后，由初始条件确定。

2) 特解

特解的函数形式与激励有关，表 2－2 列出了几种常见激励函数及其对应的特解。选定特解后，将其代入式(2－9)，求出各待定系数 B_i，就得到方程的特解。

表 2-2　不同激励所对应的特解

激励 $f(t)$	特解 $y_p(t)$
t^p	$B_1t^p+B_2t^{p-1}+\cdots+B_pt+B_{p+1}$
$e^{\alpha t}$	$Be^{\alpha t}$
$\cos(\omega t)$	$B_1\cos(\omega t)+B_2\sin(\omega t)$
$\sin(\omega t)$	
$t^pe^{\alpha t}\sin(\omega t)$	$(B_1t^p+B_2t^{p-1}+\cdots+B_pt+B_{p+1})e^{\alpha t}\cos(\omega t)$
$t^pe^{\alpha t}\cos(\omega t)$	$+(D_1t^p+D_2t^{p-1}+\cdots+D_pt+D_{p+1})e^{\alpha t}\sin(\omega t)$

3) 全解

式(2-9)微分方程的完全解是齐次解和特解之和。若微分方程的特征根均为单实根，则全解为

$$y(t)=y_h(t)+y_p(t)=\sum_{i=1}^{n}C_ie^{\lambda_it}+y_p(t)\tag{2-13}$$

一般情况下，激励信号 $f(t)$是在 $t=0$ 时刻加入的，微分方程的全解适合时间区间为$(0,\infty)$。对于 n 阶常系数线性微分方程，利用已知的 n 个初始条件 $y(0_+)$、$y^{(1)}(0_+)$、…、$y^{(n-1)}(0_+)$就可以确定全部待定系数 C_i。

例 2-2　$y''(t)+3y'(t)+2y(t)=f(t)$为某线性时不变连续时间系统的微分方程，输入信号 $f(t)=e^{-t}\varepsilon(t)$，已知系统的初始条件是 $y(0_+)=y'(0_+)=0$，求全响应 $y(t)$。

解　(1) 求齐次解。

特征方程　　$\lambda^2+3\lambda+2=0$

特征根　　$\lambda_1=-1,\ \lambda_2=-2$

齐次解　　$y_h(t)=C_1e^{-t}+C_2e^{-2t}$

(2) 求特解。

查表 2-2，因为 $f(t)=e^{-t}$，$\lambda=-1$ 与一个特征根 $\lambda_1=-1$ 相同，因此该方程的特解为

$$y_p(t)=P_1te^{-t}+P_0e^{-t}$$

将特解 $y_p(t)$代入微分方程，有

$$\frac{d^2}{dt^2}(P_1te^{-t}+P_0e^{-t})+3\frac{d}{dt}(P_1te^{-t}+P_0e^{-t})+2(P_1te^{-t}+P_0e^{-t})=e^{-t}$$

特解：　　$y_p(t)=te^{-t}$

(3) 求全解。

完全解

$$y(t)=y_h(t)+y_p(t)=C_1e^{-t}+C_2e^{-2t}+te^{-t}$$

由初始条件：$y(0_+)=y'(0_+)=0$，有

$$y(0_+)=C_1+C_2=0$$

$$y'(0_+)=-C_1-2C_2+1=0$$

解得，$C_1=-1$，$C_2=1$，全响应为

$$y(t)=(-e^{-t}+e^{-2t}+te^{-t})\varepsilon(t)$$

2.3.2　连续系统的零状态响应

1. 系统响应

线性时不变系统的完全响应也可分解为零输入响应和零状态响应。这样，线性时不变系统的全响应将是零输入响应和零状态响应之和，即

全响应＝零输入响应＋零状态响应

$$y(t) = y_{zi}(t) + y_{zs}(t) \tag{2-14}$$

1）零输入响应（储能响应）

从观察的初始时刻（例如 $t=0$）起不再施加输入信号（即零输入），仅由该时刻系统本身的起始储能状态引起的响应称为零输入响应，或者称为储能响应，一般用 $y_{zi}(t)$表示。

所谓初始状态，是反映一个系统在初始时刻的能量状态的量。例如在电系统中，电容和电感在 t 时刻的储能分别为

$$W_C(t) = \frac{1}{2}Cu_C^2(t)$$

$$W_L(t) = \frac{1}{2}Li_L^2(t)$$

上两式表明，对于确定的电容和电感而言，在时刻 t，它们的能量大小仅仅取决于该时刻电容上的电压 $u_C(t)$和电感电流 $i_L(t)$。在 $t=0$ 时的储能状态，由 $u_C(0)$和 $i_L(0)$决定。

为了今后不致产生混淆，可作如下约定：在研究 $t=0$ 以后的响应时，把 $t=0_-$ 时的值 $u_C(0_-)$、$i_L(0_-)$称为初始状态，而把 $t=0_+$时的值 $u_C(0_+)$、$i_L(0_+)$以及它们的各阶导数称为起始值（起始条件）。

2）零状态响应（受激响应）

当系统的储能状态为零时，由外加激励信号（输入）产生的响应称为零状态响应，或者称为受激响应，一般用 $y_{zs}(t)$表示。

在不引起混淆的情况下，零状态响应有时也用 $y(t)$表示。

一般来说，系统由初始状态引起的零输入响应和由外加激励引起的零状态响应在 $t=0$ 处可能有两种变化情形：一是响应 $y(t)$在 $t=0$ 处连续，即 $y(0_+)=y(0_-)$；二是在 $t=0$ 处有跃变，即 $y(0_+)\neq y(0_-)$。

对于一般的 LC 电路，当电路中无冲激电流（阶跃电压）强迫作用于电容时，则 $i_C=C\dfrac{du_C}{dt}$；当电路中无冲激电压（阶跃电流）强迫作用于电感时，则 $u_L=L\dfrac{di_L}{dt}$，根据换路定律：

$$i_L(0_-) = i_L(0_+)$$

$$u_C(0_-) = u_C(0_+)$$

上两式利用了系统内部储能的连续性，即电容上电荷的连续性和电感中磁链的连续性。

2. 一阶系统的零状态响应

对于一阶系统方程 $y'(t)+ay(t)=f(t)$，求解零状态响应的方法是将式（2-6）方程两边同乘以 e^{at}，得

$$e^{at}y'(t) + ae^{at}y(t) = e^{at}f(t)$$

即

$$\frac{\mathrm{d}}{\mathrm{d}t}[\mathrm{e}^{at}y(t)] = \mathrm{e}^{at}f(t)$$

对上式从 0_- 到 t 积分，得

$$\mathrm{e}^{at}y(t)\Big|_{0_-}^{t} = \int_{0_-}^{t}\mathrm{e}^{a\tau}f(\tau)\mathrm{d}\tau$$

有

$$\mathrm{e}^{at}y(t) - y(0_-) = \int_{0_-}^{t}f(\tau)\mathrm{e}^{a\tau}\mathrm{d}\tau$$

设 $f(t)$ 在 $t=0$ 时加入，对因果系统，它不可能在 $t=0$ 以前引起响应，故 $y(0_+)=0$，从而零状态响应为

$$y_{zs}(t) = \mathrm{e}^{-at}\int_{0}^{t}x(\tau)\mathrm{e}^{a\tau}\mathrm{d}\tau \tag{2-15}$$

式中，$f(t)$ 为强迫函数(与输入信号有关)，特征方程的根 $\lambda=-a$。

式(2-15)是求一阶系统任意输入时零状态响应 $y_{zs}(t)$ 的一般公式。当系统方程已知，强迫函数 $f(t)$ 和系数 a 均确定时，代入式(2-15)即可求解，该式使用方便、易记。

例 2-3 在图 2-3(a)中，设 $R=10\ \Omega$，$C=0.5$ F，试求在下列情况下的响应 $u_C(t)$。

(1) $u_C(0_-)=4$ V，$u_S(t)=0$；

(2) $u_C(0_-)=0$，$u_S(t)=1$ V；

(3) $u_C(0_-)=0$，$u_S(t)=\mathrm{e}^{-3t}$ V $(t\geqslant 0)$；

(4) $u_C(0_-)=0$，$u_S(t)=(1+\mathrm{e}^{-3t})$ V $(t\geqslant 0)$。

解 将元件参数代入方程式(2-4)，得

$$u_C'(t) + 2u_C(t) = 2u_S(t)$$

方程中 $a=2$，故特征根 $\lambda=-a=-2$，$f(t)=2u_S(t)$。

(1) 因在初始状态 $u_C(0_-)=4$ V 情况下，无外加输入，其响应为零输入响应。由电路知识，应有

$$u_C(0_+) = u_C(0_-) = 4\ \mathrm{V}$$

故零输入响应为

$$u_C(t) = u_C(0_+)\mathrm{e}^{-at} = 4\mathrm{e}^{-2t}\ \mathrm{V}$$

(2) 因 $u_S(t)=1$ V，则在零状态下，有

$$u_C(t) = (1-\mathrm{e}^{-2t})\ \mathrm{V}$$

(3) 因 $u_S(t)=\mathrm{e}^{-3t}$ V$(t\geqslant 0)$，则零状态响应为

$$u_C(t) = 2(\mathrm{e}^{-2t}-\mathrm{e}^{-3t})\ \mathrm{V}$$

(4) 因 $u_S(t)=(1+\mathrm{e}^{-3t})$ V$(t>0)$，由系统的线性特性，则零状态响应为以上两种输入下响应之和，即

$$\begin{aligned}u_C(t) &= (1-\mathrm{e}^{-2t}) + 2(\mathrm{e}^{-2t}-\mathrm{e}^{-3t})\\ &= (1+\mathrm{e}^{-2t}-2\mathrm{e}^{-3t})\ \mathrm{V}\end{aligned}$$

由以上结果，如果电路中既有初始状态又有外加输入，如 $u_C(0_-)=4$ V，$u_S(t)=(1+\mathrm{e}^{-3t})$ V，则有完全响应为

$$u_C(t) = (4\mathrm{e}^{-2t}+1+\mathrm{e}^{-2t}-2\mathrm{e}^{-3t})\ \mathrm{V}$$

$$= (5e^{-2t} - 2e^{-3t} + 1)\ \text{V}$$

例 2-4　已知一线性时不变系统，在相同初始条件下，当激励为 $f(t)$时，其全响应为 $y_1(t)=[2e^{-3t}+\sin(2t)]\varepsilon(t)$；当激励为 $2f(t)$时，其全响应为 $y_2(t)=[e^{-3t}+2\sin(2t)]\varepsilon(t)$。求：(1) 初始条件不变，当激励为 $f(t-t_0)$时的全响应 $y_3(t)$，t_0 为大于零的实常数。(2) 初始条件增大 1 倍，当激励为 $0.5f(t)$时的全响应 $y_4(t)$。

解　设零输入响应为 $y_{zi}(t)$，零状态响应为 $y_{zs}(t)$，则有

$$y_1(t) = y_{zi}(t) + y_{zs}(t) = [2e^{-3t} + \sin(2t)]\varepsilon(t)$$

$$y_2(t) = y_{zi}(t) + 2y_{zs}(t) = [e^{-3t} + 2\sin(2t)]\varepsilon(t)$$

解得

$$y_{zi}(t) = 3e^{-3t}\varepsilon(t)$$

$$y_{zs}(t) = [-e^{-3t} + \sin(2t)]\varepsilon(t)$$

则

$$\begin{aligned} y_3(t) &= y_{zi}(t) + y_{zs}(t-t_0) \\ &= 3e^{-3t}\varepsilon(t) + [-e^{-3(t-t_0)} + \sin(2t-2t_0)]\varepsilon(t-t_0) \end{aligned}$$

则

$$\begin{aligned} y_4(t) &= 2y_{zi}(t) + 0.5y_{zs}(t) \\ &= 2[3e^{-3t}\varepsilon(t)] + 0.5[-e^{-3t} + \sin(2t)]\varepsilon(t) \\ &= [5.5e^{-3t} + 0.5\sin(2t)]\varepsilon(t) \end{aligned}$$

2.4　离散时间系统的时域分析

对于离散时间系统可用常系数线性差分方程来描述，可用经典法求解差分方程，从而获得系统的响应。系统的全响应由零输入响应和零状态响应组成，系统的零输入响应可由求齐次方程的解得到，系统的零状态响应可通过求非齐次方程的解得到。

2.4.1　离散时间系统的差分方程

1. 差分方程

连续系统以微分方程描述，离散系统则以差分方程描述，下面以具体例子说明用差分方程描述系统的方法。

图 2-5 为大家熟悉的 RC 网络，其输出 $u_C(t)$与输入 $u_S(t)$满足如下的微分方程：

$$C\frac{du_C(t)}{dt} = \frac{u_S(t) - u_C(t)}{R} \tag{2-16}$$

即

$$\frac{du_C(t)}{dt} = -\frac{1}{RC}u_C(t) + \frac{1}{RC}u_S(t) \tag{2-17}$$

对于上述一阶常系数微分方程，若用等间隔 T 对 $u_C(t)$采样，则其在 $t=nT$ 各点的采样值为 $u_C(nT)$，由微分的定义，当 T 足够小时有

$$\frac{du_C(t)}{dt} \approx \frac{u_C[(n+1)T] - u_C(nT)}{T}$$

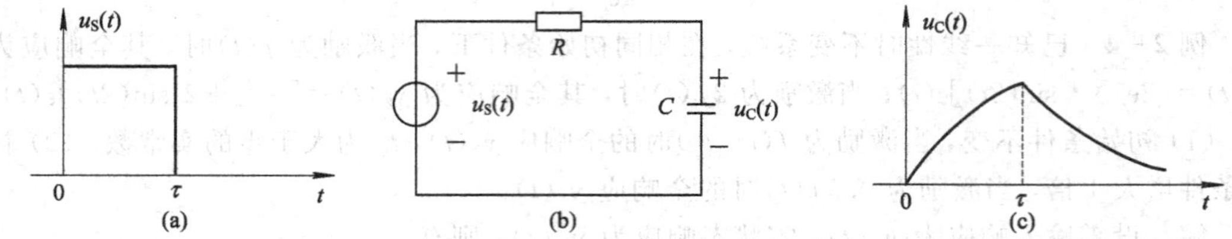

图 2-5　RC 网络

当把输入 $u_S(t)$ 也做等间隔采样时，在 $t=nT$ 各点的采样值为 $u_S(nT)$，这样上式可写为

$$\frac{u_C[(n+1)T]-u_C(nT)}{T}=-\frac{1}{RC}u_C(nT)+\frac{1}{RC}u_S(nT)$$

为方便，令 $T=1$，上式可写为

$$u_C(n+1)-au_C(n)=bu_S(n) \tag{2-18}$$

式中

$$a=1-\frac{1}{RC},\quad b=\frac{1}{RC}$$

式(2-18)称为一阶常系数线性差分方程。若采样间隔 T 足够小，微分方程可近似为差分方程。事实上，利用数字计算机求解微分方程时，正是依据这个原理。图 2-6 为离散系统输入—输出的序列示意图。

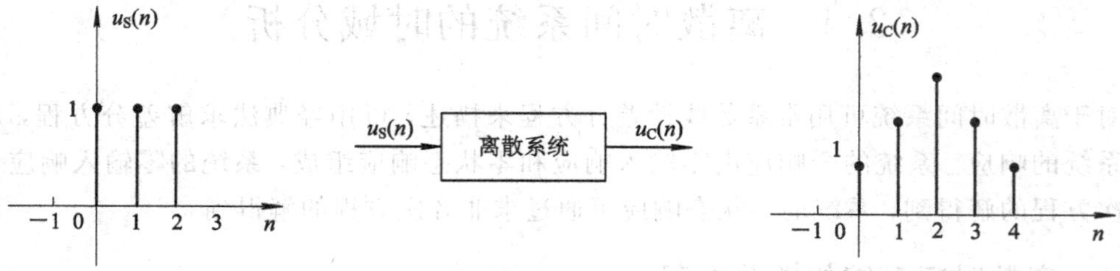

图 2-6　离散系统输入—输出的序列示意图

差分方程也可以应用于生态学研究中。以小兔的繁殖为例：设每对兔子每月可以生一对小兔(一雌一雄)，新生的小兔要一个月后才有生育能力，若第一个月只有一对新生小兔，那么第 n 个月时共有多少对小兔？

按照上述的规律，设 $y(n)$ 为第 n 个月小兔的对数，则应有

$$y(1)=1,\ y(2)=1,\ y(3)=2,\ y(4)=3,\ y(5)=5,\ \cdots$$

归纳起来有

$$y(n)=y(n-1)+y(n-2) \tag{2-19}$$

即有齐次差分方程

$$y(n)-y(n-1)-y(n-2)=0 \tag{2-20}$$

观察式(2-18)、(2-20)可知，它们均为线性常系数差分方程。一般而言，若一个离散系统的数学模型为线性常系数差分方程，则称为线性时不变离散系统。本书仅研究这类系统。

差分方程的阶数等于未知序列(响应序列)的最高序号与最低序号之差。式(2-18)为一阶差分方程。式(2-20)为二阶差分方程。

与连续时间信号的微分运算相对应，离散时间信号有差分运算。设有序列 $f(n)$，则称 $\cdots f(n+2)$，$f(n+1)$，$\cdots$，$f(n-1)$，$f(n-2)$，$\cdots$等为 $f(n)$的移位序列。序列的差分可分为前向差分和后向差分。一阶前向差分、后向差分分别定义为

$$\Delta f(n) = f(n+1) - f(n) \tag{2-21}$$

$$\nabla f(n) = f(n) - f(n-1) \tag{2-22}$$

式中 Δ 和 ∇ 称为差分算子，由上两式可见，前向差分与后向差分的关系为

$$\nabla f(n) = \Delta f(n-1)$$

一般来说，对于一个 N 阶线性时不变离散系统而言，若响应信号为 $y(n)$，输入信号为 $f(n)$，则描述系统输入—输出关系的差分方程可写为

$$\begin{aligned} & y(n) + a_1 y(n-1) + \cdots + a_{N-1} y(n-N+1) + a_N y(n-N) \\ = & b_0 f(n) + b_1 f(n-1) + \cdots + b_{M-1} f(n-M+1) + b_M f(n-M) \end{aligned}$$

简记为

$$\sum_{k=0}^{N} a_k y(n-k) = \sum_{r=0}^{M} b_r f(n-r) \tag{2-23}$$

式中，$a_0=1$。上式的差分方程形式为后向差分方程。

差分方程具有以下特点：

(1) 输出序列的第 n 个值不仅取决于同一瞬间的输入样值，而且还与前面输出值有关，每个输出值必须依次保留。

(2) 差分方程的阶数。差分方程中变量的最高和最低序号差数为阶数。

如果一个系统的第 n 个输出取决于刚过去的几个输出值及输入值，那么描述它的差分方程就是几阶的。

(3) 微分方程可以用差分方程来逼近，微分方程解是精确解，差分方程解是近似解，两者有许多类似之处。

(4) 差分方程描述离散时间系统，输入序列与输出序列间的运算关系与系统框图有对应关系，应该会写会画。

2. 离散时间系统的性质

线性时不变离散系统的最重要的性质是满足线性和时不变性。具体而言，设离散系统的输入—输出关系为

$$f(n) \to y(n) \tag{2-24}$$

齐次性：对于任意常数 a 和输入 $f(n)$，恒有

$$af(n) \to ay(n) \tag{2-25}$$

可加性：对于输入 $f_1(n)$和 $f_2(n)$，恒有

$$f_1(n) + f_2(n) \to y_1(n) + y_2(n) \tag{2-26}$$

线性：对于任意常数 a_1 和 a_2，必有

$$a_1 f_1(n) + a_2 f_2(n) \to a_1 y_1(n) + a_2 y_2(n) \tag{2-27}$$

时不变性：对于任意整数 m，恒有

$$f(n-m) \to y(n-m) \tag{2-28}$$

3. 离散系统的时域模型

对于线性时不变差分方程而言，其基本运算单元为加法器、乘法器、常数乘法器和单位延时器，它们在时域中的符号分别如图 2-7～2-10 所示。

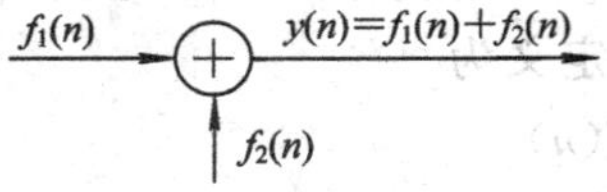

图 2-7　加法器示意图

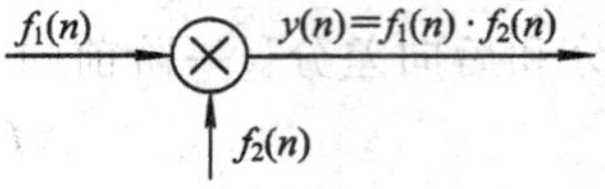

图 2-8　乘法器示意图

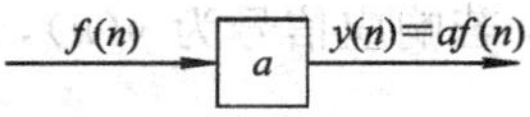

图 2-9　常数乘法器示意图

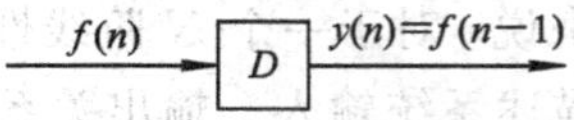

图 2-10　单位延时器示意图

单位延时实际是一个移位寄存器，把前一个离散值顶出来，递补。

例 2-5　设一阶离散系统的差分方程为 $y(n)+ay(n-1)=f(n)$，试画出其模拟框图。

解　将原方程改写为

$$y(n)=-ay(n-1)+f(n)$$

与上式对应的模拟框图如图 2-11 所示。

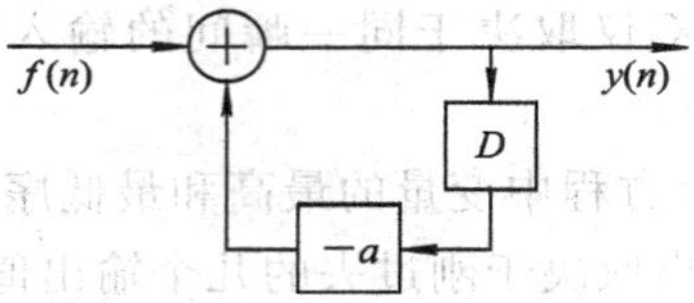

图 2-11　例 2-5 对应的模拟框图

例 2-6　系统框图如图 2-12 所示，试写出其差分方程。

解

$$y(n+1)=f(n)+ay(n)$$

或

$$y(n)=\frac{1}{a}[y(n+1)-f(n)]$$

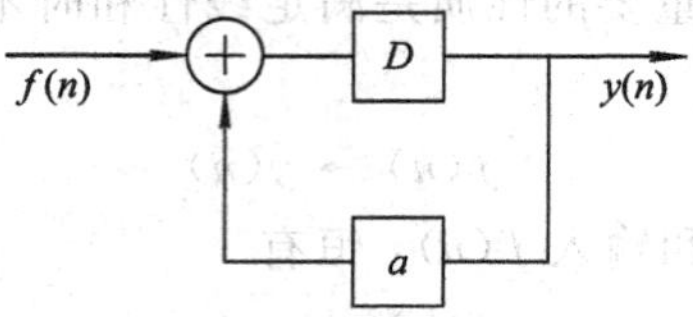

图 2-12　例 2-6 对应的系统框图

4. 线性常系数差分方程的求解方法

对于线性时不变离散系统，可以用差分方程描述，

$$\sum_{k=0}^{N}a_k y(n-k)=\sum_{r=0}^{M}b_r f(n-r) \tag{2-29}$$

式中 $a_k=1$。

求解线性常系数差分方程的方法比较多，一般有迭代法、时域经典法、零输入响应+零状态响应、$\mathscr{Z}$变换域求解法等。

与连续系统求解类似，零输入响应+零状态响应法是利用齐次解的方法求得零输入响应，再利用卷积和求解零状态响应，这种方法在离散系统占有相当重要的地位。

$\mathscr{Z}$变换域求解法是通过$\mathscr{Z}$变换域求解，这在实际求解差分方程中是最简便而有效的方法。

迭代法是采用代入初始值逐次求解的方法，举例如下。

例 2-7　已知 $y(n)=3y(n-1)+\varepsilon(n)$，且 $y(-1)=0$，求解方程。

解

$$\begin{aligned}
n=0 \quad & y(0)=3y(-1)+1=1 \\
n=1 \quad & y(1)=3y(0)+1=4 \\
n=2 \quad & y(2)=3y(1)+1=13 \\
n=3 \quad & y(3)=3y(2)+1=40 \\
\cdots\cdots &
\end{aligned}$$

由递推关系，可得输出值：

$$y(n)=\{\underset{\substack{\uparrow \\ n=0}}{1},\quad 4,\quad 14,\quad 40,\cdots\}$$

由此例可知，应用迭代法求解差分方程，概念清楚，方法简单，适于用计算机求解，能得到方程的数值解。但是不能直接给出一个完整的响应解析式。

5. 利用时域经典法求解差分方程

对于线性时不变离散系统，可以用式(2-29)差分方程描述，

$$\sum_{k=0}^{N}a_k y(n-k)=\sum_{r=0}^{M}b_r f(n-r)$$

式中 $a_k=1$，与求解微分方程相似，利用经典法对上述差分方程求解时，可先分别求其齐次解 $y_h(n)$和特解 $y_p(n)$，然后根据边界条件确定 $y(n)$中的待定系数，从而求得全解

$$y(n)=y_h(n)+y_p(n)$$

1) 齐次解

求差分方程齐次解的步骤如下：差分方程→特征方程→特征根→$y(n)$的解析式→由初始状态定常数。式(2-29)差分方程的齐次方程为

$$\sum_{k=0}^{N}a_k y(n-k)=0 \tag{2-30}$$

即

$$y(n)+a_1y(n-1)+\cdots+a_{N-1}y(n-N+1)+a_Ny(n-N)=0 \tag{2-31}$$

求解此差分方程。

式(2-30)的特征方程为

$$\lambda^N+a_1\lambda^{N-1}+a_2\lambda^{N-2}+\cdots+a_{N-1}\lambda+a_N=0 \tag{2-32}$$

其中 $\lambda_i(i=1, 2, \cdots, N)$称为差分方程的特征根。依据特征根的不同取值，差分方程的齐次解的形式如表 2-3，其中 C_i、D_i、A_i、θ_i 均为待定常数。

表 2-3　不同特征值所对应差分方程的齐次解

特征值 λ	齐次解 $y_h(n)$
单实值	$\sum_{i=1}^{n} C_i\lambda_i^i$
r 重实根	$C_{r-1}n^{r-1}\lambda^n+C_{r-2}n^{r-2}\lambda^n+\cdots+C_1n\lambda^n+C_0\lambda^n$
一对共轭复根 $\lambda_{1,2}=a\pm jb=\rho e^{\pm j\beta}$	$\rho^n(C\cos\beta n+D\sin\beta n)$ 或 $A\rho^n\cos(\beta n-\theta)$，其中 $Ae^{j\theta}=C+jD$
r 重共轭复根	$A_{r-1}n^{r-1}\rho^n\cos(\beta n-\theta_{r-1})+A_{r-2}n^{r-2}\rho^n\cos(\beta n-\theta_{r-2})+\cdots+A_0\rho^n\cos(\beta n-\theta_0)$

例如，若方程式(2-31)的 n 个根均为单实根，则式(2-29)的齐次解为

$$y_h(n)=C_1\lambda_1^n+C_2\lambda_2^n+\cdots+C_N\lambda_N^n \tag{2-33}$$

式(2-33)中，C_1、C_2、…、C_N 是由初始条件确定的系数，为了具体了解齐次解的过程，下面举例说明。

例 2-8　求解二阶差分方程 $y(n)-5y(n-1)+6y(n-2)=0$，已知 $y(0)=2$，$y(1)=1$。

解　特征方程 $\lambda^2-5\lambda+6=0$，$(\lambda-2)(\lambda-3)=0$，则特征根为

$$\lambda_1=2,\ \lambda_2=3$$

齐次解

$$y_h(n)=C_1(2)^n+C_2(3)^n$$

计算 C_1，C_2

$$n=0\quad y(0)=C_1+C_2=2$$
$$n=1\quad y(1)=2C_1+3C_2=1$$

解得 $C_1=5$，$C_2=-3$，所以

$$y(n)=5(2)^n-3(3)^n$$

2) 特解

特解的函数形式与激励的函数形式有关，表 2-4 列出了几种典型的激励 $f(n)$ 所对应的特解。选定特解后代入差分方程，求出其待定系数 P_i（或 A_i），就得出方程的特解。

表 2-4　不同激励所对应的特解

输入 $f(n)$	输出 $y_p(n)$
$f(n)=e^{an}$	Ae^{an}
$f(n)=e^{j\omega n}$	$Ae^{j\omega n}$
$f(n)=\cos(\omega n)$	$A\cos(\omega n+\theta)$
$f(n)=\sin(\omega n)$	$A\sin(\omega n+\theta)$
$f(n)=n^i$	$A_in^i+A_{i-1}n^{i-1}+\cdots+A_1n+A_0$
$f(n)=A$	p
$f(n)=a^n$	Aa^n
$f(n)=a^n$（a 与特征根重根）	$P_1na^n+P_0a^n$

3）全解

式(2－29)的线性差分方程的完全解是齐次解与特解之和，分别求出方程的齐次解与特解，就可得到方程的全解。下面举例说明。

例 2－9　若系统的差分方程为

$$y(n)+4y(n-1)+4y(n-2)=f(n) \tag{2-34}$$

已知初始条件 $y(0)=0$，$y(1)=-1$；激励 $f(n)=2^n$，$n\geqslant 0$。求方程的全解。

解　(1) 求齐次解。

差分方程式(2－34)的特征方程为

$$\lambda^2+4\lambda+4=0$$

可解得特征值 $\lambda_1=\lambda_2=-2$，为二重根，由表 2－3 可知，其齐次解为

$$y_h(n)=C_1n(-2)^n+C_2(-2)^n$$

(2) 求特解。

由表 2－4，根据 $f(n)=2^n$，$n\geqslant 0$ 可知特解

$$y_p(n)=A2^n,\quad n\geqslant 0$$

将 $y_p(n)$、$y_p(n-1)$、$y_p(n-2)$代入式(2－34)，得

$$A2^n+4A2^{n-1}+4A2^{n-2}=f(n)=2^n$$

可解得 $A=\frac{1}{4}$，于是得到特解

$$y_p(n)=\frac{1}{4}2^n,\quad n\geqslant 0$$

(3) 求全解。

差分方程的全解

$$y(n)=y_h(n)+y_p(n)=C_1n(-2)^n+C_2(-2)^n+\frac{1}{4}(2)^n,\quad n\geqslant 0$$

将已知的初始条件代入上式，有

$$y(0)=C_2+\frac{1}{4}=0$$

$$y(1)=-2C_1-2C_2+\frac{2}{4}=-1$$

可解得 $C_1=1$，$C_2=-\frac{1}{4}$，所以方程(2－34)的全解为

$$y(n)=n(-2)^n-\frac{1}{4}(-2)^n+\frac{1}{4}(2)^n,\quad n\geqslant 0$$

2.4.2　离散时间系统的零状态响应

与连续系统相类似，线性时不变离散系统的全响应也可分解为零输入响应和零状态响应。零输入响应是激励为零时，仅由系统的初始条件所产生的响应，以 $y_{zi}(n)$表示；零状态响应则是指系统的初始状态为零，仅由激励信号 $f(n)$引起的响应，以 $y_{zs}(n)$表示。因此系统的全响应 $y(n)$可表示为

$$y(n)=y_{zi}(n)+y_{zs}(n) \tag{2-35}$$

在不引起混淆的情况下，零状态响应有时也用 $y(n)$表示。

1. 零输入响应

根据以上分析，零输入响应是齐次方程的解，其一般形式为

$$y_{zi}(n) = \sum_{i=1}^{k} c_{zii} n^{k-i} a_1^n + \sum_{j=k+1}^{N} c_{zij} a_j^n \tag{2-36}$$

式中，a_1 为 k 阶特征重根；a_j 为单根($j=k+1, k+2, \cdots, N$)。待定系数 c_{zii}、c_{zij} 由系统初始条件决定。

例 2-10 设有一阶差分方程 $y(n)-ay(n-1)=0$，设 $y(-1)=2$，求其在初始状态下的零输入响应。

解 由于起始状态 $y(-1)$，$y(-2)$，…，$y(-N)$不能全为零，故有

$$y(-1) \neq 0, \quad \frac{y(0)}{y(-1)} = \frac{y(1)}{y(0)} = \cdots = \frac{y(n)}{y(n-1)} = a$$

说明 $y(k)$是一个公比为 a 的几何级数，所以

$$y(n) = y(0)a^n$$

或有特征方程 $\lambda - a = 0$ 可得

$$\lambda = a$$

$$y(n) = y(0)\lambda^n = y(0)a^n$$

将 $y(-1)=2$ 代入原方程，令 $n=0$，得

$$y(0) = a, \quad y(-1) = 2a$$

得零输入响应

$$y_{zi}(n) = 2a^{n+1}, \quad n \geqslant 0$$

2. 零状态响应

离散时间系统求解零状态响应，可直接求解非齐次差分方程。求解方法和经典计算连续时间系统零状态响应相似。先求齐次解和特解，然后代入仅由输入激励引起的初始条件确定待定系数。若激励在 $k=0$ 时接入，根据因果性，$y(-1)=y(-2)=\cdots=y(-n)=0$。但当激励信号比较复杂，且差分方程阶数较高时，上述求解非齐次差分方程的过程也相当复杂。所以，与连续时间系统的时域分析相同，离散时间系统求解零状态响应时，也常采用卷积分析法。

例 2-11 线性时不变离散系统的差分方程 $y(n)+3y(n-1)+2y(n-2)=f(n)$，已知 $f(n)=(2)^n\varepsilon(n)$，初始状态 $y(-1)=0$，$y(-2)=\frac{1}{2}$，求系统的零输入响应、零状态响应和全响应。

解 (1) 系统的零输入响应。

根据定义，零输入响应满足方程

$$y(n) + 3y(n-1) + 2y(n-2) = 0 \tag{2-37}$$

首先求出初始值 $y(0)$，$y(1)$，式(2-37)可写为

$$y(n) = -3y(n-1) - 2y(n-2)$$

令 $n=0$，1，将 $y(-1)=0$，$y(-2)=\frac{1}{2}$代入，得

$$n = 0 \quad y(0) = -3y(-1) - 2y(-2) = -1$$

$$n=1 \quad y(1)=-3y(0)-2y(-1)=3$$

式(2-37)特征方程及特征值

$$\lambda^2+3\lambda+2=0$$

$$\lambda_1=-1,\ \lambda_2=-2$$

则齐次方程的解为

$$y_{zi}(n)=C_1(-1)^n+C_2(-2)^n$$

以 $y(-1)$，$y(-2)$代入方程

$$\begin{cases} y_{zi}(0)=C_1(-1)^0+C_2(-2)^0=C_1+C_2=-1 \\ y_{zi}(1)=C_1(-1)^1+C_2(-2)^1=-C_1-2C_2=3 \end{cases}$$

解得 $C_1=1$，$C_2=-2$，于是得该系统的零输入响应为

$$y_{zi}(n)=(-1)^n-2(-2)^n, \quad n\geqslant 0$$

显然零输入响应与输入无关。

(2) 零状态响应。

根据定义，零状态响应满足方程

$$y(n)+3y(n-1)+2y(n-2)=f(n) \tag{2-38}$$

同时满足初始状态 $y(-1)=y(-2)=0$。

首先求出初始 $y(0)$、$y(1)$值，将式(2-38)改写为

$$y(n)=-3y(n-1)-2y(n-2)+f(n)$$

令 $n=0$，1，并代入 $y(-1)=y(-2)=0$ 和 $f(0)$、$f(1)$，得

$$y(0)=-3y(-1)-2y(-2)+f(0)=1$$

$$y(1)=-3y(0)-2y(-1)+f(1)=-1$$

系统的零状态响应是非齐次差分方程式(2-38)在初始值为零时的全解，分别求出方程的齐次解和特解。由于非齐次差分方程式(2-38)的齐次方程为式(2-37)，其特征值为 $\lambda_1=-1$，$\lambda_2=-2$，故零状态响应为

$$y_{zs}(n)=C_3(-1)^n+C_4(-2)^n+y_p(n)$$

由于 $f(n)=2^n$，则其特解为 $y_p(n)=P2^n$。

将 $y_p(n)$、$y_p(n-1)$、$y_p(n-2)$代入式(2-38)得

$$P2^n+3P2^{n-1}+2P2^{n-2}=2^n$$

故 $P=\frac{1}{3}$，则

$$y_{zs}(n)=C_3(-1)^n+C_4(-2)^n+\frac{1}{3}(2)^n$$

将 $y(0)$、$y(1)$的初始值代入上式，得

$$y_{zs}(0)=C_3(-1)^0+C_4(-2)^0+\frac{1}{3}(2)^0=C_3+C_4+\frac{1}{3}=1$$

$$y_{zs}(1)=C_3(-1)^1+C_4(-2)^1+\frac{1}{3}(2)^1=-C_3-2C_4+\frac{2}{3}=-1$$

可解得 $C_3=-\frac{1}{3}$，$C_4=1$，于是得系统的零状态响应为

$$y_{zs}(n)=-\frac{1}{3}(-1)^n+(-2)^n+\frac{1}{3}(2)^n, \quad n\geqslant 0$$

(3) 全响应。

系统的全响应是零输入响应与零状态响应之和，即

$$y(n)=(-1)^n-2(-2)^n-\frac{1}{3}(-1)^n+(-2)^n+\frac{1}{3}(2)^n$$

$$=\frac{2}{3}(-1)^n-(-2)^n+\frac{1}{3}(2)^n,\ n\geqslant 0$$

2.5 冲激响应、序列响应及阶跃响应

2.5.1 冲激响应

储能状态为零的连续时间系统，在单位冲激信号 $\delta(t)$ 作用下产生的零状态响应称为单位冲激响应，简称冲激响应，记为 $h(t)$，如图 2-13 所示。

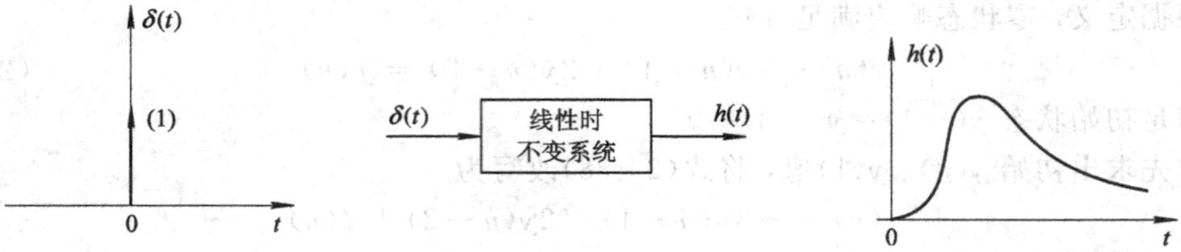

图 2-13 冲激响应示意图

例 2-12 如图 2-14(a)所示 RC 电路，设 $u_C(0_-)=0$。输入信号为 $\delta(t)$，试以 $u_C(t)$ 为响应，求冲激响应 $h(t)$。

解 该电路的微分方程为

$$u_C'(t)+\frac{1}{RC}u_C(t)=\frac{1}{RC}\delta(t)$$

这里 $f(t)=\frac{1}{RC}\delta(t)$，$\alpha=\frac{1}{RC}$。

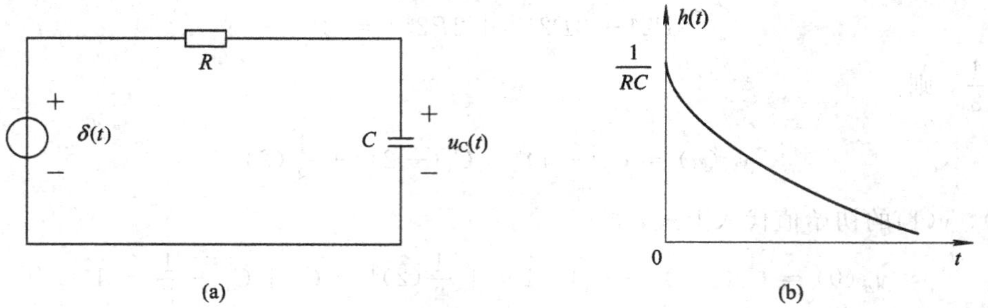

图 2-14 一阶 RC 电路图和冲击响应

由式(2-15)得冲激响应

$$h(t)=u_C(t)=e^{-\frac{t}{RC}}\int_{0_-}^{t}\frac{1}{RC}\delta(\tau)e^{\frac{\tau}{RC}}d\tau$$

由 $\delta(t)$ 的筛选性质得

$$h(t) = \frac{1}{RC}\mathrm{e}^{-\frac{t}{RC}}, \quad t \geqslant 0$$

或者写做

$$h(t) = \frac{1}{RC}\mathrm{e}^{-\frac{t}{RC}}\varepsilon(t)$$

$h(t)$的波形如图 2-14(b)所示。

本例中为什么电容的初始状态 $u_C(0_-)=0$ 时，冲激响应电压的 0_+ 起始值却跳变为 $u_C(0_+)=\frac{1}{RC}$，下面结合物理概念作一分析。

由于 $u_C(0_-)=0$，故冲激电压 $\delta(t)$在 $t=0$ 时全加在电阻上，即

$$\delta(t) = Ri(t), \quad t = 0$$

或

$$i(t) = \frac{\delta(t)}{R}, \quad t = 0$$

这就是说，在 $t=0$ 时刻，电容被无穷大电流充电。由于

$$u_C(t) = \frac{1}{C}\int_{-\infty}^{t} i(\tau)\mathrm{d}\tau$$

故在 $t=0_+$ 时有

$$u_C(0_+) = \frac{1}{C}\int_{-\infty}^{0_+} i(t)\mathrm{d}t = \frac{1}{C}\int_{0_-}^{0_+}\frac{\delta(t)}{R}\mathrm{d}t = \frac{1}{RC}$$

显然，电容电压的跃变是由于充电电流中有 $\delta(t)$的缘故。

需要说明的是，冲激响应并不是专指某一个输出量，只要输入信号为 $\delta(t)$，系统中任意处的电流或电压输出都称为冲激响应 $h(t)$。

一般地，若对于一阶系统在 $\delta(t)$作用下有方程

$$y'(t) + ay(t) = \underbrace{b\delta(t)}_{x(t)} \qquad (2-39)$$

则冲激响应为

$$y(t) = h(t) = \mathrm{e}^{-at}\int_{0_-}^{t} b\delta(\tau)\mathrm{e}^{a\tau}\mathrm{d}\tau = b\mathrm{e}^{-at}\cdot\varepsilon(t) \qquad (2-40)$$

2.5.2　序列响应

当线性时不变离散系统的激励为单位序列 $\delta(n)$时，系统的零状态响应称为单位序列响应(或单位样值响应、单位取样响应、单位函数响应)，用 $h(n)$表示，如图 2-15 所示。它的作用与连续系统中的冲激响应 $h(t)$相类似，即 $\delta(n)$作用下，系统的零状态响应表示为 $h(n)$。

图 2-15　序列系统示意图

求解系统的单位序列响应可用求解差分方程法或 $\mathscr{Z}$ 变换法。由于单位序列 $\delta(n)$仅在 $n=0$ 时等于 1，而在 $n>0$ 时为零，因而在 $n>0$ 时，系统的单位序列响应与该系统的零输入响应的函数形式相同。这样就把求单位序列响应的问题转化为求差分方程齐次解的问题，至于 $n>0$ 时的值 $h(0)$可按零状态的条件由差分方程确定。

例 2-13　已知系统框图如图 2-16 所示，求系统的单位序列响应。

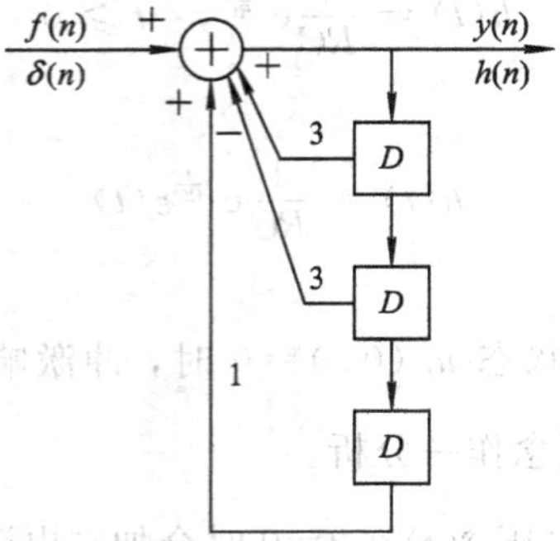

图 2-16　系统框图

解　从加法器出发：

$$f(n)+3y(n-1)-3y(n-2)+y(n-3)=y(n)$$

整理得

$$y(n)-3y(n-1)+3y(n-2)-y(n-3)=f(n)$$

单位序列信号 $\delta(n)$ 作用于系统

$$h(n)-3h(n-1)+3h(n-2)-h(n-3)=\delta(n)$$

$$h(n)-3h(n-1)+3h(n-2)-h(n-3)=0,\quad n>0$$

方程成为齐次方程，其特征方程为

$$\lambda^3-3\lambda^2+3\lambda-1=0,\ (\lambda-1)^3=0$$

特征根 $\lambda_1=\lambda_2=\lambda_3=1$，所以

$$h(n)=C_1n^2+C_2n+C_3$$

确定待定系数，零状态时：

$$h(-1)=h(-2)=h(-3)=0$$

可迭代出 $h(0)$、$h(1)$、$h(2)$：

$$h(0)=3h(-1)-3h(-2)+h(-3)+\delta(0)=1$$
$$h(1)=3h(0)-3h(-1)+h(-2)=3$$
$$h(2)=3h(1)-3h(0)+h(-1)=6$$

代入 $h(n)=C_1n^2+C_2n+C_3$，得 $C_1=\dfrac{1}{2}$，$C_2=\dfrac{3}{2}$，$C_3=1$。所以

$$h(n)=\left(\frac{1}{2}n^2+\frac{3}{2}n+1\right)\varepsilon(n)$$

例 2-14　已知系统框图如图 2-17 所示，求系统的单位序列响应 $h(n)$。

解　(1) 列差分方程，求初始值。

设加法器的输出为 $y(n)$，相应的延迟单元输出为 $y(n-2)$、$y(n-1)$，从加法器出发，得

$$f(n)+y(n-1)+2y(n-2)=y(n)$$

或者写为

$$y(n)-y(n-1)-2y(n-2)=f(n)$$

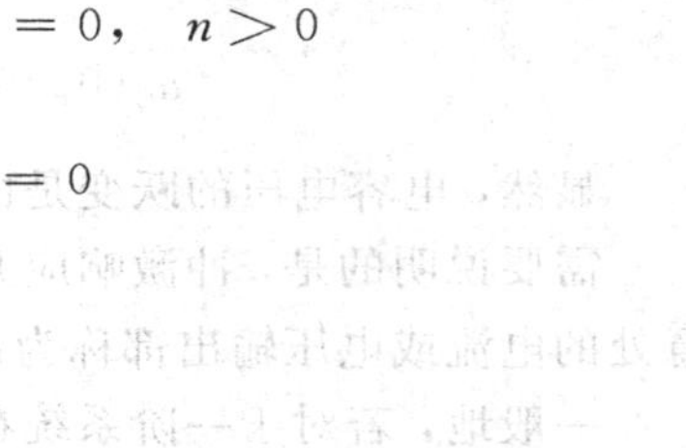

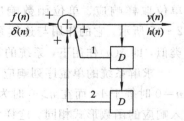

图 2-17　系统框图

求解 $h(n)$，根据单位序列响应 $h(n)$ 的定义，单位序列信号 $\delta(n)$ 作用于系统，有

$$h(n)-h(n-1)-2h(n-2)=\delta(n)$$

且初始状态 $h(-1)=h(-2)=0$，将上式移项有

$$h(n)=h(n-1)+2h(n-2)+\delta(n)$$

令 $n=0$，1，考虑到 $\delta(0)=1$，$\delta(1)=0$，可求得单位序列响应 $h(n)$ 的初始值

$$h(0)=h(-1)+2h(-2)+\delta(0)=1$$

$$h(1)=h(0)+2h(-1)+\delta(1)=1$$

(2) 求 $h(n)$。

当 $n>0$，$h(n)$ 满足齐次方程

$$h(n)-h(n-1)-2h(n-2)=0$$

其特征方程

$$\lambda^2-\lambda-2=(\lambda+1)(\lambda-2)=0$$

特征根为 $\lambda_1=-1$，$\lambda_2=2$，得方程的齐次解为

$$h(n)=C_1(-1)^n+C_2(2)^n$$

将初始值代入有

$$h(0)=C_1+C_2=1$$

$$h(1)=-C_1+2C_2=1$$

由上式可解得 $C_1=\dfrac{1}{3}$，$C_2=\dfrac{2}{3}$，则系统的单位序列响应为

$$h(n)=\frac{1}{3}(-1)^n+\frac{2}{3}(2)^n,\quad n\geqslant 0$$

或写为

$$h(n)=\left[\frac{1}{3}(-1)^n+\frac{2}{3}(2)^n\right]\varepsilon(n)$$

2.5.3 阶跃响应

1. 连续系统阶跃响应

线性时不变系统在零状态下，由单位阶跃信号 $\varepsilon(t)$ 引起的响应称为单位阶跃响应，简称阶跃响应，记为 $s(t)$，图 2-18 为阶跃响应的直观示意图。

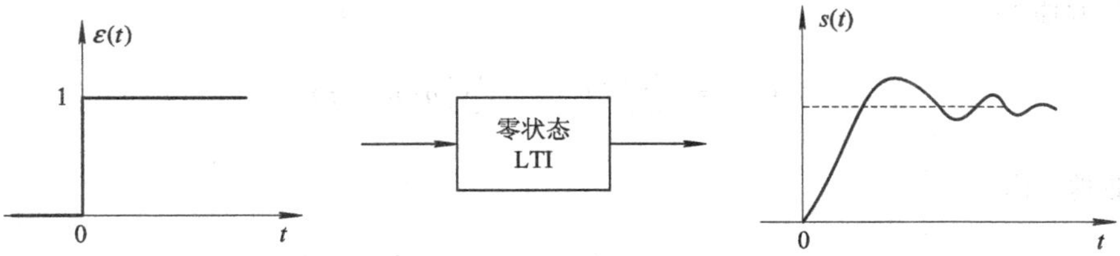

图 2-18　阶跃响应示意图

对于一阶系统的阶跃响应，可由式(2-15)求解。

例 2-15　在图 2-3(a)所示 RC 电路中，设输入信号 $u_S(t)=\varepsilon(t)\,\text{V}$，试求阶跃响应 $u_C(t)$。

解 单位阶跃电压加入后，系统的方程为

$$u_C'(t)+\frac{1}{RC}u_C(t)=\frac{1}{RC}\varepsilon(t)$$

由式(2-15)，得

$$s(t)=u_C(t)=e^{-\frac{t}{RC}}\int_0^t\frac{1}{RC}\varepsilon(\tau)e^{\frac{\tau}{RC}}d\tau=(1-e^{-\frac{t}{RC}})\varepsilon(t)\ \text{V}$$

对于一阶系统方程

$$y'(t)+ay(t)=\underbrace{b\varepsilon(t)}_{x(t)} \tag{2-41}$$

则阶跃响应为

$$y(t)=s(t)=e^{-at}\int_0^t b\varepsilon(\tau)e^{a\tau}d\tau=\frac{b}{a}(1-e^{-at}),\quad t\geqslant 0 \tag{2-42}$$

由于 $\varepsilon(t)$ 和 $\delta(t)$ 存在以下关系：

$$\delta(t)=\frac{d\varepsilon(t)}{dt}$$

$$\varepsilon(t)=\int_{-\infty}^t\delta(\tau)d\tau$$

相对线性时不变系统，由微、积分特性必然有

$$h(t)=\frac{ds(t)}{dt}$$

$$s(t)=\int_{-\infty}^t h(\tau)d\tau$$

因此，若知道系统的冲激响应，就可直接通过积分求得其阶跃响应；同理，若已经求出系统的阶跃响应，则可通过微分求得系统的冲激响应。

2. 离散系统阶跃响应

当线性时不变离散系统的激励为单位阶跃序列 $\varepsilon(n)$ 时，系统的零状态响应称为单位阶跃响应或阶跃响应，用 $s(n)$ 表示。若已知系统的差分方程，那么利用经典法可以求得系统的单位阶跃响应 $s(n)$。此外，由单位序列 $\delta(n)$ 和单位阶跃序列 $\varepsilon(n)$ 之间的关系知：

$$\varepsilon(n)=\sum_{i=-\infty}^{n}\delta(i)=\sum_{j=0}^{\infty}\delta(n-j) \tag{2-43}$$

若已知系统的单位序列响应 $h(n)$，根据线性时不变系统的线性性质和位移不变性，系统的阶跃响应为

$$s(n)=\sum_{i=-\infty}^{n}h(i)=\sum_{j=0}^{\infty}h(n-j) \tag{2-44}$$

类似地，由于

$$\delta(n)=\nabla\varepsilon(n)=\varepsilon(n)-\varepsilon(n-1) \tag{2-45}$$

若已知系统的阶跃响应 $s(n)$，那么系统的单位序列响应为

$$h(n)=\nabla s(n)=s(n)-s(n-1) \tag{2-46}$$

例 2-16 已知系统框图如图 2-19 所示，求系统的单位阶跃响应 $s(n)$。

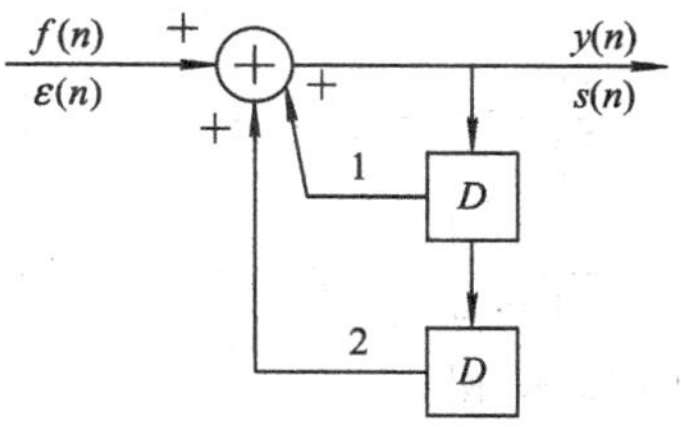

图 2-19　系统框图

解　(1) 经典法。

由图 2-19 可得，系统的差分方程为

$$y(n)-y(n-1)-2y(n-2)=f(n) \tag{2-47}$$

根据单位阶跃响应的定义 $s(n)$，满足方程

$$s(n)-s(n-1)-2s(n-2)=\varepsilon(n) \tag{2-48}$$

且初始状态 $s(-1)=s(-2)=0$，式(2-48)可写为

$$s(n)=s(n-1)+2s(n-2)+\varepsilon(n) \tag{2-49}$$

令 $n=0$，1，考虑到 $\varepsilon(0)=\varepsilon(1)=1$ 代入上式，可求得单位阶跃响应 $s(n)$的初始值：

$$s(0)=s(-1)+2s(-2)+\varepsilon(0)=1$$

$$s(1)=s(0)+2s(-1)+\varepsilon(1)=2$$

式(2-48)的齐次方程为

$$s(n)-s(n-1)-2s(n-2)=0$$

其特征根 $\lambda_1=-1$，$\lambda_2=2$。由于 $f(n)=\varepsilon(n)$，查表 2-4 得它的特解 $s_p(n)=P$，代入式(2-48)得$P=-\frac{1}{2}$，$n\geqslant 0$。于是得 $s_p(n)=-\frac{1}{2}$，故系统的单位阶跃响应为

$$s(n)=C_1(-1)^n+C_2(2)^n-\frac{1}{2} \tag{2-50}$$

将初始值代入式(2-50)有：

$$s(0)=C_1+C_2-\frac{1}{2}=1$$

$$s(1)=-C_1+2C_2-\frac{1}{2}=2$$

由上式可解得 $C_1=\frac{1}{6}$，$C_2=\frac{4}{3}$，则得系统的单位阶跃响应为

$$s(n)=\left[\frac{1}{6}(-1)^n+\frac{4}{3}(2)^n-\frac{1}{2}\right]\varepsilon(n)$$

(2) 利用单位序列响应。

由例 2-14 已知系统的单位序列响应为

$$h(n)=\left[\frac{1}{3}(-1)^n+\frac{2}{3}(2)^n\right]\varepsilon(n)$$

由式(2-44)得系统的单位阶跃响应为

$$s(n)=\sum_{i=-\infty}^{n}h(i)=\frac{1}{3}\sum_{i=0}^{n}(-1)^i+\sum_{i=0}^{n}(2)^i$$

由几何级数求和公式得

$$\sum_{i=0}^{n}(-1)^{i}=\frac{1-(-1)^{n+1}}{1-(-1)}=\frac{1}{2}[1-(-1)^{n+1}]=\frac{1}{2}[1+(-1)^{n}]$$

$$\sum_{i=0}^{n}(2)^{i}=\frac{1-2^{n+1}}{1-2}=2^{n+1}-1=2(2)^{n}-1$$

将它们代入上式，考虑到上式中 $n\geqslant 0$，得

$$s(n)=\frac{1}{3}\times\frac{1}{2}[1+(-1)^{n}]+\frac{2}{3}[2\times 2^{n}-1]=\left[\frac{1}{6}(-1)^{n}+\frac{4}{3}(2)^{n}-\frac{1}{2}\right]\varepsilon(n)$$

与经典法结果相同。

2.6 卷积及其应用

2.6.1 卷积积分与零状态响应

1. 卷积的概念及性质

卷积是卷积积分的简称，设有定义在$(-\infty,\infty)$区间上的两个函数 $f_1(t)$和 $f_2(t)$，则其卷积为

$$y(t)=f_1(t)*f_2(t)=\int_{-\infty}^{+\infty}f_1(\tau)f_2(t-\tau)\mathrm{d}\tau \tag{2-51}$$

一阶系统中，因特征函数 $g(t)=\mathrm{e}^{-at}$，故

$$y(t)=x(t)*g(t)=\int_{0_-}^{t}x(\tau)g_1(t-\tau)\mathrm{d}\tau \tag{2-52}$$

对于任意连续信号 $f(t)$进行冲激分解，由式(2-3)可得

$$f(t)=\int_{-\infty}^{+\infty}f(\tau)\delta(t-\tau)\mathrm{d}\tau=f(t)*\delta(t) \tag{2-53}$$

即任意函数与冲激函数的卷积是任意函数本身。

卷积的基本性质：

(1) 交换律：

$$f_1(t)*f_2(t)=f_2(t)*f_1(t)$$

(2) 分配律：

$$f_1(t)*[f_2(t)+f_3(t)]=f_1(t)*f_2(t)+f_1(t)*f_3(t)$$

(3) 结合律：

$$[f(t)*f_1(t)]*f_2(t)=f(t)*[f_1(t)*f_2(t)]$$

微分特性：

若 $y(t)=f_1(t)*f_2(t)$，则

$$y'(t)=f_1(t)*f_2'(t)=f_1'(t)*f_2(t)$$

微积分性质的证明：已知

$$y(t)=\int_{-\infty}^{+\infty}f_1(\tau)f_2(t-\tau)\mathrm{d}\tau$$

两端对 t 求导，得

$$\frac{dy(t)}{dt}=\int_{-\infty}^{\infty}f_1(\tau)\frac{df_2(t-\tau)}{dt}d\tau=\int_{-\infty}^{\infty}\frac{df_1(t-\tau)}{dt}f_2(\tau)d\tau$$

即

$$y'(t)=f_1(t)*f_2'(t)=f_1'(t)*f_2(t)$$

应用：

由于任意信号与$\delta(t)$卷积又恢复$f(t)$本身，即

$$f(t)*\delta(t)=\int_{-\infty}^{\infty}f(\tau)\delta(t-\tau)d\tau=\int_{-\infty}^{\infty}f(t-\tau)\delta(\tau)d\tau=f(t)$$

由微分性质则有

$$f(t)*\delta'(t)=f'(t) \tag{2-54}$$

即信号$f(t)$与冲激信号的导数卷积就等于$f(t)$的导数。

积分特性：

若$y(t)=f_1(t)*f_2(t)$，则

$$y^{(-1)}(t)=f_1^{(-1)}(t)*f_2(t)=f_1(t)*f_2^{(-1)}(t)$$

即两函数卷积后的积分等于其中一函数的积分与另一函数卷积。式中$y^{(-1)}(t)$表示对$y(t)$的积分一次。

应用：

因为

$$\varepsilon(t)=\int_{-\infty}^{t}\delta(\tau)d\tau=\delta^{(-1)}(t)$$

所以

$$f(t)*\varepsilon(t)=f(t)*\delta^{(-1)}(t)=\int_{-\infty}^{t}f(\tau)d\tau$$

即

$$f(t)*\varepsilon(t)=\int_{-\infty}^{t}f(\tau)d\tau \tag{2-55}$$

即信号$f(t)$与阶跃信号卷积，就等于信号$f(t)$的积分。

式(2-55)表明，任意信号$f(t)$与阶跃信号卷积，就等于$f(t)$的积分。

延时性质：

若$y(t)=f_1(t)*f_2(t)$，则根据时不变特性，有

$$f_1(t-t_1)\varepsilon(t-t_1)*f_2(t-t_2)\varepsilon(t-t_2)=y(t-t_1-t_2)\varepsilon(t-t_1-t_2)$$

应用：

若有函数$e^{-2t}\varepsilon(t)$，则

$$e^{-2t}\varepsilon(t)*\delta(t)=e^{-2t}\varepsilon(t)$$

即

$$e^{-2t}\varepsilon(t)*\delta(t-3)=e^{-2(t-3)}\varepsilon(t-3)$$

任意函数与冲激函数或阶跃函数的卷积为

$$f(t)*\delta(t)=f(t)$$

$$f(t)*\delta(t-t_0)=f(t-t_0)$$

$$f(t-t_1)*\delta(t-t_2)=f(t-t_1-t_2)$$

$$f(t) * \delta'(t) = f'(t)$$

$$f(t) * \varepsilon(t) = \int_{-\infty}^{t} f(\tau)\mathrm{d}\tau$$

$$f(t) * \delta^{(k)}(t) = f^{(k)}(t)$$

$$f(t) * \delta^{(k)}(t-t_0) = f^{(k)}(t-t_0)$$

2. 系统的零状态响应

设有一线性时不变系统如图 2-20 所示，激励为 $f(t)$，系统零状态响应为 $y_{zs}(t)$。

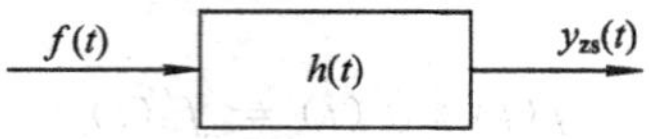

图 2-20　线性时不变系统

若记系统的单位冲激响应为 $h(t)$，即

$$\delta(t) \rightarrow h(t)$$

对于线性时不变系统，当输入为位移的冲激函数 $\delta(t-\tau)$时，其响应则为

$$\delta(t-\tau) \rightarrow h(t-\tau)$$

由线性系统的齐次性，给激励和响应同乘以比例因子 $f(\tau)$，得

$$f(\tau)\delta(t-\tau) \rightarrow f(\tau)h(t-\tau)$$

再根据线性系统的可加性，上式对 τ 积分有

$$\int_{-\infty}^{+\infty} f(\tau)\delta(t-\tau)\mathrm{d}\tau \rightarrow \int_{-\infty}^{+\infty} f(\tau)h(t-\tau)\mathrm{d}\tau$$

由于任意信号 $f(t)$可表示为冲激序列之和

$$f(t) = \int_{-\infty}^{+\infty} f(\tau)\delta(t-\tau)\mathrm{d}\tau = f(t) * \delta(t) = f(t)$$

可知上式的输入为 $f(t)$，则其输出应是输入 $f(t)$时的响应 $y(t)$，即

$$y(t) = \int_{-\infty}^{+\infty} f(\tau)h(t-\tau)\mathrm{d}\tau = f(t) * h(t)$$

故激励为 $f(t)$时的系统零状态响应是激励 $f(t)$与冲激响应的卷积，即

$$y_{zs}(t) = f(t) * h(t) = \int_{-\infty}^{\infty} f(\tau)h(t-\tau)\mathrm{d}\tau \tag{2-56}$$

由于冲激响应是阶跃响应的导数，故当阶跃响应 $s(t)$已知后，系统的零状态响应可表示为

$$\begin{aligned} y_{zs}(t) &= f(t) * h(t) = f(t) * s'(t) \\ &= \int_{-\infty}^{\infty} f(\tau)s'(t-\tau)\mathrm{d}\tau \end{aligned} \tag{2-57}$$

若信号 $f(t)$和 $h(t)$均为因果信号，则

$$y_{zs}(t) = f(t) * h(t) = \left[\int_{0}^{t} f(\tau)h(t-\tau)\mathrm{d}\tau\right]\varepsilon(t) \tag{2-58}$$

该积分的下限之所以取为零，是因为 $t<0$ 时，$f(t)=0$，所以 $\tau<0$ 时，$f(\tau)=0$，又 $\tau>t$ 时，$h(t-\tau)=0$，所以积分上限达到 t 即可。若 $f(t)$或 $h(t)$中包含冲激分量，则积分下限应写为 0_-。式中 $\varepsilon(t)$表明卷积结果的起始时间。

根据卷积的分配律，几个输入信号之和的零状态响应等于每个激励的零状态响应之和，可用系统并联表示，如图 2-21、2-22 所示。

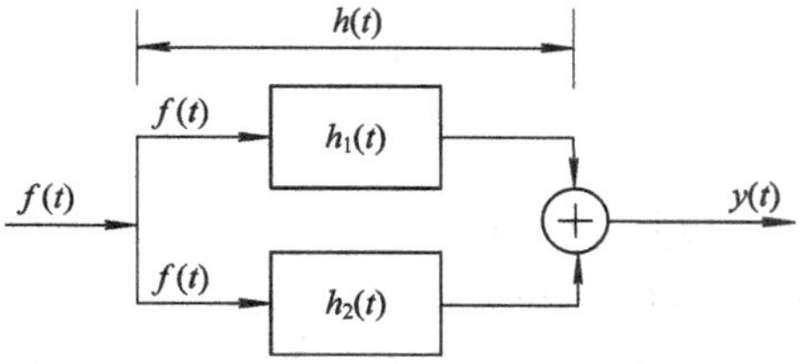

图 2-21 系统并联(一)

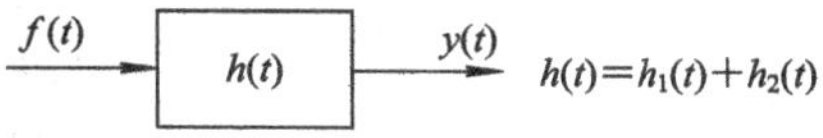

图 2-22 系统并联(二)

结论： 子系统并联时，总系统的冲激响应等于各子系统冲激响应之和。

根据卷积的结合律，输入信号通过多个级联的子系统的零状态响应可用系统级联表示，如图 2-23、2-24 所示。

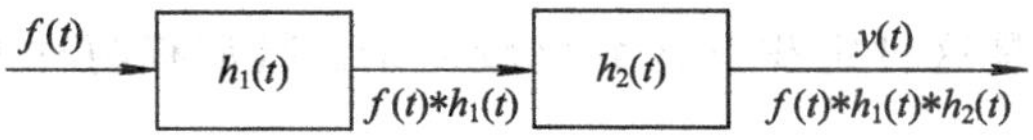

图 2-23 系统级联(一)

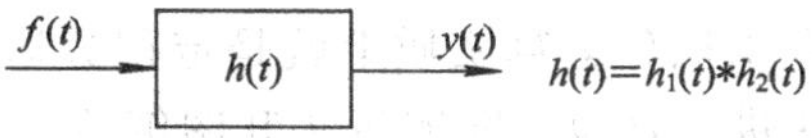

图 2-24 系统级联(二)

结论： 时域中，子系统级联时，总的冲激响应等于子系统冲激响应的卷积。

例 2-17 设有线性时不变系统，其输入信号 $f(t)=2\varepsilon(t)$，冲激响应 $h(t)=e^{-t}\varepsilon(t)$，如图 2-25 所示，试求系统的零状态响应 $y_{zs}(t)$。

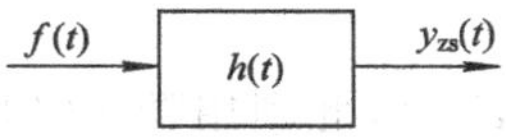

图 2-25 LTI 系统

解 由于 $f(t)$和 $h(t)$均为有始信号，故由式(2-58)直接可得

$$y_{zs}(t)=y(t)*h(t)=\left[\int_0^t 2e^{-(t-\tau)}d\tau\right]\varepsilon(t)$$
$$=2e^{-t}\left[\int_0^t e^{\tau}d\tau\right]\varepsilon(t)$$
$$=2(1-e^{-t})\varepsilon(t)$$

例 2-18 设有某线性时不变系统，输入信号 $f(t)$和冲激响应 $h(t)$分别如图 2-26(a)、(b)所示，试求该系统的零状态响应 $y_{zs}(t)$。

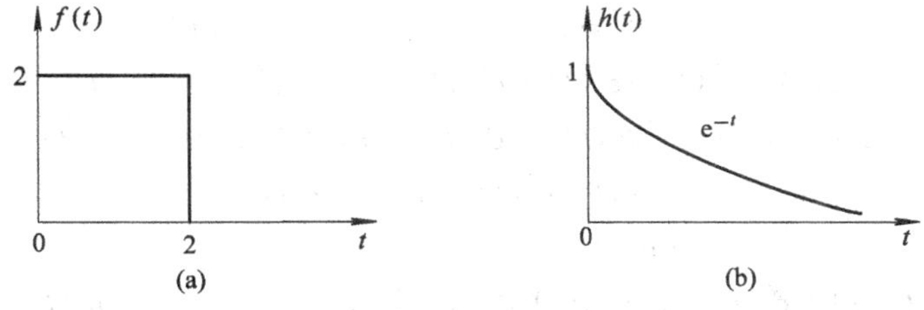

图 2-26 例 2-18 的输入信号与冲激响应曲线图

解 由图 2-26 可知 $f(t)$和$h(t)$分别表示为

$$f(t)=2\varepsilon(t)-2\varepsilon(t-2)$$
$$h(t)=\mathrm{e}^{-t}\varepsilon(t)$$

则系统的零状态响应为

$$\begin{aligned}y_{zs}(t)&=f(t)*h(t)\\&=[2\varepsilon(t)-2\varepsilon(t-2)]*\mathrm{e}^{-t}\varepsilon(t)\\&=2\varepsilon(t)*\mathrm{e}^{-t}\varepsilon(t)-2\varepsilon(t-2)*\mathrm{e}^{-t}\varepsilon(t)\\&=2(1-\mathrm{e}^{-t})\varepsilon(t)-2[1-\mathrm{e}^{-(t-2)}]\varepsilon(t-2)\end{aligned}$$

或者分段表示为

$$y_{zs}(t)=\begin{cases}2(1-\mathrm{e}^{-t}), & 0\leqslant t<2\\2(\mathrm{e}^{-(t-2)}-\mathrm{e}^{-t}), & t\geqslant 2\end{cases}$$

2.6.2 卷积积分解析法

卷积积分运算实质上就是定积分运算，但是这种定积分运算比较复杂。通常有两种典型方法进行计算，即解析法和图解法。

解析法主要是根据卷积积分的定义和性质进行卷积计算的方法，要求进行卷积的信号必须采用解析函数式表达。

例 2-19 利用卷积的定义和性质求下列卷积积分。

(1) $y(t)=f(t)*\delta(t-t_0)$；

(2) $\varepsilon(t+1)*\varepsilon(t-2)$；

(3) $t\varepsilon(t-1)*\delta''(t-2)$。

解 (1) 由于 $f(t)*\delta(t)=f(t)$，因此利用卷积时移性质可得

$$y(t)=f(t)*\delta(t-t_0)=[f(t)*\delta(t)]\big|_{t\to t-t_0}=f(t-t_0)$$

(2)
$$\begin{aligned}\varepsilon(t)*\varepsilon(t)&=\varepsilon(t)*\delta^{(-1)}(t)=\varepsilon^{(-1)}(t)*\delta(t)=\varepsilon^{(-1)}(t)\\&=\int_0^t 1\,\mathrm{d}\tau=t\varepsilon(t)\end{aligned}$$

由

$$f_1(t-t_1)\varepsilon(t-t_1)*f_2(t-t_2)\varepsilon(t-t_2)=y(t-t_1-t_2)\varepsilon(t-t_1-t_2)$$

得

$$\varepsilon(t+1)*\varepsilon(t-2)=[\varepsilon(t)*\varepsilon(t)]\big|_{t\to t-1}=(t-1)\varepsilon(t-1)$$

(3)
$$\begin{aligned}t\varepsilon(t-1)*\delta''(t-2)&=[\varepsilon(t-1)+(t-1)\varepsilon(t-1)]*\delta''(t-2)\\&=\varepsilon(t-1)*\delta''(t-2)+(t-1)\varepsilon(t-1)*\delta''(t-2)\\&=[\varepsilon(t)*\delta''(t)+t\varepsilon(t)*\delta''(t)]\big|_{t\to t-3}\end{aligned}$$

$$\varepsilon(t)*\delta''(t)=\varepsilon'(t)*\delta'(t)=\delta(t)*\delta'(t)=\delta'(t)$$

$$\begin{aligned}t\varepsilon(t)*\delta''(t)&=[t\varepsilon(t)]*\delta'(t)=[\varepsilon(t)+t\varepsilon'(t)]*\delta'(t)\\&=\varepsilon(t)*\delta'(t)+t\delta(t)*\delta'(t)\\&=\delta(t)\end{aligned}$$

$$t\varepsilon(t-1)*\delta''(t-2)=[\delta(t)+\delta'(t)]\big|_{t\to t-3}=\delta(t-3)+\delta'(t-3)$$

例 2-20　已知系统的冲激响应 $h(t)=e^{-2t}\varepsilon(t)$，求输入 $f(t)=e^{-3t}\varepsilon(t)$时的响应 $y(t)$。

解　利用卷积公式有

$$y(t)=h(t)*f(t)=\int_0^{\infty}h(\tau)f(t-\tau)d\tau$$
$$=\int_0^{\infty}e^{-2\tau}e^{-3(t-\tau)}\varepsilon(t-\tau)d\tau$$
$$=e^{-3t}\int_0^{\infty}e^{\tau}\varepsilon(t-\tau)d\tau$$

当 $t<0$ 时，上式积分为零。当 $t>0$ 时，$\varepsilon(t-\tau)$只有在 $0<\tau<t$ 的区间不为零，故

$$y(t)=e^{-3t}\int_0^{t}e^{\tau}\,d\tau=e^{-3t}\cdot e^{\tau}\big|_0^t=e^{-2t}-e^{-3t}$$

则

$$y(t)=(e^{-2t}-e^{-3t})\varepsilon(t)$$

表 2-5 给出了常见信号的卷积结果，供查阅。

表 2-5　常见信号的卷积值

序号	$f_1(t)$	$f_2(t)$	$f_1(t)*f_2(t)$
1	$f(t)$	$\delta(t)$	$f(t)$
2	$\varepsilon(t)$	$\varepsilon(t)$	$t\varepsilon(t)$
3	$t\varepsilon(t)$	$\varepsilon(t)$	$\frac{1}{2}t^2\varepsilon(t)$
4	$e^{-\alpha t}\varepsilon(t)$	$\varepsilon(t)$	$\frac{1}{\alpha}(1-e^{-\alpha t})\varepsilon(t)$
5	$e^{-\alpha_1 t}\varepsilon(t)$	$e^{-\alpha_2 t}\varepsilon(t)$	$\frac{1}{\alpha_2-\alpha_1}(e^{-\alpha_1 t}-e^{-\alpha_2 t})\varepsilon(t)\quad(\alpha_1\neq\alpha_2)$
6	$e^{-\alpha t}\varepsilon(t)$	$e^{-\alpha t}\varepsilon(t)$	$e^{-\alpha t}\varepsilon(t)$
7	$t\varepsilon(t)$	$e^{-\alpha t}\varepsilon(t)$	$\frac{\alpha t-1}{\alpha^2}\varepsilon(t)+\frac{1}{\alpha^2}e^{-\alpha t}\varepsilon(t)$
8	$te^{-\alpha t}\varepsilon(t)$	$e^{-\alpha t}\varepsilon(t)$	$\frac{1}{2}t^2e^{-\alpha t}\varepsilon(t)$

2.6.3　卷积积分图解法

卷积图解法是通过信号波形的反转、时移、相乘、积分等基本运算进行卷积积分的方法。当信号仅用波形的形式给出时，用图解法进行卷积分析非常方便。

图解法能直观地给出卷积的计算过程，形象地表明了卷积的含义，非常有助于加深对卷积概念的理解。设 $y=f_1(t)*f_2(t)$，其图解法运算的一般步骤：

(1) 改变积分变量。画出 $f_1(t)$、$f_2(t)$波形，将波形图中的 t 轴改换成 τ 轴，分别得到 $f_1(\tau)$和 $f_2(\tau)$的波形，如图 2-27(a)所示。

(2) 反转。将 $f_2(t)$波形以纵轴为中心轴反转 180°，得到 $f_2(-\tau)$波形，如图 2-27(b)所示。

(3) 移位。给定一个 t_1 值，将 $f_2(-\tau)$波形沿 τ 轴平移$|t_1|$。在 $t_1<0$ 时，波形往左移；在 $t_1>0$ 时，波形往右移。这样就得到了 $f_2(t_1-\tau)$的波形，令变量 t_1 在$(-\infty, \infty)$范围内变化，如图 2-27(c)所示。

(4) 相乘。将 $f_1(\tau)$与 $f_2(t_1-\tau)$相乘，得到信号 $f_1(\tau)f_2(t_1-\tau)$，如图 2-27(d)所示。

(5) 积分。沿 τ 轴对乘积信号 $f_1(\tau)f_2(t_1-\tau)$进行积分，得到的积分值是 t_1 时刻 $f_1(\tau)f_2(t_1-\tau)$曲线下的面积，即

$$y(t_1)=\int_{-\infty}^{+\infty}f_1(\tau)f_2(t_1-\tau)\mathrm{d}\tau$$

(6) 以 t_1 为变量，将信号 $f_2(t_1-\tau)$连续沿 τ 轴移动，从而得到任意时刻 t 的卷积积分，如图 2-27(e)所示，它是时间 t 的函数，即

$$y(t)=\int_{-\infty}^{+\infty}f_1(\tau)f_2(t-\tau)\mathrm{d}\tau$$

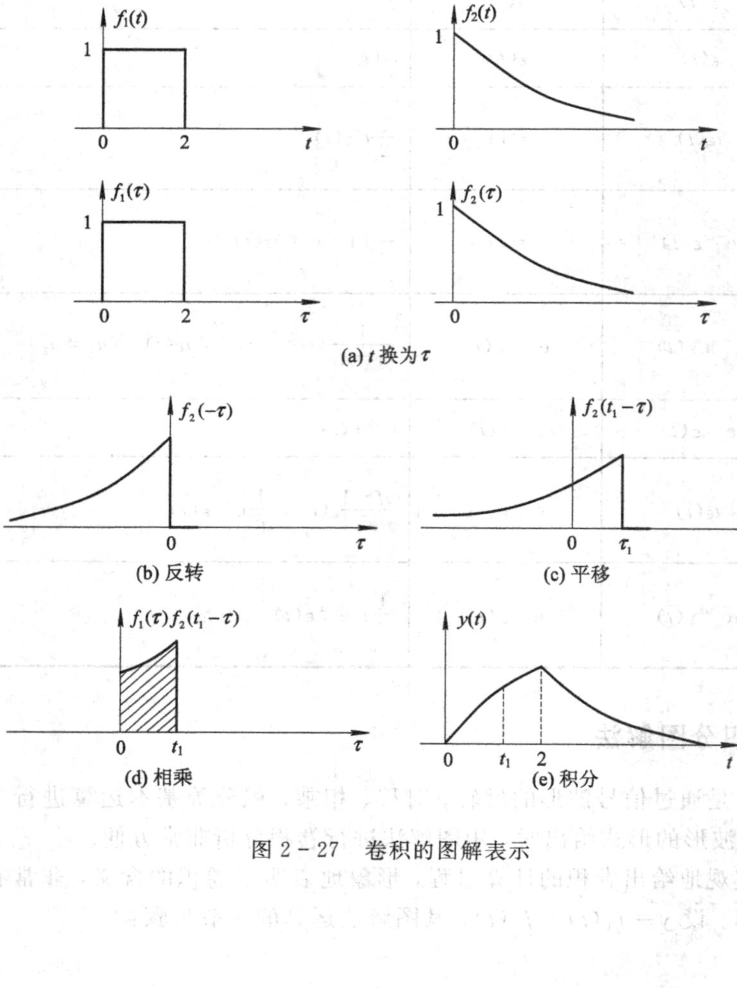

图 2-27 卷积的图解表示

例 2－21　给定如图 2－28 所示 $f_1(t)$、$f_2(t)$信号，求 $y=f_1(t)*f_2(t)$。

$$f_1(t)=\varepsilon(t)-\varepsilon(t-3)$$

$$f_2(t)=e^{-t}\varepsilon(t)$$

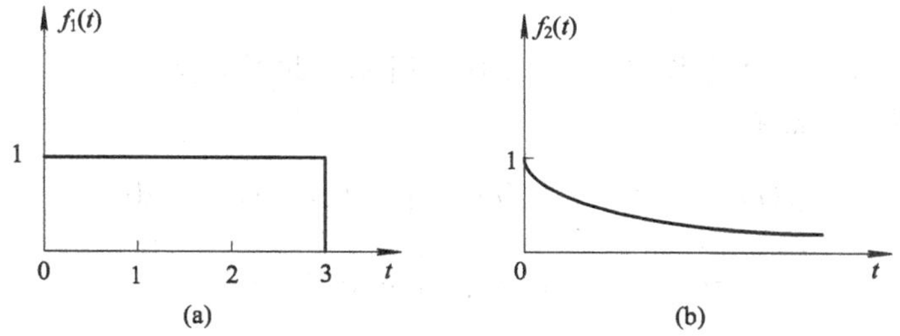

图 2－28　例 2－21$f_1(t)$和 $f_2(t)$波形

解　(1) 首先用 τ 置换 t，得到 $f_1(\tau)$、$f_2(-\tau)$波形，如图 2－29(a)、(b)。

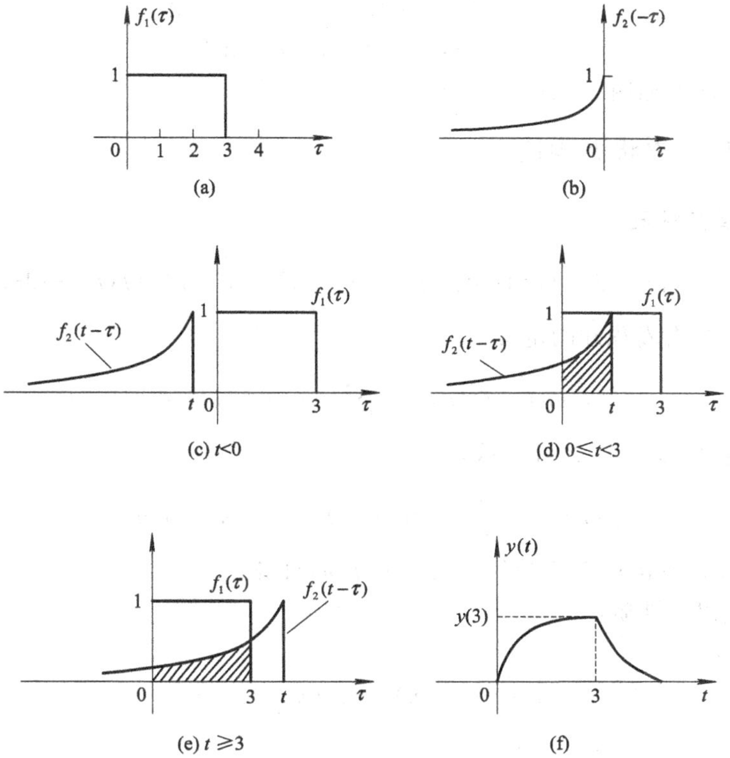

图 2－29　例 2－21 卷积的图解表示

(2) $t<0$ 时，$f_1(\tau)f_2(t-\tau)$波形如图 2－29(c)所示，对任一 τ，$f_1(\tau)f_2(t-\tau)=0$，故

$$y(t)=0$$

(3) $0\leqslant t<3$ 时，$f_2(t-\tau)$波形如图 2－29(d)所示。

$$y(t)=f_1(t)*f_2(t)=\int_{-\infty}^{+\infty}f(\tau)f(t-\tau)\mathrm{d}\tau$$

$$= \int_{-\infty}^{+\infty} [\varepsilon(\tau) - \varepsilon(\tau - 3)][e^{-(t-\tau)}\varepsilon(t-\tau)]d\tau$$

$$= \int_0^t e^{-(t-\tau)} d\tau = e^{-t}\int_0^t e^{\tau} d\tau$$

$$= 1 - e^{-t}$$

(4) $t \geqslant 3$ 时，$f_2(t-\tau)$ 波形如图 2-29(e) 所示，此时，仅在 $0 \leqslant t < 3$ 范围内，乘积 $f_1(\tau)f_2(t-\tau)$ 不为零，故有

$$y(t) = f_1(t) * f_2(t) = \int_{-\infty}^{+\infty} f(\tau)f(t-\tau)d\tau$$

$$= \int_0^3 e^{-(t-\tau)} d\tau = e^{-t}\int_0^3 e^{\tau} d\tau$$

$$= (e^3 - 1)e^{-t}$$

于是

$$y(t) = \begin{cases} 0, & t < 0 \\ 1 - e^{-t}, & 0 < t < 3 \\ (e^3 - 1)e^{-t}, & t > 3 \end{cases}$$

信号卷积的最后波形如图 2-29(f) 所示。

2.6.4　卷积和与零状态响应

1. 卷积和及其性质

正像连续信号 $f_1(t)$ 和 $f_2(t)$ 的卷积 $f_1(t) * f_2(t) = \int_{-\infty}^{+\infty} f(\tau)f(t-\tau)d\tau$，对于离散信号 $f_1(n)$ 和 $f_2(n)$，二者卷积和的定义为

$$f_1(n) * f_2(n) = \sum_{k=-\infty}^{\infty} f_1(k)f_2(n-k) \tag{2-59}$$

根据以上定义，式(2-2)可表示为

$$f(n) = \sum_{k=-\infty}^{\infty} f(k)\delta(n-k) = f(n) * \delta(n) \tag{2-60}$$

也就是：序列 $f(n)$ 和 $\delta(n)$ 卷积和的结果等于 $f(n)$ 自身。

卷积和满足以下性质：

(1) 交换律：

$$f_1(n) * f_2(n) = f_2(n) * f_1(n)$$

(2) 结合律：

$$[f_1(n) * f_2(n)] * f_3(n) = f_1(n) * [f_2(n) * f_3(n)]$$

(3) 分配律：

$$f_1(n) * [f_2(n) + f_3(n)] = f_1(n) * f_2(n) + f_1(n) * f_3(n)$$

(4) 移位不变性：

若 $y(n) = f_1(n) * f_2(n)$，则

$$f_1(n-m) * f_2(n-r) = y(n-m-r)$$

若信号 $f_1(n)$ 和 $f_2(n)$ 均为因果信号，则在计算卷积和时，当 $n<0$ 时，$f_1(n)=0$，则

求和下限只要从 0 开始即可；当 $n<0$ 时，$f_2(n)=0$，且当 $k>n$ 时必然有 $f_2(n-k)=0$，故求和上限只要到 n 即可。则

$$f_1(n) * f_2(n) = \sum_{k=0}^{n} f_1(k) f_2(n-k) \tag{2-61}$$

例 2-22　已知 $f_1(n)=\{1, 1, 1\}(n\geqslant 0)$，$f_2(n)=\{1, 2, 3\}(n\geqslant 0)$，求 $f_1(n) * f_2(n)$。

解

$$f_1(n) = \delta(n) + \delta(n-1) + \delta(n-2)$$
$$f_2(n) = \delta(n) + 2\delta(n-1) + 3\delta(n-2)$$

由式(2-60)及移位性质得

$$\delta(n-m) * \delta(n-r) = \delta(n-m-r)$$

利用分配律及上式得

$$\begin{aligned} f_1(n) * f_2(n) &= \delta(n) + 2\delta(n-1) + 3\delta(n-2) \\ &\quad + \delta(n-2) + 2\delta(n-3) + 3\delta(n-4) \\ &\quad + \delta(n-1) + 2\delta(n-2) + 3\delta(n-3) \\ &= \delta(n) + 3\delta(n-1) + 6\delta(n-2) + 5\delta(n-3) + 3\delta(n-4) \end{aligned}$$

对于有限长序列的卷积和，利用线性和移不变性，可使用对应相乘求和法求卷积，步骤如下：

两序列右对齐→逐个样值对应相乘但不进位→同列乘积值相加即可(注意 $n=0$ 的点)。对于上例题，计算如下：

$$\begin{array}{rrrrrl} & & 1 & 1 & 1 & \leftarrow f_1(n) \\ & \times & 1 & 2 & 3 & \leftarrow f_2(n) \\ \hline & & 3 & 3 & 3 & \\ & 2 & 2 & 2 & & \\ + \; 1 & 1 & 1 & & & \\ \hline 1 & 3 & 6 & 5 & 3 & \leftarrow f_1(n) * f_2(n) \end{array}$$

所以

$$f_1(n) * f_2(n) = \delta(n) + 3\delta(n-1) + 6\delta(n-2) + 5\delta(n-3) + 3\delta(n-4)$$

与连续系统卷积相似，离散系统的卷积和也可用图解法表示，下面举例说明卷积和过程。

例 2-23　若 $f_1(n)=\varepsilon(n)-\varepsilon(n-6)$，$f_2(n)=a^n\varepsilon(n)$，利用图解法求解 $y(n)=f_1(n) * f_2(n)$ 卷积和。

解　卷积和求解过程如图 2-30 所示。

利用图解法求卷积和比较简单易行，也容易理解，但当两个卷积函数都是无限长序列时，常常难以得到闭合形式解，而利用性质直接进行运算(解析法)则能得到闭合形式解。常见因果序列的卷积和如表 2-6 所示，供查阅。

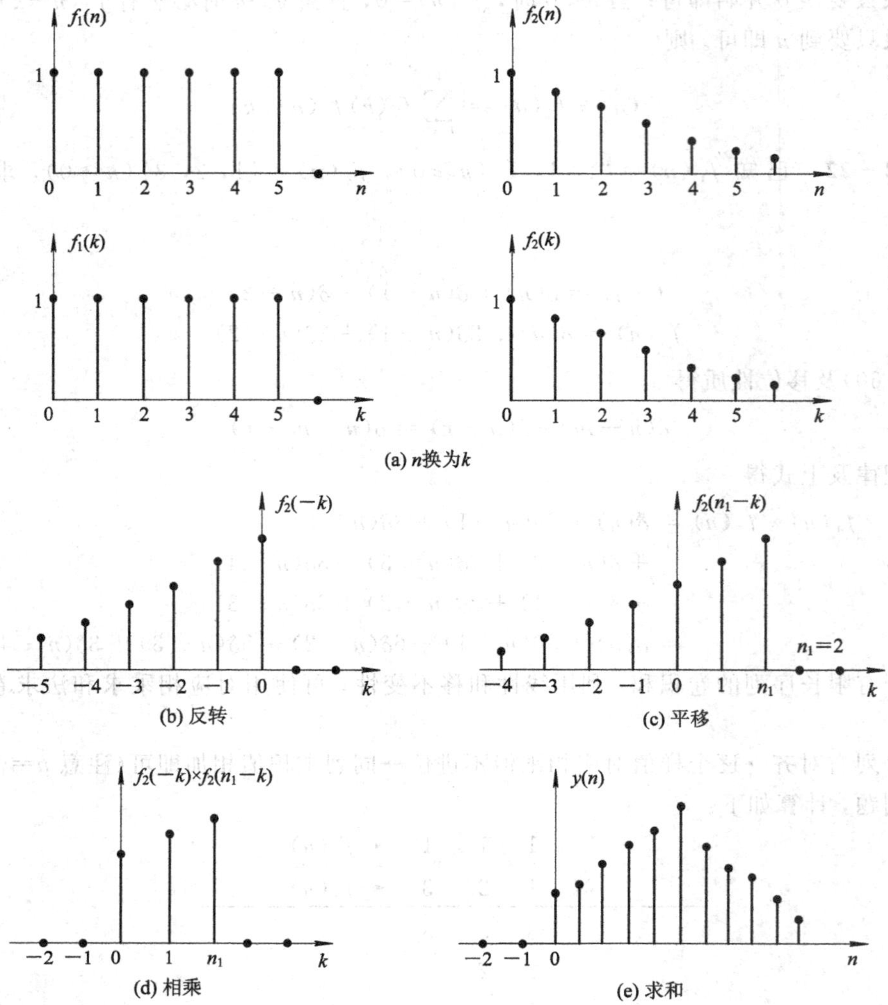

图 2-30 卷积和图解法

表 2-6 常见因果序列卷积和表

序号	$f_1(n)$	$f_2(n)$	$f_1(n)*f_2(n)=f_2(n)*f_1(n)$
1	$\delta(n)$	$f(n)$	$f(n)$
2	a^n	$\varepsilon(n)$	$\dfrac{1-a^{n+1}}{1-a}$
3	$\varepsilon(n)$	$\varepsilon(n)$	$n+1$
4	$e^{\lambda n}$	$\varepsilon(n)$	$\dfrac{1-e^{\lambda(n+1)}}{1-e^{\lambda}}$
5	a_1^n	a_2^n	$\dfrac{a_1^{n+1}-a_2^{n+1}}{a_1-a_2}\quad(a_1\neq a_2)$

续表

序号	$f_1(n)$	$f_2(n)$	$f_1(n)*f_2(n)=f_2(n)*f_1(n)$
6	a^n	a^n	$(n+1)a^n$
7	$e^{\lambda_1 n}$	$e^{\lambda_2 n}$	$\dfrac{e^{\lambda_1(n+1)}-e^{\lambda_2(n+1)}}{e^{\lambda_1}-e^{\lambda_2}}\quad(\lambda_1\neq\lambda_2)$
8	$e^{\lambda n}$	$e^{\lambda n}$	$n+1$
9	a^n	n	$\dfrac{n}{1-a}+\dfrac{a(a^n-1)}{(1-a)^2}$
10	n	n	$\dfrac{1}{6}(n-1)n(n+1)$
11	n	$\varepsilon(n)$	$\dfrac{n(n+1)}{2}$

2. 离散系统的零状态响应

与连续系统的零状态响应相类似，当输入为 $\delta(n)$，记系统的单位冲激响应为 $h(n)$，即

$$\delta(n)\rightarrow h(n)$$

对于线性时不变系统，输入为移位的冲激函数 $\delta(n-k)$时，其响应则为

$$\delta(n-k)\rightarrow h(n-k)$$

由线性系统的齐次性，给激励和响应同乘以比例因子 $f(k)$，得

$$f(k)\delta(n-k)\rightarrow f(k)h(n-k)$$

再根据线性系统的可加性，有

$$\sum_{k=-\infty}^{\infty}f(k)\delta(n-k)\rightarrow\sum_{k=-\infty}^{\infty}f(k)h(n-k)$$

由信号分解，$\sum_{k=-\infty}^{\infty}f(k)\delta(n-k)=f(n)$ 可知，上式输入为 $f(n)$，则其输出应为输入 $f(n)$ 的响应 $y(n)$，即

$$y(n)=\sum_{k=-\infty}^{\infty}f(k)h(n-k)$$

故线性时不变系统的零状态响应是输入 $f(n)$与单位响应 $h(n)$的卷积，即

$$y_{zs}(n)=\sum_{k=-\infty}^{\infty}f(k)h(n-k)=f(n)*h(n)\tag{2-62}$$

若 $f(n)$和 $h(n)$均为因果序列，即当 $n<0$ 时，$f(n)=0$，$h(n)=0$，此时系统的零状态响应为

$$y_{zs}(n)=f(n)*h(n)=\sum_{k=0}^{n}f(k)h(n-k)\tag{2-63}$$

例 2-24　已知离散系统的输入序列 $f(n)$和单位响应 $h(n)$分别为

$$f(n)=n[\varepsilon(n)-\varepsilon(n-6)]$$
$$h(n)=\varepsilon(n+6)-\varepsilon(n+1)$$

试求系统的零状态响应 $y_{zs}(n)$。

解 任何一个离散信号可以用单位序列信号表示为

$$f(n)=\sum_{m=-\infty}^{\infty}f(m)\delta(n-m)$$

$$f(n)=\sum_{m=-\infty}^{\infty}m[\varepsilon(m)-\varepsilon(m-6)]\delta(n-m)$$

$$=\delta(n-1)+2\delta(n-2)+3\delta(n-3)+4\delta(n-4)+5\delta(n-5)$$

$$h(n)=\delta(n+6)+\delta(n+5)+\delta(n+4)+\delta(n+3)+\delta(n+2)$$

利用单位样值信号的卷积性质

$$\delta(n-n_1)*\delta(n-n_2)=\delta(n-n_1-n_2)$$

$$y_{zs}(n)=f(n)*h(n)$$

$$=\delta(n+5)+3\delta(n+4)+6\delta(n+3)+10\delta(n+2)+15\delta(n+1)$$

$$+14\delta(n)+12\delta(n-1)+9\delta(n-2)+5\delta(n-3)$$

结果如图 2-31 所示。

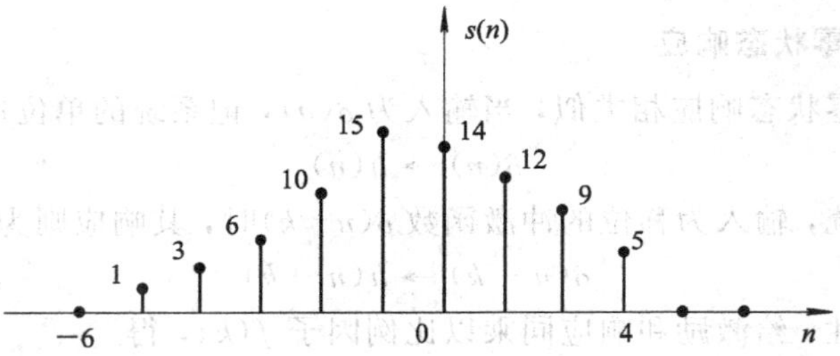

图 2-31 例 2-24 运算结果示意图

这种方法虽然计算比较简单，但表达式较长，因而只适用于较短的时限序列。另外，用这种方法求得的卷积结果有时不容易写出其函数表达式的闭合形式。

2.7 MATLAB 在系统时域分析中的应用

例 2-25 利用 MATLAB 重做例 2-18，输入信号 $f(t)$ 和冲激响应 $h(t)$ 如图 2-32 所示。

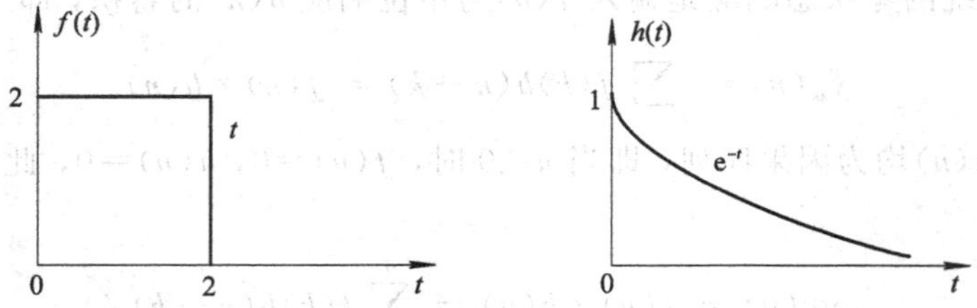

图 2-32 例 2-25 输入信号 $f(t)$ 和冲激响应 $h(t)$ 的波形图

解 求两个函数的卷积时，可以调用 MATLAB 的 conv() 函数，其功能为卷积和多项式相乘。

调用格式：

C＝conv(A，B)

计算向量 A 卷积 B，向量 C 长度为

$$\text{length}(A)+\text{length}(B)-1$$

本例程序如下：

```
clc;
clear;
p=0.01;
n1=0: p: 2;
f=2 * ones(1, length(n1));
%plot(n1, f)
n2=0: p: 10;
h=exp(-n2);
%plot(n2, h);
y=conv(f, h);
y=y * p;
plot(p * ([1: length(y)]-1), y); grid on;
```

运行结果如图 2-33 所示，与例 2-18 结果相同。

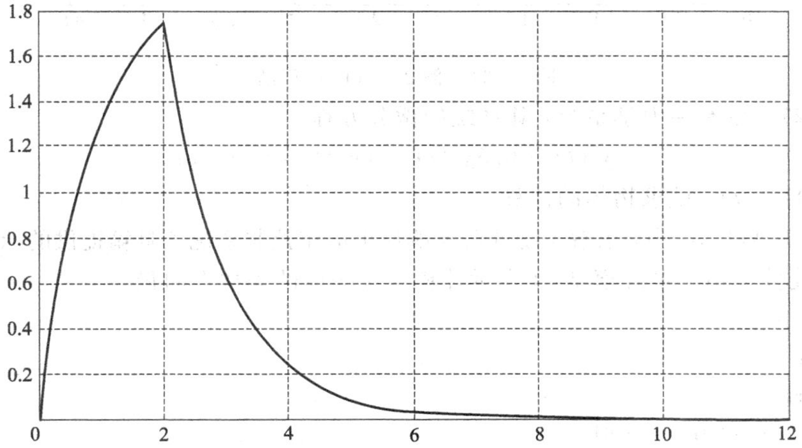

图 2-33　例 2-25 的运行结果

例 2-26　设有微分方程

$$y''(t)+2y'(t)+100y(t)=10f(t)$$

试求 $f(t)=\delta(t)$时的冲激响应。

解　在 MATLAB 中，求解系统的冲激响应可应用控制系统工具箱提供的 impulse(sys，t)函数。sys 是线性时不变系统模型，t 表示计算系统响应的采样点向量。

程序如下：

```
clc;
clear;
ts=0; te=5; dt=0.01;
```

```
b=[10];
a=[1, 2, 100];
sys=tf(b, a);
t=ts: dt: te;
y=impulse(sys, t);
plot(t, y); grid on;
```

运行结果如图 2-34 所示。

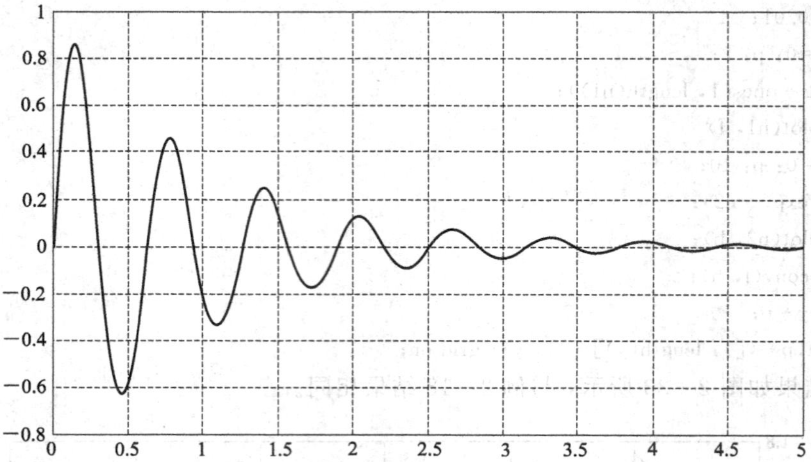

图 2-34　例 2-26 的运行结果

例 2-27　设有一力学系统，其系统的微分方程

$$y''(t)+0.5y'(t)+4y(t)=0.5f(t)$$

若外力 $f(t)=\varepsilon(t)$，试求物体的位移。

解　在 MATLAB 中，求解系统的阶跃响应可应用控制系统工具箱提供的 step(sys, t)函数，sys 是线性时不变系统模型，t 表示计算系统响应的采样点向量。

程序如下：

```
clc;
clear;
ts=0; te=20; dt=0.01;
b=[0.5];
a=[1, 0.5, 4];
sys=tf(b, a);
t=ts: dt: te;
y=step(sys, t);
plot(t, y);
xlabel('t(sec)');
ylabel('y(t)');
grid on;
```

运行结果如图 2-35 所示。

例 2-28　利用 MATLAB 重做例 2-11，并验证。

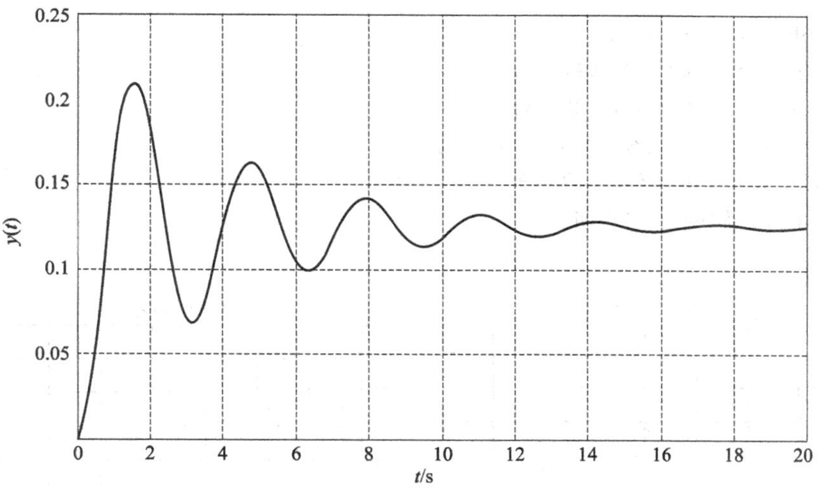

图 2-35　例 2-27 的运行结果

解　在 MATLAB 中，提供了一个 filter 函数，用来实现在给定输入和差分方程系数时求差分方程的全响应。其调用形式为：

调用格式一：

y=filter(b，a，x)

其中 b、a 是由式(2-23)的系数组成的向量，b 表示差分方程右端系数向量，a 表示差分方程左端系数向量，x 表示输入向量数组，y 表示输出向量数组且与 x 向量的长度相同，而且系数 a_0 要保证不为 0。

调用格式二：

y=filter(b，a，x，xic)

其中 xic 是初始条件等效的输入序列，MATLAB 提供了 fiktic 来确定 xic。

```
%M61
clc;
clear;
%(1)系统在 y(-1)=0，y(-2)=1/2 的零输入响应
n=[0: 8];
b=[1];
a=[1, 3, 2];
y0=[0, 1/2];
xic=filtic(b, a, y0);
x0=zeros(1, length(n));
format long
y1=filter(b, a, x0, xic);
%(2)零状态响应
x=2.^n;
y2=filter(b, a, x);
%(3)全响应
```

```
y=y1+y2;
y3=filter(b, a, x, xic);
stem(n, y1); title('系统零输入响应')
stem(n, y2); title('系统零状态响应')
stem(n, y); title('系统全响应 y=y1+y2')
stem(n, y3); title('系统全响应')
```

程序运行结果如图 2-36 所示。

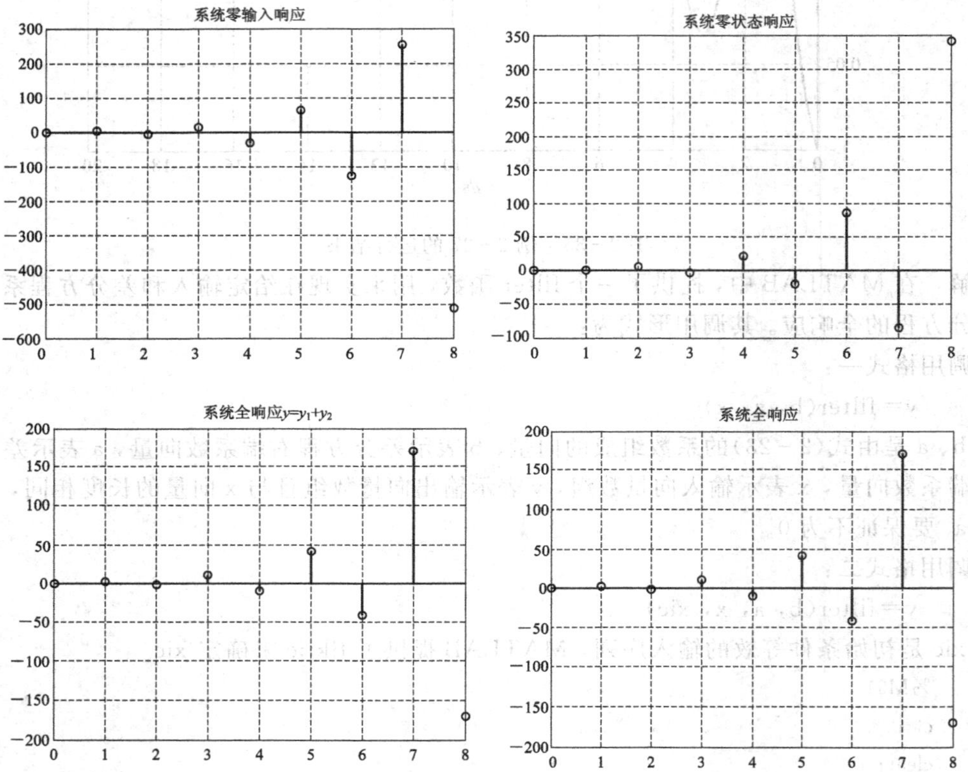

图 2-36 例 2-28 的运行结果

例 2-29 利用 MATLAB 重做例 2-14。求差分方程 $y(n)-y(n-1)-2y(n-2)=f(n)$的单位序列响应。

解 在 MATLAB 中，求解离散时间系统的单位序列响应，可应用信号处理工具箱提供的 impz 函数，其调用形式为

h=impz(b, a, k)

式中，$b=[b_0, b_1, \cdots, b_M]$，$a=[a_0, a_1, \cdots, a_N]$分别是差分方程右、左端的系数向量，k 表示输出序列的取值范围(可省)，h 表示系统单位序列响应。

源程序如下：

```
clc;
clear;
```

```
k=0：10；
a=[1，－1，－2]；
b=[1]；
h=impz(b，a，k)；
stem(k，h)；
title('单位序列响应的近似值')；
grid on；
hk=1/3＊(－1).^k+2/3＊(2).^k；
stem(k，hk)；
title('单位序列响应的理论值')；
grid on；
```

运行结果如图 2-37 所示。

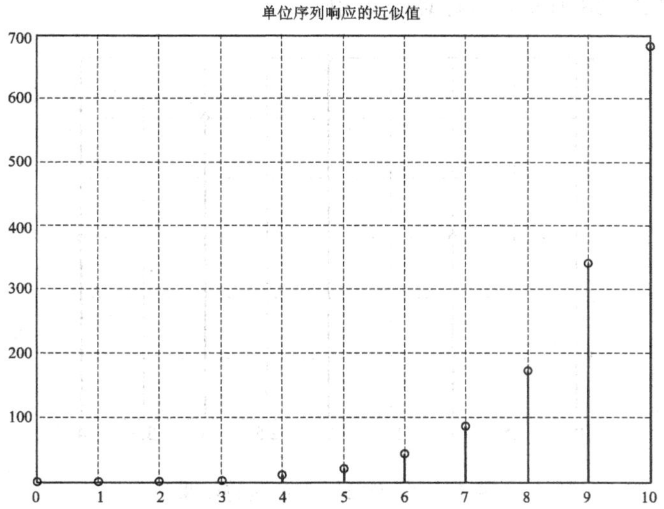

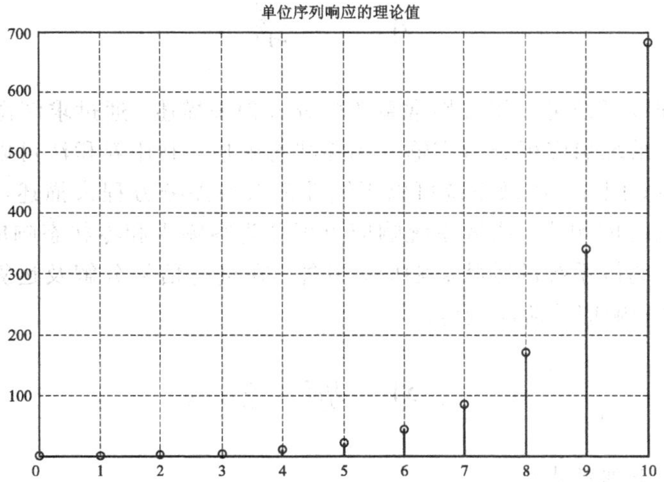

图 2-37　例 2-29 的运行结果

例 2-30　利用 MATLAB 重做例 2-23，并与理论结果比较。

解　求两个函数的卷积时，可以调用 MATLAB 的 conv()函数。

程序如下：

```
clc;
clear;
k=0: 4;
n1=0: 2;
f1=[1, 1, 1];
n2=0: 2;
f2=[1, 2, 3];
y=conv(f1, f2);
stem(k, y); grid on;
```

运行结果如图 2-38 所示，与计算结果相同。

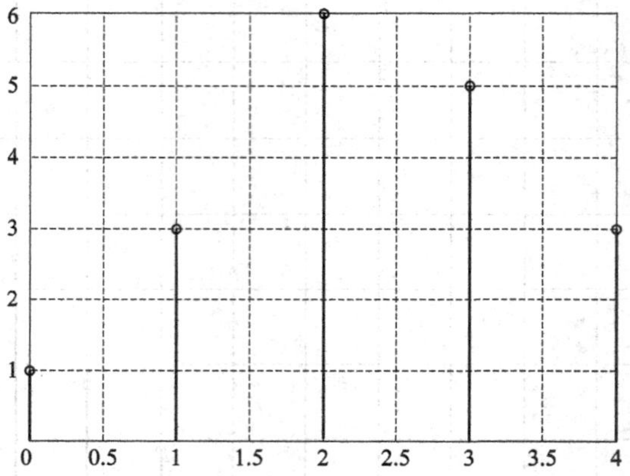

图 2-38　例 2-30 的运行结果

小　　结

线性时不变连续系统可以用线性常系数微分方程来描述，通过求解微分方程就可得到连续系统的响应，系统响应可分为零输入和零状态响应，利用卷积法可以比较方便地求得系统的零状态响应；同样，离散系统可以用线性常系数差分方程来描述，通过求解差分方程就可得到离散系统的响应，离散系统响应也可分为零输入和零状态响应，利用卷和法可以比较方便地求得离散系统的零状态响应。另外，在进行信号分解及运算时，要经常用到冲激响应、单位序列响应及阶跃响应。

习　题　2

2-1　试计算下列各式：

(1) $t\delta(t-1)$;

(2) $\int_{-\infty}^{+\infty} t\delta(t-1)\mathrm{d}t$；

(3) $\int_{0_-}^{+\infty} \cos\left(\omega t-\frac{\pi}{3}\right)\delta(t)\mathrm{d}t$；

(4) $\int_{0_-}^{0_+} \mathrm{e}^{-3t}\delta(-t)\mathrm{d}t$。

2-2　设有差分方程

$$y(n)+3y(n-1)+2y(n-2)=f(n)$$

初始状态 $y(-1)=-\frac{1}{2}$，$y(-2)=\frac{5}{4}$，试求系统的零输入响应。

2-3　已知差分方程

$$y(n)+2y(n-1)+y(n-2)=f(n)$$

$$f(n)=3\left(\frac{1}{2}\right)^n\varepsilon(n)$$

$$y(-1)=3,\ y(-2)=-5$$

试求该离散系统的零输入响应、零状态响应和全响应。

2-4　试用阶跃函数的组合表示题 2-4 图所示信号。

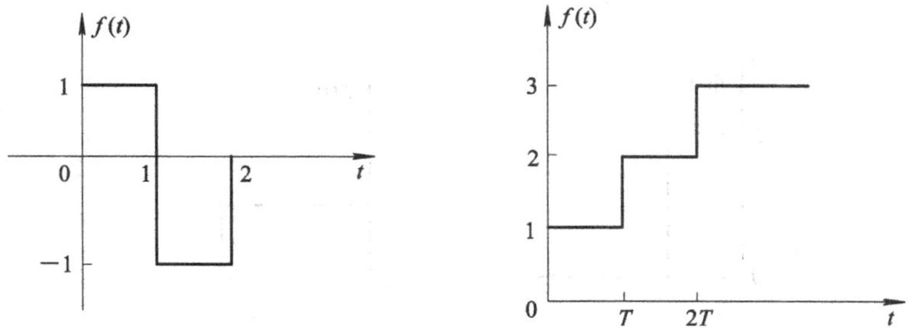

题 2-4 图

2-5　如题 2-5 图所示，试写出其差分方程。

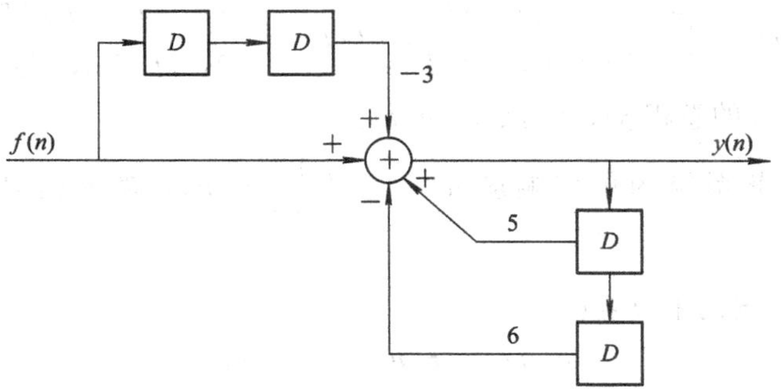

题 2-5 图

2-6　设有一阶方程

$$y'(t)+3y(t)=f'(t)+f(t)$$

试求其冲激响应 $h(t)$和阶跃响应 $s(t)$。

2-7 试求下列卷积：

(1) $\varepsilon(t+3) * \varepsilon(t-5)$

(2) $\delta(t) * 2$；

(3) $te^{-t}\varepsilon(t) * \delta'(t)$；

(4) $(1-e^{-2t})\varepsilon(t) * \delta'(t) * \varepsilon(t)$；

(5) $e^{-3t}\varepsilon(t) * \dfrac{d}{dt}[e^{-t}\delta(t)]$；

(6) $e^{-2t}\varepsilon(t+1) * \varepsilon(t-3)$；

(7) $t\varepsilon(t) * [\varepsilon(t)-\varepsilon(t-2)]$。

2-8 一线性时不变系统，在其初始状态下，当输入 $f(t)=\varepsilon(t)$时，其全响应 $y_1(t)=3e^{-3t}\varepsilon(t)$；当输入 $f(t)=-\varepsilon(t)$时，全响应 $y_2(t)=e^{-3t}\varepsilon(t)$，试求该系统的冲激响应 $h(t)$。

2-9 设有一阶系统为 $y(n)-0.8y(n-1)=f(n)$。

(1) 试求单位响应 $h(n)$；

(2) 试求阶跃响应 $s(n)$；

(3) 画出 $h(n)$和 $s(n)$的图形。

2-10 对题 2-10 图所示信号，求 $f_1(t) * f_2(t)$，并用 MATLAB 验证之。

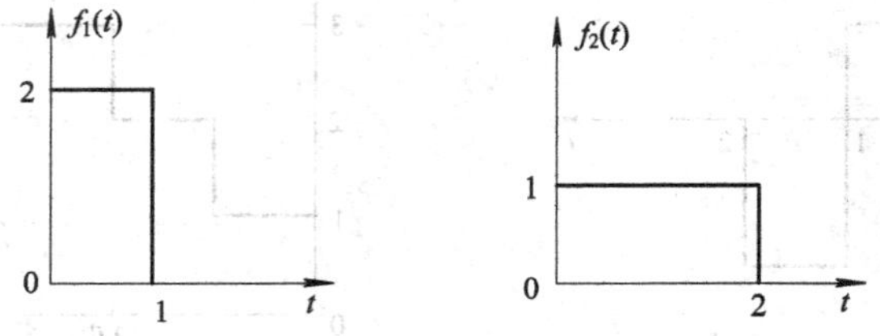

题 2-10 图

2-11 已知

$$f(t)=\begin{cases}1, & 0<t<T \\ 0, & t\leqslant 0, t\geqslant T\end{cases}, \quad h(t)=\begin{cases}t, & 0<t<2T \\ 0, & t\leqslant 0, t\geqslant 2T\end{cases}$$

试用图解法求两信号的卷积 $y(t)=f(t) * h(t)$。

2-12 设离散系统的单位响应 $h(n)=\left(\dfrac{1}{3}\right)^n\varepsilon(n)$，输入信号 $f(n)=2^n$，试求 $f(n) * h(n)$。

2-13 已知系统的单位响应

$$h(n)=a^n\varepsilon(n), \quad 0<a<1$$

输入信号

$$f(n)=\varepsilon(n)-\varepsilon(n-6)$$

试求系统的零状态响应。

2-14 设有序列 $f_1(n)$和 $f_2(n)$如题 2-14 图所示，试用两种方法求二者的卷积和。

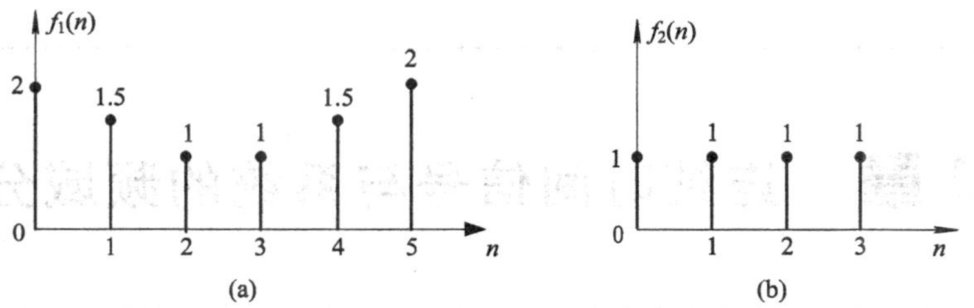

题 2－14 图

第3章 连续时间信号与系统的频域分析

3.1 概　　述

连续时间信号与系统的频域分析方法实际就是傅里叶分析方法①。

傅里叶分析法的创始人是法国数学家傅里叶，他对数学、科学以及当代生活的影响是不可估量的。傅里叶分析方法是信号分析与系统设计中不可缺少的重要数学工具，也是其他变换方法的基础。20世纪60年代以来，随着计算机、数字集成电路技术的发展，傅里叶分析法也与时俱进，如快速傅里叶变换、加窗傅里叶变换等。目前信号处理最前沿、热门的课题之一的小波分析，也可说是傅里叶分析方法的重大发展和应用。

线性时不变系统分析的一个基本任务是求解系统对任意激励信号的响应，基本方法是将信号分解为多个基本信号元。频域分析是将正弦函数作为基本信号元，任意信号可以由不同频率的正弦函数表示。如果已知线性时不变系统对正弦信号的响应，那么利用线性时不变系统的叠加、比例与时不变性就可以得到任意信号的响应。除了求解系统的响应外，本章还将利用频域分析来讨论系统的频响、失真、滤波、采样、物理可实现(因果)性、相关、能量谱与功率谱等在工作中经常遇到的实际问题。

3.2 周期信号的频谱

从广义上说，信号的某种特征量随信号频率变化的关系，称为信号的频谱，所画出的图形称为信号的频谱图。

若有 n 个函数 $\varphi_1(t)$，$\varphi_2(t)$，…，$\varphi_n(t)$ 在区间 (t_1, t_2) 构成一个正交函数空间，则任一函数 $f(t)$ 可用这 n 个正交函数的线性组合来近似表示，即

$$f(t) \approx c_1\varphi_1(t) + c_2\varphi_2(t) + \cdots + c_n\varphi_n(t), \quad (c_1, c_2, \cdots, c_n \text{ 为常系数}) \tag{3-1}$$

也就是说，函数 $f(t)$ 可分解为无穷多项正交函数之和。项数越多，即 n 越大，均方误差越小。当 $n\to\infty$ 时，均方误差为零，此时为完备正交函数集。

例如，三角函数集 $\{1, \cos(m\Omega t), \sin(n\Omega t), m, n=1, 2, \cdots\}$ 和虚指数函数集 $\{e^{jn\Omega t}, n=0, \pm1, \pm2, \cdots\}$，就是两组典型的在区间 (t_0, t_0+T) 上的完备正交函数集。其中 $\Omega=2\pi/T$，为信号的基波角频率。

① 本书中有时也将傅里叶称为傅氏，两者是一样的。

3.2.1　周期信号的三角级数表示及指数级数表示

1. 周期信号的三角级数表示

1822 年，法国数学家傅里叶提出并证明了将周期函数展开为正弦级数的原理，奠定了傅里叶级数的理论基础。

如前所述，三角函数集 $\{1,\ \cos(\Omega t),\ \cos(2\Omega t),\ \cdots,\ \cos(m\Omega t),\ \cdots,\ \sin(\Omega t),\ \sin(2\Omega t),\ \cdots,\ \sin(n\Omega t)\cdots,\ m,\ n=1,\ 2,\ \cdots\}$ 在一个周期内是一个完备的正交函数集。这是因为

$$\int_0^{t_0+T}\cos(n\Omega t)\cdot\sin(m\Omega t)\mathrm{d}t = 0 \tag{3-2}$$

$$\int_0^{t_0+T}\cos(n\Omega t)\cdot\cos(m\Omega t)\mathrm{d}t = \begin{cases}\dfrac{T}{2}, & m=n\\ 0, & m\neq n\end{cases} \tag{3-3}$$

$$\int_0^{t_0+T}\sin(n\Omega t)\cdot\sin(m\Omega t)\mathrm{d}t = \begin{cases}\dfrac{T}{2}, & m=n\\ 0, & m\neq n\end{cases} \tag{3-4}$$

设周期信号 $f(t)$ 的周期为 T，当满足狄里赫利(Dirichlet)条件时，它可分解为如下三角形式的傅里叶级数，即

$$\begin{aligned}f(t) &= \frac{a_0}{2}+a_1\cos\Omega t+a_2\cos 2\Omega t+\cdots+a_n\cos n\Omega t+\cdots\\ &\quad +b_1\sin\Omega t+b_2\sin 2\Omega t+\cdots+b_n\sin n\Omega t+\cdots\\ &= \frac{a_0}{2}+\sum_{n=1}^{\infty}a_n\cos(n\Omega t)+\sum_{n=1}^{\infty}b_n\sin(n\Omega t)\end{aligned} \tag{3-5}$$

式中，

$$a_n = \frac{2}{T}\int_0^{t_0+T}f(t)\cos(n\Omega t)\mathrm{d}t \tag{3-6}$$

$$b_n = \frac{2}{T}\int_0^{t_0+T}f(t)\sin(n\Omega t)\mathrm{d}t \tag{3-7}$$

式(3-5)称为 $f(t)$ 的三角形式的傅里叶级数展开式。其中，$\frac{a_0}{2}$ 为 $f(t)$ 的直流分量，系数 a_n 和 b_n 称为傅里叶系数，代表各个余弦分量和正弦分量的幅度。可见，a_n 是 n 的偶函数，b_n 是 n 的奇函数。

根据三角函数的数学知识，若将同频率项合并，上式还可写为

$$f(t) = \frac{a_0}{2}+\sum_{n=1}^{\infty}A_n\cos(n\Omega t-\varphi_n) \tag{3-8}$$

式中，系数 a_n、b_n 和幅值(或傅里叶系数)A_n、相位 φ_n 之间的关系如下：

$$\begin{cases}A_n=\sqrt{a_n^2+b_n^2}, & \text{是 } n \text{ 的偶函数}\\ \varphi_n=\arctan\dfrac{b_n}{a_n}, & \text{是 } n \text{ 的奇函数}\end{cases}$$

$$\begin{cases}a_n=A_n\cos\varphi_n\\ b_n=A_n\sin\varphi_n\end{cases}\quad(n=1,\ 2,\ \cdots)$$

式(3-8)表明，周期信号可分解为直流分量和许多余弦分量之和。$\frac{a_0}{2}$为直流分量；$A_1\cos(\Omega t-\varphi_1)$称为基波或一次谐波，频率与原周期信号相同；$A_2\cos(2\Omega t-\varphi_2)$称为二次谐波，其频率是基波的2倍；一般而言，$A_n\cos(n\Omega t-\varphi_n)$称为$n$次谐波，其频率是基波的$n$倍。

例 3-1 将图3-1所示方波信号展开成三角级数。

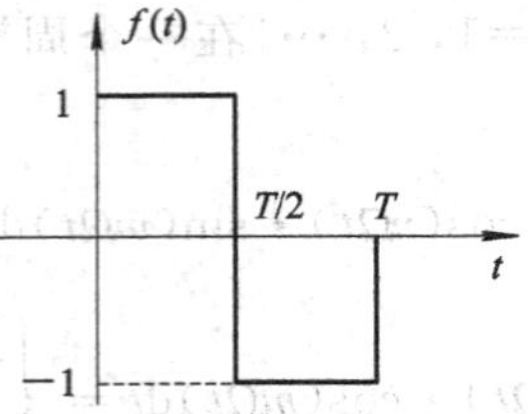

图3-1 方波信号

解 因为

$$a_0=\frac{2}{T}\int_0^T f(t)\mathrm{d}t=\frac{2}{T}\left[\int_0^{\frac{T}{2}}\mathrm{d}t-\int_{\frac{T}{2}}^{T}\mathrm{d}t\right]=0$$

$$a_n=\frac{2}{T}\int_0^T f(t)\cos n\Omega t\ \mathrm{d}t=\frac{2}{T}\left[\int_0^{\frac{T}{2}}\cos n\Omega t\ \mathrm{d}t-\int_{\frac{T}{2}}^{T}\cos n\Omega t\ \mathrm{d}t\right]=0$$

$$b_n=\frac{2}{T}\int_0^T f(t)\sin n\Omega t\ \mathrm{d}t=\frac{2}{T}\left[\int_0^{\frac{T}{2}}\sin n\Omega t\ \mathrm{d}t-\int_{\frac{T}{2}}^{T}\sin n\Omega t\ \mathrm{d}t\right]$$

$$=\begin{cases}\dfrac{4}{n\pi} & ,n\text{ 为奇数}\\ 0 & ,n\text{ 为偶数}\end{cases}$$

所以

$$f(t)=\frac{4}{\pi}\left(\sin\Omega t+\frac{1}{3}\sin 3\Omega t+\frac{1}{5}\sin 5\Omega t+\cdots\right)$$

图3-2给出了一个周期的方波构成情况。图3-2(a)为基波，图3-2(b)为基波加三次谐波，图3-2(c)为基波加三次谐波再加五次谐波，从近似后的合成波形可见，波形所包含的谐波分量越多，越接近原方波信号。实际上，当谐波次数趋于无穷大时，在均方意义上的合成波形与原方波信号的真值之间没有区别。

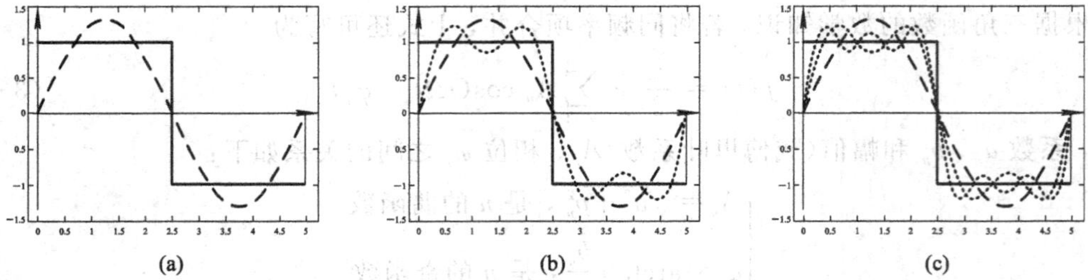

图3-2 对方波信号近似示意图

例 3-2 求图3-3周期锯齿波函数的三角函数形式的傅里叶级数展开式。

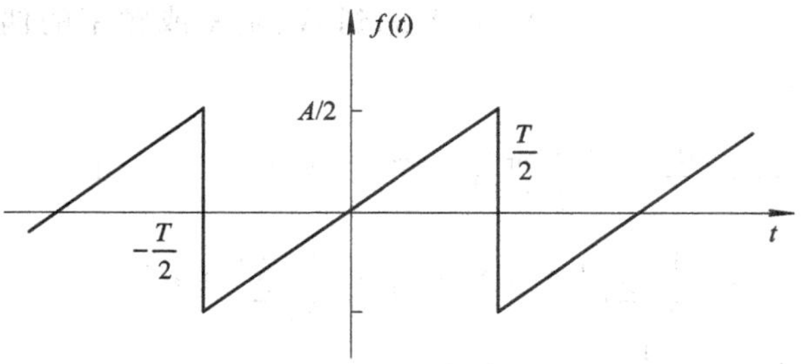

图 3-3　周期锯齿波信号

解

$$f(t)=\frac{A}{T}t,\quad -\frac{T}{2}\leqslant t\leqslant\frac{T}{2}$$

$$a_0=\frac{2}{T}\int_{-\frac{T}{2}}^{\frac{T}{2}}\frac{A}{T}t\ \mathrm{d}t=0$$

$$a_n=\frac{2}{T}\int_{-\frac{T}{2}}^{\frac{T}{2}}\frac{A}{T}t\ \cos(n\Omega t)\mathrm{d}t=0$$

$$b_n=\frac{2}{T}\int_{-\frac{T}{2}}^{\frac{T}{2}}\frac{A}{T}t\ \sin(n\Omega t)\mathrm{d}t=\frac{A}{n\pi}(-1)^{n+1},\ n=1,2,3$$

所以周期锯齿波的傅里叶级数展开式为

$$f(t)=0+\frac{A}{\pi}\sin\Omega t-\frac{A}{2\pi}\sin 2\Omega t-\cdots$$

由数学知识易知，本例中的周期锯齿波信号为奇函数，其展开式中直流分量为 0，第二项为基波，第三项为二次谐波，……，且不包含余弦分量。实际上，当把一周期性奇函数信号分解为其谐波分量时，其中只包含正弦分量，$a_0=a_n=0$。同样，当把一周期性偶函数信号分解为其谐波分量时，其中只包含余弦分量，$b_n=0$，当函数的平均值不为零时还存在直流分量。

2. 周期信号的指数级数表示

三角级数形式的傅里叶级数含义比较明确，但运算很不方便，因此经常采用指数级数的傅里叶级数。如同三角函数集那样，虚指数函数集$\{e^{jn\Omega t},\ n=0,\ \pm1,\ \pm2,\ \cdots\}$在一个周期内也是一个完备的正交函数集。这是因为

$$\begin{cases}\int_{t_0}^{t_0+T}(e^{jm\Omega t})(e^{jn\Omega t})^*\,\mathrm{d}t=T, & m=n\\ \int_{t_0}^{t_0+T}(e^{jm\Omega t})(e^{jn\Omega t})^*\,\mathrm{d}t=0, & m\neq n\end{cases}\tag{3-9}$$

于是，任意周期信号 $f(t)$在区间$(t_0,\ t_0+T)$内也可分解为许多不同频率的虚指数信号之和，即

$$f(t)=\sum_{n=-\infty}^{\infty}F_n e^{jn\Omega t}\tag{3-10}$$

上式称为复指数形式的傅里叶级数，其中，系数 $F_n=\frac{1}{T}\int_{t_0}^{t_0+T}f(t)e^{-jn\Omega t}\mathrm{d}t$，称为复傅里叶系

数。利用欧拉公式 $\cos\theta=\frac{1}{2}(e^{j\theta}+e^{-j\theta})$，且考虑到 A_n 是 n 或频率的偶函数，φ_n 是奇函数，可从式(3-8)直接导出

$$\begin{aligned}f(t)&=\frac{a_0}{2}+\frac{1}{2}\sum_{n=1}^{\infty}[A_n e^{j(n\Omega t-\varphi_n)}+A_n e^{-j(n\Omega t-\varphi_n)}]\\&=\frac{1}{2}\sum_{n=-\infty}^{\infty}[A_n e^{j(n\Omega t-\varphi_n)}]=\frac{1}{2}\sum_{n=-\infty}^{\infty}\dot{A}_n e^{jn\Omega t}\end{aligned}\tag{3-11}$$

式中 $\dot{A}_n=A_n e^{-j\varphi_n}$，可见 $F_n=\frac{1}{2}\dot{A}_n$，且易得

$$\dot{A}_n=\frac{2}{T}\int_{t_0}^{t_0+T}f(t)e^{-jn\Omega t}dt\tag{3-12}$$

从以上分析可见，周期信号的三角级数表示是实数形式的傅里叶级数，它将 $f(t)$ 分解为直流分量和一系列谐波分量的和；周期信号的指数级数表示是复数形式的傅里叶级数，它将 $f(t)$ 分解为直流分量和一系列虚指数的和。二者实际上只是同一信号 $f(t)$ 的两种不同的数学表示形式。

3.2.2　周期信号的单边谱及双边谱

1. 周期信号的单边谱

周期信号的频谱是指周期信号中各次谐波的幅值、相位随频率的变化关系。将 $A_n\sim\omega$ 和 $\varphi_n\sim\omega$ 的关系分别画在以 ω 为横轴的平面上得到的两个图，分别称为幅度频谱图(简称幅度谱)和相位频谱图(简称相位谱)。因为 $n\geqslant 0$，所以称这种频谱为单边谱。

下面以周期性矩形脉冲为例，说明周期信号频谱的特点。设幅度为 1，脉冲宽度为 τ，周期为 T 的矩形脉冲如图 3-4 所示。

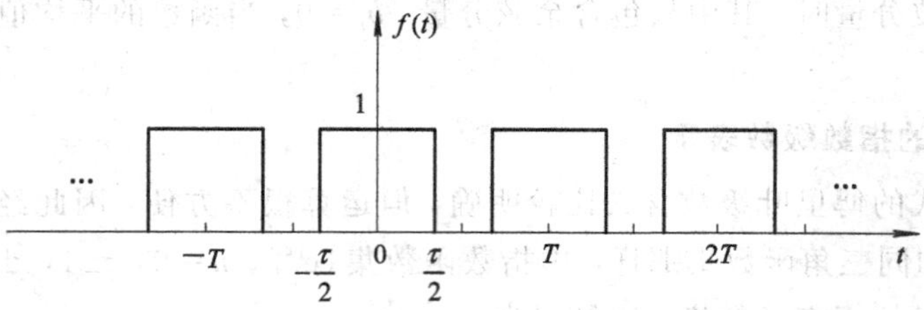

图 3-4　周期性矩形脉冲

令式(3-12)中 $t_0=-\frac{T}{2}$，可求得

$$\begin{aligned}\dot{A}_n&=\frac{2}{T}\int_{-\frac{T}{2}}^{\frac{T}{2}}f(t)e^{-jn\Omega t}dt=\frac{2}{T}\int_{-\frac{\tau}{2}}^{\frac{\tau}{2}}e^{-jn\Omega t}dt\\&=\frac{2\tau}{T}\frac{\sin\frac{n\Omega\tau}{2}}{\frac{n\Omega\tau}{2}}=\frac{2\tau}{T}\frac{\sin\frac{n\pi\tau}{T}}{\frac{n\pi\tau}{T}},\quad \Omega=\frac{2\pi}{T}\end{aligned}\tag{3-13}$$

令 $\mathrm{Sa}(x)=\frac{\sin(x)}{x}$，称为取样函数或抽样函数，它在通信理论中有重要作用。则

$$\dot{A}_n = \frac{2\tau}{T}\,\mathrm{Sa}\left(\frac{n\Omega\tau}{2}\right) = \frac{2\tau}{T}\,\mathrm{Sa}\left(\frac{n\pi\tau}{T}\right), \quad n = 0, \pm 1, \pm 2, \cdots \tag{3-14}$$

令上式中的 $n=0$，可求其极限得直流分量$\frac{a_0}{2}=\frac{\tau}{T}$。

$T=5\tau$，$\tau=1$ 时，周期矩形脉冲信号的单边谱如图 3 - 5 所示。

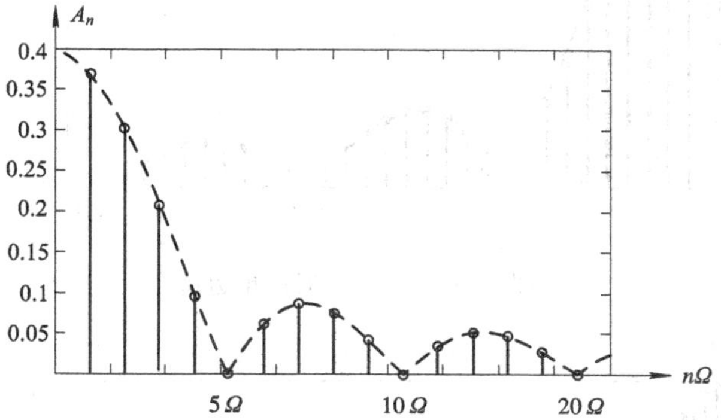

图 3 - 5　$T=5$ 时的单边谱

图中的每条竖线表示该频率分量的幅度，称为谱线。连接各条谱线顶点的虚线反映了各个频谱分量的幅度随频率变化的趋势，称为包络线，它是取样函数。包络线为零值的点称为过零点。由图 3 - 5 可知周期信号的频谱有以下几个特点：

(1) 离散性：周期信号的频谱由不连续的谱线组成，每一条谱线代表一个正弦分量。所以此频谱称为不连续谱或离散谱。

(2) 谐波性：谱线位置是基频 Ω 的整数倍，即频谱的每条谱线都只能出现在基波频率的整数倍的频率上，即含有 Ω 的各次谐波分量，而决不含有非 Ω 的谐波分量。

(3) 收敛性：频谱的各条谱线的高度虽然随 $n\Omega$ 的变化有起伏变化，但总的趋势是随 $n\Omega$ 的增大而减小的，即各次谐波的振幅总是随着谐波次数的增大而逐渐减小。当谐波次数无限增大时，谐波分量的振幅也就趋于无限小。

此外，第一个过零点集中了信号绝大部分能量(平均功率)。由频谱的收敛性可知，信号的功率集中在低频段。

谱线的结构与波形参数的关系可概括为：若 T 一定，τ 变小，则谱线间隔 Ω 不变，第一个过零点的频率增大，相邻两个过零点之间的谱线数目增多；若 τ 一定，T 增大，则 Ω 减小，频谱变密，幅度减小。

$T=10\tau$，$\tau=1$ 时，频谱图如图 3 - 6 所示。

$T=20\tau$，$\tau=1$ 时，频谱图如图 3 - 7 所示。

如果 T 无限增长而成为非周期信号，那么，谱线间隔将趋近于零，周期信号的离散频谱就过渡到非周期信号的连续频谱，各频率分量的幅度也趋近于无穷小。

在满足一定失真条件下，信号可以用某段频率范围的信号来表示，此频率范围称为频带宽度。一般把第一个过零点作为信号的频带宽度，它与脉宽成反比关系。记为

$$B_\omega = \frac{2\pi}{\tau}\ (\mathrm{rad/s}) \quad 或者 \quad B_f = \frac{1}{\tau}\ (\mathrm{Hz}) \tag{3-15}$$

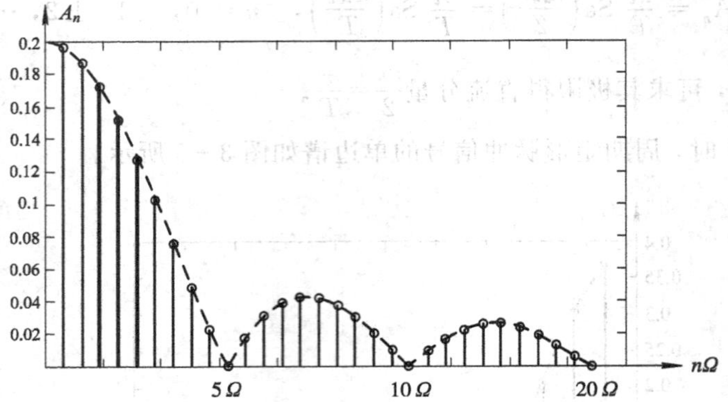

图 3-6　$T=10\tau$ 时的单边谱

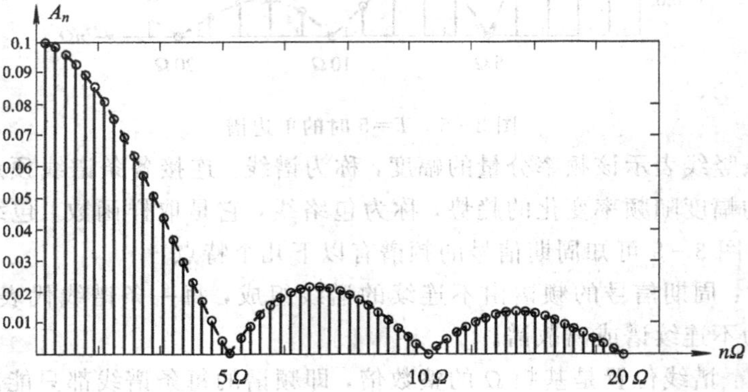

图 3-7　$T=20\tau$ 时的单边谱

2. 周期信号的双边谱

对于周期信号，也可画 $F_n\sim\omega$ 和 $\varphi_n\sim\omega$ 之间的关系，称为双边谱。若 F_n 为实数，也可直接画 F_n。对于双边频谱，负频率的引入只有数学意义，而没有实际物理意义。因为 $f(t)$ 是实函数，将它分解成虚指数时，必须有共轭对 $e^{jn\Omega t}$ 和 $e^{-jn\Omega t}$ 才能保证 $f(t)$ 的实函数的性质不变。

例 3-3　已知 $f(t)=1+\sin\omega_1 t+2\cos\omega_1 t+\cos\left(2\omega_1 t+\frac{\pi}{4}\right)$，画出其幅度谱和相位谱。

解　先将原式展开为

$$f(t)=1+\sqrt{5}\cos(\omega_1 t-0.15\pi)+\cos\left(2\omega_1 t+\frac{\pi}{4}\right)$$

三角函数形式的傅里叶级数的谱系数的值如图 3-8 所示。

$$\begin{aligned}f(t)&=1+\frac{1}{2\mathrm{j}}(e^{\mathrm{j}\omega_1 t}-e^{-\mathrm{j}\omega_1 t})+\frac{2}{2}(e^{\mathrm{j}\omega_1 t}+e^{-\mathrm{j}\omega_1 t})+\frac{1}{2}\left[e^{\mathrm{j}\left(2\omega_1 t+\frac{\pi}{4}\right)}+e^{-\mathrm{j}\left(2\omega_1 t+\frac{\pi}{4}\right)}\right]\\&=1+\left(1+\frac{1}{2\mathrm{j}}\right)e^{\mathrm{j}\omega_1 t}+\left(1-\frac{1}{2\mathrm{j}}\right)e^{-\mathrm{j}\omega_1 t}+\frac{1}{2}e^{\mathrm{j}\frac{\pi}{4}}e^{\mathrm{j}2\omega_1 t}+\frac{1}{2}e^{-\mathrm{j}\frac{\pi}{4}}e^{-\mathrm{j}2\omega_1 t}\\&=\sum_{n=-2}^{2}F_n e^{\mathrm{j}n\omega_1 t}\end{aligned}$$

$$F_0=1,\quad F_1=\left(1+\frac{1}{2\mathrm{j}}\right)=1.12\mathrm{e}^{-\mathrm{j}0.15\pi},\quad F_{-1}=\left(1-\frac{1}{2\mathrm{j}}\right)=1.12\mathrm{e}^{\mathrm{j}0.15\pi}$$

$$F_2=\frac{1}{2}\mathrm{e}^{\mathrm{j}\frac{\pi}{4}},\ F_{-2}=\frac{1}{2}\mathrm{e}^{-\mathrm{j}\frac{\pi}{4}}$$

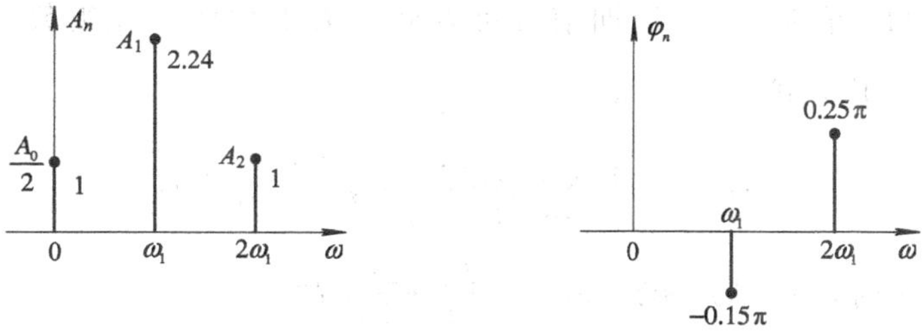

图 3-8　例 3-3 的单边频谱图

指数级数表示的傅里叶级数的谱系数的值如图 3-9 所示。

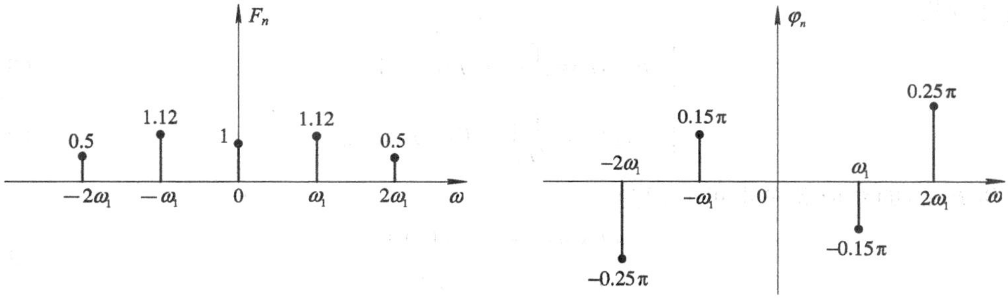

图 3-9　例 3-3 的双边频谱图

3.3　非周期信号的频谱

3.3.1　傅里叶变换定义

傅里叶变换是在傅里叶级数正交函数展开的基础上发展而产生的，也称为傅里叶分析。所以我们可以从傅里叶级数引出傅里叶变换的定义。

如前所述，当周期信号的周期趋于无限大时，相邻谱线的间隔趋于无限小，从而谱线密集变成连续谱，各频率分量的幅度也趋于无限小。此时，虽然各频谱幅度无限小，但相对大小仍有区别，于是引入频谱密度函数 $F(\omega)$ 以示这种区别。其推导过程如下。

将式(3-12)两边同乘以$\frac{T}{2}$，则当周期 T 趋于无穷大时，这个极限量可以不趋于零，用 $F(\omega)$ 表示。周期 $T\to\infty$ 时，$\Omega\to\mathrm{d}\omega$，$n\Omega\to\omega$，则

$$F(\omega)=\lim_{T\to\infty}\frac{F_n}{\frac{1}{T}}=\lim_{T\to\infty}F_nT=\lim_{T\to\infty}\int_{-\frac{T}{2}}^{\frac{T}{2}}f(t)\mathrm{e}^{-\mathrm{j}n\Omega t}\mathrm{d}t=\int_{-\infty}^{+\infty}f(t)\mathrm{e}^{-\mathrm{j}\omega t}\mathrm{d}t \qquad (3-16)$$

$F(\omega)$ 称为 $f(t)$ 的傅里叶正变换或频谱密度函数，简称频谱函数。$F(\omega)$ 一般是复函数，

还可写为

$$F(\omega)=|F(\omega)|\mathrm{e}^{\mathrm{j}\varphi(\omega)}=R(\omega)+\mathrm{j}X(\omega) \tag{3-17}$$

其中，$|F(\omega)|$是频谱函数的模，或称幅度谱。$\varphi(\omega)$是频谱函数的相位，或称相位谱。$R(\omega)$是实部，$X(\omega)$是虚部。

又由式(3-11)可知，一个周期信号可以展开为指数傅里叶级数，令式(3-12)中$t_0=-\frac{T}{2}$，并将$\dot{A}_n$代入式(3-11)得

$$f(t)=\frac{1}{2}\sum_{n=-\infty}^{\infty}\frac{2}{T}\left[\int_{-\frac{T}{2}}^{\frac{T}{2}}f(t)\mathrm{e}^{-\mathrm{j}n\Omega t}\mathrm{d}t\right]\mathrm{e}^{\mathrm{j}n\Omega t}$$

当周期$T\to\infty$时，$\Omega\to\mathrm{d}\omega$，$n\Omega\to\omega$，$T=\frac{2\pi}{\Omega}\to\frac{2\pi}{\mathrm{d}\omega}$，故

$$f(t)=\frac{1}{2\pi}\int_{-\infty}^{+\infty}\left[\int_{-\infty}^{+\infty}f(t)\mathrm{e}^{-\mathrm{j}\omega t}\mathrm{d}t\right]\mathrm{e}^{\mathrm{j}\omega t}\mathrm{d}\omega=\frac{1}{2\pi}\int_{-\infty}^{+\infty}F(\omega)\mathrm{e}^{\mathrm{j}\omega t}\mathrm{d}\omega \tag{3-18}$$

$f(t)$称为$F(\omega)$的傅里叶反(逆)变换或原函数。式(3-16)和(3-18)可重写为以下一对傅里叶变换，

$$\begin{cases}F(\omega)=\int_{-\infty}^{+\infty}f(t)\mathrm{e}^{-\mathrm{j}\omega t}\mathrm{d}t & (3-19)\\ f(t)=\frac{1}{2\pi}\int_{-\infty}^{+\infty}F(\omega)\mathrm{e}^{\mathrm{j}\omega t}\mathrm{d}\omega & (3-20)\end{cases}$$

$f(t)$和$F(\omega)$的对应关系也可简记为

$$\begin{cases}F(\omega)=\mathscr{F}[f(t)]\\ f(t)=\mathscr{F}^{-1}[F(\omega)]\end{cases} \tag{3-21}$$

或

$$f(t)\leftrightarrow F(\omega) \tag{3-22}$$

需要说明的一点是，前面的推导并未遵循严格的数学步骤。可通过数学知识证明，函数$f(t)$傅里叶变换存在的充分条件是满足绝对可积，即

$$\int_{-\infty}^{+\infty}|f(t)|\mathrm{d}t<\infty \tag{3-23}$$

但它不是必要条件。也就是说，凡是满足上式的信号$f(t)$，其频谱函数必然存在，但是频谱函数存在的信号，未必满足上式。

3.3.2 常用非周期信号的频谱

1. 矩形脉冲信号的频谱

矩形脉冲函数又称门函数，如图3-10所示，数学表达式为

$$g_\tau(t)=\begin{cases}1, & |t|<\frac{\tau}{2}\\ 0, & |t|>\frac{\tau}{2}\end{cases} \tag{3-24}$$

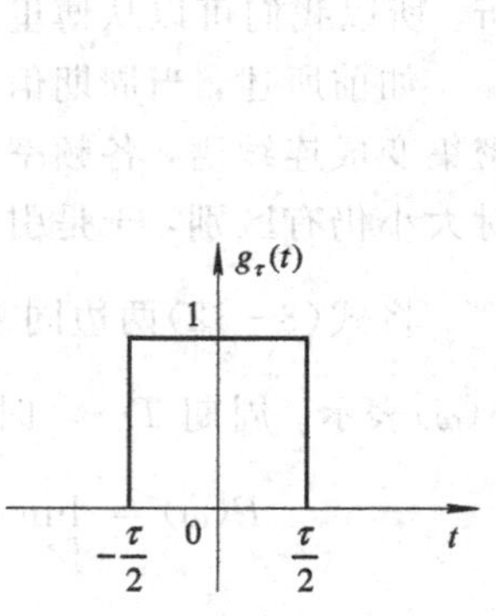

图3-10　门函数的波形图

代入傅里叶变换的定义式(3-19)，可得频谱密度函数

$$G_{\tau}(\omega)=\int_{-\frac{\tau}{2}}^{\frac{\tau}{2}}\mathrm{e}^{-\mathrm{j}\omega t}\mathrm{d}t=\frac{\mathrm{e}^{-\mathrm{j}\omega\frac{\tau}{2}}-\mathrm{e}^{\mathrm{j}\omega\frac{\tau}{2}}}{-\mathrm{j}\omega}=\frac{2\sin\left(\frac{\omega\tau}{2}\right)}{\omega}=\tau\,\mathrm{Sa}\left(\frac{\omega\tau}{2}\right)\tag{3-25}$$

于是

$$g_{\tau}(t)\leftrightarrow\tau\,\mathrm{Sa}\left(\frac{\omega\tau}{2}\right)$$

由图 3-11 可见，频谱图中第一个过零点对应的角频率为 $2\pi/\tau$。当矩形脉冲宽度变窄时，第一个过零点的的频率也会相应增大。因为门函数 $g_{\tau}(t)$的频带宽度为 $B_{f}=1/\tau$，故脉冲宽度越窄，其占有的频带越宽。

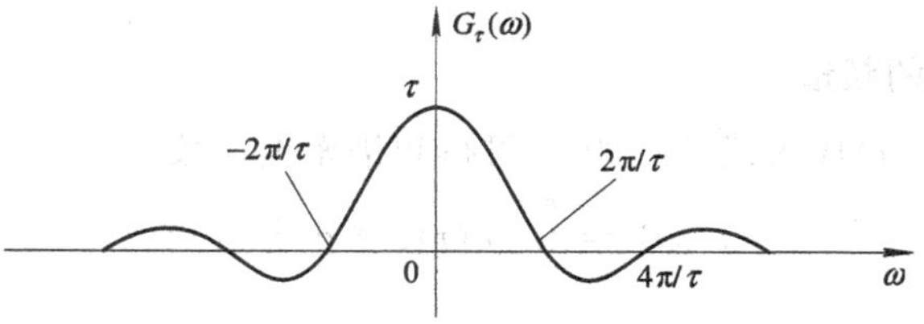

图 3-11　门函数的频谱图

2. 单边指数信号的频谱

图 3-12 所示为单边指数信号波形。令单边指数函数为

$$f(t)=\mathrm{e}^{-\alpha t}\varepsilon(t),\quad \alpha>0\tag{3-26}$$

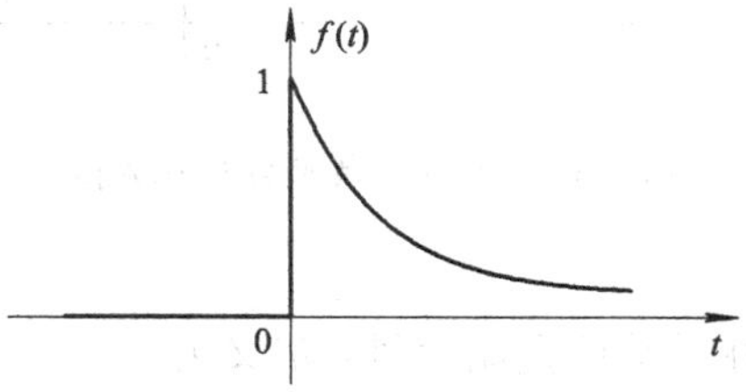

图 3-12　单边指数信号波形

代入式(3-19)，可得频谱密度函数

$$F(\omega)=\int_{0}^{+\infty}\mathrm{e}^{-\alpha t}\mathrm{e}^{-\mathrm{j}\omega t}\mathrm{d}t=-\frac{1}{\alpha+\mathrm{j}\omega}\mathrm{e}^{-(\alpha+\mathrm{j}\omega)t}\Big|_{0}^{+\infty}=\frac{1}{\alpha+\mathrm{j}\omega}\tag{3-27}$$

于是

$$\mathrm{e}^{-\alpha t}\varepsilon(t)\leftrightarrow\frac{1}{\alpha+\mathrm{j}\omega}$$

其幅度谱和相位谱分别为

$$\begin{cases}|F(\omega)|=\dfrac{1}{\sqrt{\alpha^{2}+\omega^{2}}}\\ \varphi(\omega)=-\arctan\dfrac{\omega}{\alpha}\end{cases}$$

图 3-13、3-14 分别为单边指数信号的幅度频谱图和相位频谱图。

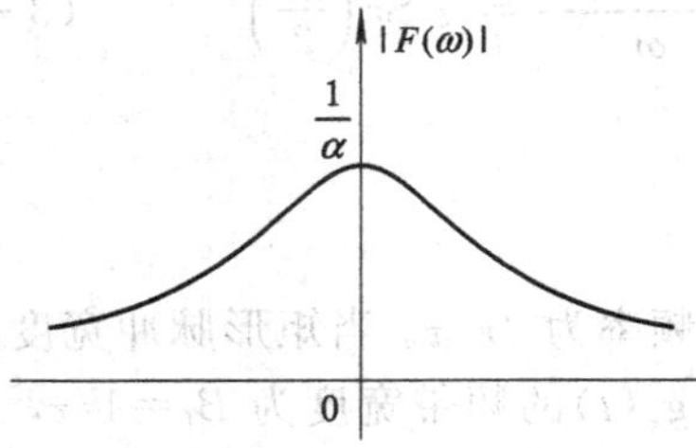

图 3-13　单边指数信号幅度频谱图

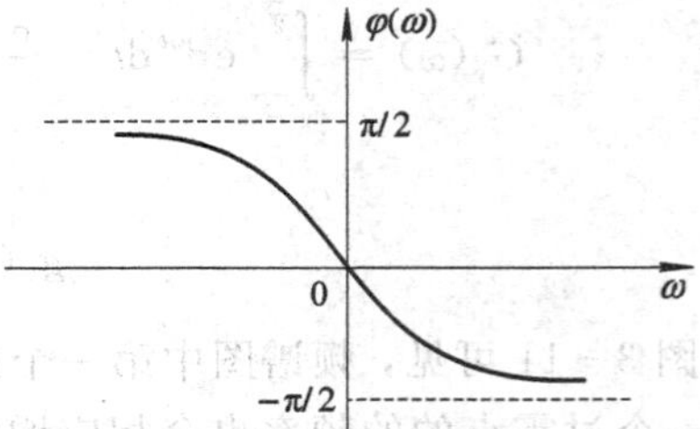

图 3-14　单边指数信号相位频谱图

3. 单位冲激信号的频谱

将单位冲激函数 $\delta(t)$ 代入式(3-19)，可得频谱密度函数

$$F(\omega)=\int_{-\infty}^{+\infty}\delta(t)\mathrm{e}^{-\mathrm{j}\omega t}\mathrm{d}t=1 \tag{3-28}$$

于是

$$\delta(t)\leftrightarrow 1$$

由频谱 3-15 图可见，单位冲激信号的频谱是“均匀谱”，其在无穷区间的值处处相等。

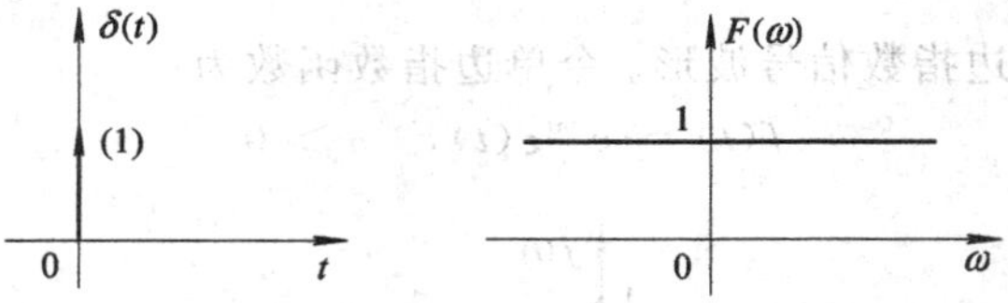

图 3-15　单位冲激函数及其频谱

4. 单位直流信号的频谱

幅度等于 1 的直流信号称做单位直流信号，定义为

$$f(t)=1,\quad -\infty<t<\infty \tag{3-29}$$

该函数不满足绝对可积的条件，直接用傅里叶变换定义式不好求解，但其傅里叶变换却存在。构造双边指数信号 $f_\alpha(t)=\mathrm{e}^{-\alpha|t|}$，$\alpha>0$，则

$$f(t)=1=\lim_{\alpha\to 0}f_\alpha(t)$$

代入式(3-19)，可得频谱密度函数

$$F_\alpha(\omega)=\int_{-\infty}^{0}\mathrm{e}^{\alpha t}\mathrm{e}^{-\mathrm{j}\omega t}\mathrm{d}t+\int_{0}^{+\infty}\mathrm{e}^{-\alpha t}\mathrm{e}^{-\mathrm{j}\omega t}\mathrm{d}t=\frac{1}{\alpha-\mathrm{j}\omega}+\frac{1}{\alpha+\mathrm{j}\omega}=\frac{2\alpha}{\alpha^2+\omega^2}$$

于是

$$F(\omega)=\lim_{\alpha\to 0}F_\alpha(\omega)=\lim_{\alpha\to 0}\frac{2\alpha}{\alpha^2+\omega^2}=\begin{cases}0, & \omega\neq 0\\ \infty, & \omega=0\end{cases}$$

可见，它是一个以 ω 为自变量的冲激函数。其冲激强度为

$$\lim_{\alpha\to 0}\int_{-\infty}^{+\infty}\frac{2\alpha}{\alpha^2+\omega^2}\mathrm{d}\omega=\lim_{\alpha\to 0}\int_{-\infty}^{+\infty}\frac{2}{1+\left(\frac{\omega}{\alpha}\right)^2}\mathrm{d}\frac{\omega}{\alpha}=\lim_{\alpha\to 0}2\arctan\frac{\omega}{\alpha}\Big|_{-\infty}^{\infty}=2\pi$$

于是

$$1 \leftrightarrow 2\pi\delta(\omega) \tag{3-30}$$

图 3-16 所示为单位直流信号及其频谱。

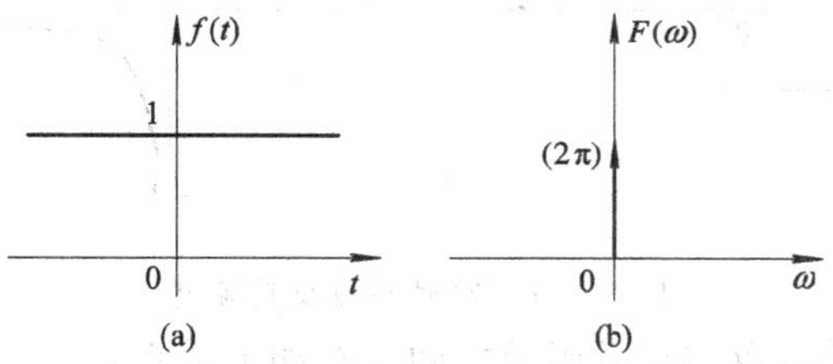

图 3-16　单位直流信号及其频谱

此外，求单位直流信号的频谱的另一种方法如下。

将 $\delta(t) \leftrightarrow 1$ 代入傅里叶反变换定义式，则

$$\frac{1}{2\pi}\int_{-\infty}^{+\infty} e^{j\omega t}\,d\omega = \delta(t)$$

将 ω 换为 $-t$，t 换为 $-\omega$，则

$$\frac{1}{2\pi}\int_{-\infty}^{+\infty} e^{-j\omega t}\,dt = \delta(-\omega)$$

再根据式(3-20)，得

$$1 \leftrightarrow \int_{-\infty}^{+\infty} e^{-j\omega t}\,dt = 2\pi\delta(-\omega) = 2\pi\delta(\omega)$$

5. 单位阶跃信号的频谱

为了推导的方便，先介绍符号函数的概念及其频谱函数，符号函数的定义为

$$\operatorname{sgn}(t) = \begin{cases} -1, & t < 0 \\ 0, & t = 0 \\ 1, & t > 0 \end{cases} \tag{3-31}$$

显然，该函数也不满足绝对可积的充分条件，可看做是下述函数在 α 趋近 0 时的一个特例：

$$f(t) = \begin{cases} -e^{\alpha t}, & t < 0 \\ e^{-\alpha t}, & t > 0 \end{cases}$$

由于

$$f(t) \leftrightarrow F(\omega) = \frac{1}{\alpha + j\omega} - \frac{1}{\alpha - j\omega} = -\frac{j2\omega}{\alpha^2 + \omega^2}$$

其中

$$\lim_{\alpha\to 0} F(\omega) = \lim_{\alpha\to 0}\left(-\frac{j2\omega}{\alpha^2 + \omega^2}\right)$$

于是

$$\operatorname{sgn}(t) \leftrightarrow \frac{2}{j\omega} \tag{3-32}$$

图 3-17 所示为符号函数及其频谱。

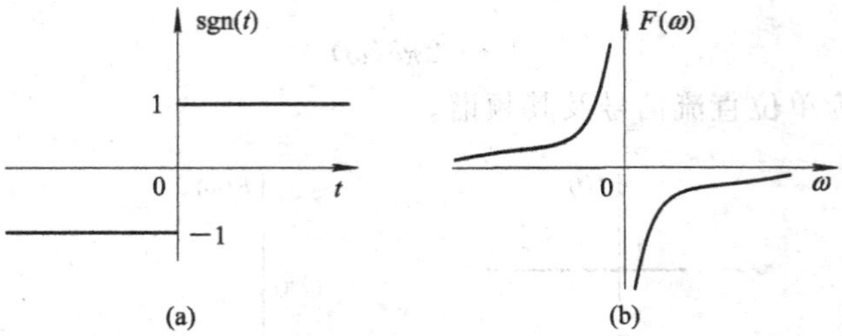

图 3-17 符号函数及其频谱

我们知道，单位阶跃函数和符号函数之间存在如下关系：

$$\varepsilon(t)=\frac{1+\mathrm{sgn}(t)}{2}$$

而

$$1\leftrightarrow 2\pi\delta(\omega),\quad \mathrm{sgn}(t)\leftrightarrow\frac{2}{\mathrm{j}\omega}$$

于是

$$\varepsilon(t)\leftrightarrow\pi\delta(\omega)+\frac{1}{\mathrm{j}\omega}\tag{3-33}$$

常用信号的傅里叶变换如表 3-1 所示。

表 3-1 常用信号的傅里叶变换

序号	名称	$f(t)$	$F(\omega)$
1	门函数	$g_\tau(t)=\begin{cases}1 & \lvert t\rvert<\frac{\tau}{2}\\0 & \lvert t\rvert>\frac{\tau}{2}\end{cases}$	$\tau\,\mathrm{Sa}\left(\frac{\omega\tau}{2}\right)$
2	单边指数信号	$\mathrm{e}^{-\alpha t}\varepsilon(t)$	$\frac{1}{\alpha+\mathrm{j}\omega}$
3	单位冲激信号	$\delta(t)$	1
4	单位直流信号	1	$2\pi\delta(\omega)$
5	单位阶跃信号	$\varepsilon(t)$	$\pi\delta(\omega)+\frac{1}{\mathrm{j}\omega}$

3.4 傅里叶变换性质

3.4.1 线性性质

傅里叶变换的线性性质包含两个内容：齐次性和可加性。如果系统既是齐次的又是可加的，则称该系统为线性的。即如果

$$f_1(t)\leftrightarrow F_1(\omega),\quad f_2(t)\leftrightarrow F_2(\omega)$$

那么

$$a_1 f_1(t) + a_2 f_2(t) \leftrightarrow a_1 F_1(\omega) + a_2 F_2(\omega), \quad a_1、a_2 \text{ 是任意常数} \tag{3-34}$$

实际上，前述利用符号函数来求单位阶跃信号的频谱时，已经利用了这一性质。

例 3－4　如图 3－18 所示，已知 $f(t)=f_1(t)-g_2(t)$，求 $f(t)$的傅里叶变换 $F(\omega)$。

解　因为

$$f_1(t) = 1, \quad \text{且} \quad 1 \leftrightarrow 2\pi\delta(\omega)$$

$$g_2(t) \leftrightarrow \tau\,\mathrm{Sa}\left(\frac{\omega\tau}{2}\right) = 2\,\mathrm{Sa}(\omega)$$

所以

$$F(\omega) = 2\pi\delta(\omega) - 2\,\mathrm{Sa}(\omega)$$

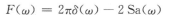

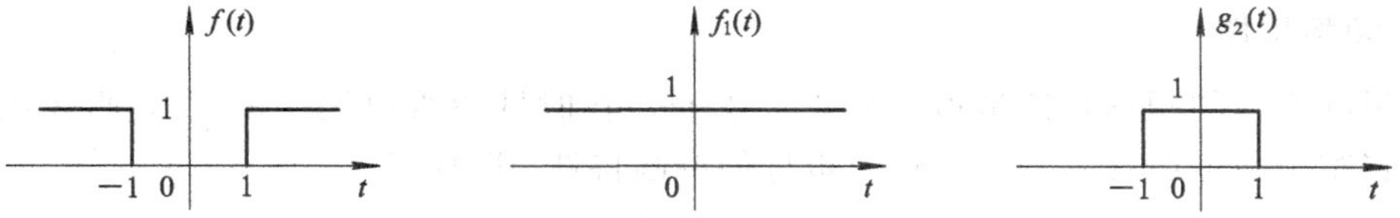

图 3－18　例 3－4 图

3.4.2　时移与频移

1. 时移特性

傅里叶变换的时移特性是指，如果信号 $f(t)$在时域中延时 t_0，那么在频域中它的所有频率分量的相位均落后 ωt_0，同时幅度保持不变。这一性质也称做延时特性，即如果

$$f(t) \leftrightarrow F(\omega)$$

那么

$$f(t-t_0) \leftrightarrow \mathrm{e}^{-\mathrm{j}\omega t_0} F(\omega), \quad t_0 \text{ 为任意实数} \tag{3-35}$$

证明：

$$\mathscr{F}[f(t-t_0)] = \int_{-\infty}^{+\infty} f(t-t_0)\mathrm{e}^{-\mathrm{j}\omega t}\,\mathrm{d}t$$

令 $x=t-t_0$ 则

$$\mathscr{F}[f(t-t_0)] = \int_{-\infty}^{+\infty} f(x)\mathrm{e}^{-\mathrm{j}\omega(x+t_0)}\,\mathrm{d}x = \mathrm{e}^{-\mathrm{j}\omega t_0}\int_{-\infty}^{+\infty} f(t)\mathrm{e}^{-\mathrm{j}\omega x}\,\mathrm{d}x = \mathrm{e}^{-\mathrm{j}\omega t_0} F(\omega)$$

例 3－5　求移位冲激函数 $\delta(t-t_0)$的频谱函数。

解　因为

$$\delta(t) \leftrightarrow 1$$

所以

$$\delta(t-t_0) \leftrightarrow \mathrm{e}^{-\mathrm{j}\omega t_0} \cdot 1 = \mathrm{e}^{-\mathrm{j}\omega t_0}$$

例 3－6　求图 3－19 所示阶梯脉冲信号 $f(t)$的频谱函数 $F(\omega)$。

解　因为 $f(t)$可以表示为 $f_1(t)$和 $f_2(t)$之和，

$$f_1(t) = g_6(t-5)$$

$$f_2(t) = g_2(t-5)$$

$$f(t) = f_1(t) + f_2(t)$$

根据时移特性有

$$g_6(t-5) \leftrightarrow 6\,\mathrm{Sa}(3\omega)\mathrm{e}^{-\mathrm{j}5\omega}$$

$$g_2(t-5) \leftrightarrow 2\,\mathrm{Sa}(\omega)\mathrm{e}^{-\mathrm{j}5\omega}$$

所以

$$F(\omega) = [6\,\mathrm{Sa}(3\omega) + 2\,\mathrm{Sa}(\omega)]\mathrm{e}^{-\mathrm{j}5\omega}$$

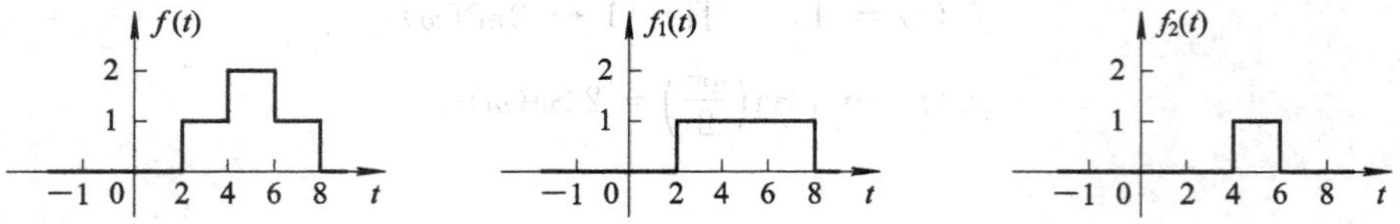

图 3-19　例 3-6 图

2. 频移特性

傅里叶变换的频移特性是指，如果信号 $f(t)$ 在时域中乘以因子 $\mathrm{e}^{-\mathrm{j}\omega t_0}$，那么在频域中对应于将整个频谱搬移 ω_0。这一性质也称做调制特性，即如果

$$f(t) \leftrightarrow F(\omega)$$

那么

$$f(t)\mathrm{e}^{-\mathrm{j}\omega t_0} \leftrightarrow F(\omega+\omega_0),\ \omega_0\ 为任意实数 \tag{3-36}$$

证明：

$$\mathscr{F}[f(t)\mathrm{e}^{-\mathrm{j}\omega t_0}] = \int_{-\infty}^{+\infty} f(t)\mathrm{e}^{-\mathrm{j}\omega_0 t}\mathrm{e}^{-\mathrm{j}\omega t}\,\mathrm{d}t = \int_{-\infty}^{+\infty} f(t)\mathrm{e}^{-\mathrm{j}(\omega+\omega_0)t}\,\mathrm{d}t = F(\omega+\omega_0)$$

例 3-7　求正弦信号 $\sin\omega_0 t$ 和余弦信号 $\cos\omega_0 t$ 的频谱。

解　因为

$$\cos\omega_0 t = \frac{1}{2}(\mathrm{e}^{\mathrm{j}\omega_0 t} + \mathrm{e}^{-\mathrm{j}\omega_0 t})$$

$$\sin\omega_0 t = \frac{1}{2\mathrm{j}}(\mathrm{e}^{\mathrm{j}\omega_0 t} - \mathrm{e}^{-\mathrm{j}\omega_0 t})$$

$$1 \leftrightarrow 2\pi\delta(\omega)$$

由频移特性得

$$\mathrm{e}^{\mathrm{j}\omega_0 t} \leftrightarrow 2\pi\delta(\omega-\omega_0)$$

$$\mathrm{e}^{-\mathrm{j}\omega_0 t} \leftrightarrow 2\pi\delta(\omega+\omega_0)$$

所以

$$\cos\omega_0 t \leftrightarrow \frac{1}{2}[2\pi\delta(\omega-\omega_0) + 2\pi\delta(\omega+\omega_0)] = \pi\delta(\omega+\omega_0) + \pi\delta(\omega-\omega_0)$$

同理可得

$$\sin\omega_0 t \leftrightarrow -\mathrm{j}\pi\delta(\omega-\omega_0) + \mathrm{j}\pi\delta(\omega+\omega_0)$$

例 3-8　求图 3-20 所示高频矩形调幅信号 $f(t)=Eg_\tau(t)\cos(\omega_0 t)$ 的频谱函数 $F(\omega)$。

解　设

$$g_\tau(t) \leftrightarrow G_\tau(\omega)$$

其中

$$G_\tau(\omega) = \tau \mathrm{Sa}\left(\frac{\omega\tau}{2}\right)$$

因为

$$f(t) = \frac{1}{2}Eg_\tau(t)(\mathrm{e}^{\mathrm{j}\omega_0 t} + \mathrm{e}^{-\mathrm{j}\omega_0 t})$$

根据频移特性，得

$$\begin{aligned} F(\omega) &= \frac{1}{2}EG_\tau[(\omega-\omega_0)] + \frac{1}{2}EG_\tau[(\omega+\omega_0)] \\ &= \frac{E\tau}{2}\mathrm{Sa}\left[\frac{(\omega-\omega_0)\tau}{2}\right] + \frac{E\tau}{2}\mathrm{Sa}\left[\frac{(\omega+\omega_0)\tau}{2}\right] \end{aligned}$$

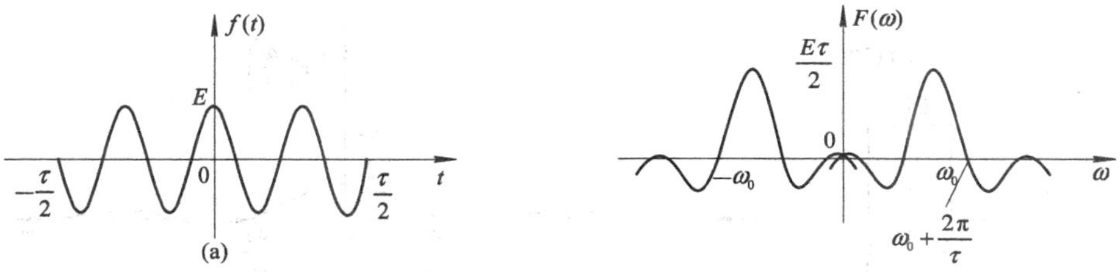

图 3-20　例 3-8 图

3.4.3　尺度变换

傅里叶变换的尺度变换性质揭示了信号在时域中的压缩、扩展，与其频谱函数在频域中的扩展、压缩的对应关系，即如果

$$f(t) \leftrightarrow F(\omega)$$

那么

$$f(at) \leftrightarrow \frac{1}{|a|}F\left(\frac{\omega}{a}\right) \tag{3-37}$$

其中，a 是任意非零实常数。显然，若 $|a|>1$，表明 $f(t)$ 压缩；若 $0<|a|<1$，表明 $f(t)$ 展宽。如果信号 $f(t)$ 在时域中的持续时间增加 a 倍，变化慢了，那么信号在频域中的频带将压缩为原来的 $\frac{1}{|a|}$，且各分量的幅度上升 a 倍；反之，如果持续时间缩短为原来的 $\frac{1}{|a|}$，变化快了，那么信号在频域中的频带将展宽 a 倍，各分量的幅度下降为原来的 $\frac{1}{|a|}$。图 3-21 表示对于脉冲信号 $f(t)$，a 分别取 1/2 和 2 时频谱的变化情况。

例 3-9　已知 $f(t) \leftrightarrow F(\omega)$，求 $f(at-b)$ 对应的傅里叶变换。

解　因为

$$f(at) \leftrightarrow \frac{1}{|a|}F\left(\frac{\omega}{a}\right)$$

且

$$f(at-b) = f\left[a\left(t-\frac{b}{a}\right)\right]$$

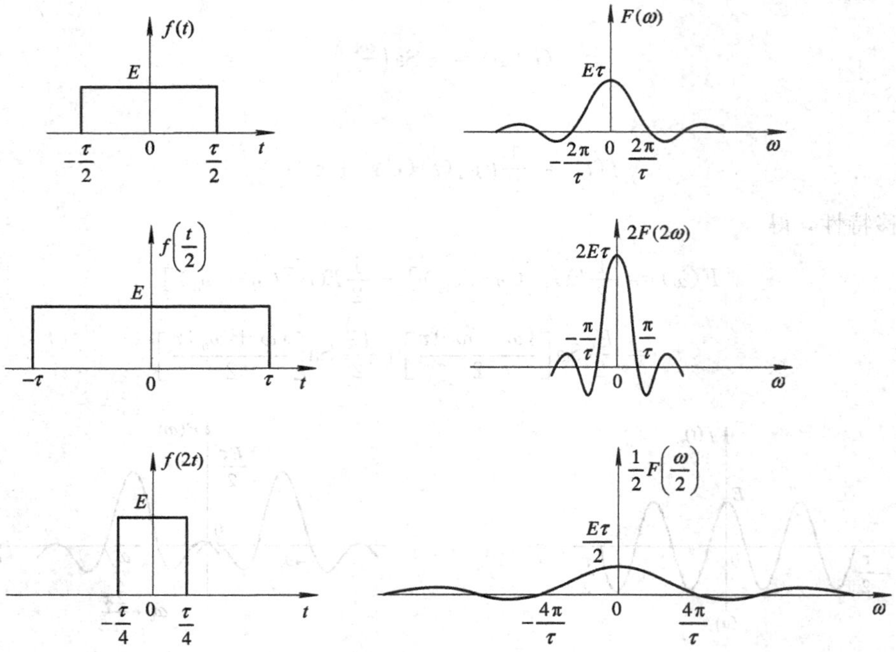

图 3－21 脉冲信号 $f(t)$的频谱变化

所以

$$f(at-b) \leftrightarrow \frac{1}{|a|}e^{-j\frac{b}{a}\omega}F\left(\frac{\omega}{a}\right)$$

3.4.4 对称性质

傅里叶变换的对称性质是指，如果函数 $f(t)$的频谱函数为 $F(\omega)$，那么时间函数 $F(t)$的频谱函数是 $2\pi f(-\omega)$，即如果

$$f(t) \leftrightarrow F(\omega)$$

那么

$$F(t) \leftrightarrow 2\pi f(-\omega) \tag{3-38}$$

例 3－10 求 $f(t)=\dfrac{1}{1+t^2}$的频谱函数 $F(\omega)$。

解 由于

$$e^{-\alpha|t|} \leftrightarrow \frac{2\alpha}{\alpha^2+\omega^2}$$

当 $\alpha=1$ 时，

$$e^{-|t|} \leftrightarrow \frac{2}{1+\omega^2}$$

所以

$$\frac{2}{1+t^2} \leftrightarrow 2\pi e^{-|\omega|},$$

$$\frac{1}{1+t^2} \leftrightarrow \pi e^{-|\omega|}$$

3.4.5　卷积性质

傅里叶变换的卷积性质在信号与系统分析中的作用非常重要。它是指两个时间信号在时域相卷积，对应于它们的频谱函数在频域相乘；反之，两个时间信号在时域相乘，对应于它们的频谱函数在频域卷积。

1. 时域卷积性质

如果

$$f_1(t) \leftrightarrow F_1(\omega), \quad f_2(t) \leftrightarrow F_2(\omega)$$

那么

$$f_1(t) * f_2(t) \leftrightarrow F_1(\omega)F_2(\omega) \tag{3-39}$$

证明：因为

$$f_1(t) * f_2(t) = \int_{-\infty}^{\infty} f_1(\tau)f_2(t-\tau)\mathrm{d}\tau$$

所以

$$\begin{aligned}\mathscr{F}[f_1(t) * f_2(t)] &= \int_{-\infty}^{\infty}\left[\int_{-\infty}^{\infty} f_1(\tau)f_2(t-\tau)\mathrm{d}\tau\right]e^{-j\omega t}\mathrm{d}t \\ &= \int_{-\infty}^{\infty} f_1(\tau)\left[\int_{-\infty}^{+\infty} f_2(t-\tau)e^{-j\omega(t-\tau)}\mathrm{d}(t-\tau)\right]e^{-j\omega\tau}\mathrm{d}\tau \\ &= \int_{-\infty}^{\infty} f_1(\tau)F_2(\omega)e^{-j\omega\tau}\mathrm{d}\tau \\ &= F_1(\omega)F_2(\omega)\end{aligned}$$

2. 频域卷积性质

如果

$$f_1(t) \leftrightarrow F_1(\omega), \quad f_2(t) \leftrightarrow F_2(\omega)$$

那么

$$f_1(t)f_2(t) \leftrightarrow \frac{1}{2\pi}F_1(\omega) * F_2(\omega) \tag{3-40}$$

例 3-11　求图 3-22 所示三角形脉冲 $f(t)$ 的傅里叶变换 $F(\omega)$。

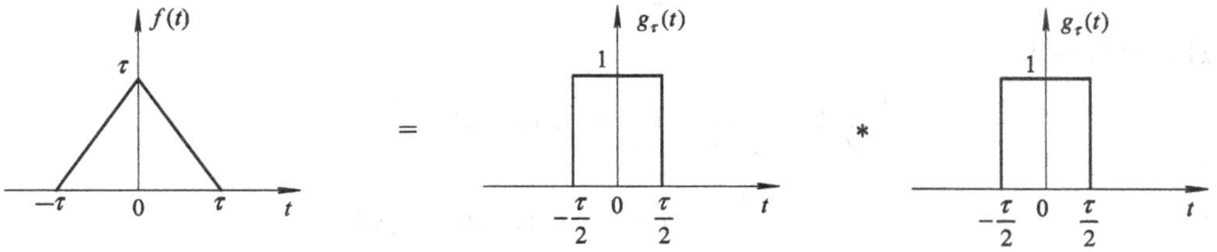

图 3-22　时域卷积运算

解　三角形脉冲 $f(t)$ 可看做是两个相同宽度的门函数 $g_\tau(t)$ 在时域的卷积。

$$g_\tau(t)=\begin{cases}1, & |t|<\dfrac{\tau}{2}\\ 0, & |t|>\dfrac{\tau}{2}\end{cases}$$

因为

$$g_\tau(t)\leftrightarrow \tau\,\mathrm{Sa}\left(\frac{\omega\tau}{2}\right)=G_\tau(\omega)$$

所以

$$F(\omega)=G_\tau(\omega)G_\tau(\omega)=\tau^2\left[\mathrm{Sa}\left(\frac{\omega\tau}{2}\right)\right]^2$$

门函数及三角形脉冲对应的的频谱函数波形如图 3－23 所示。

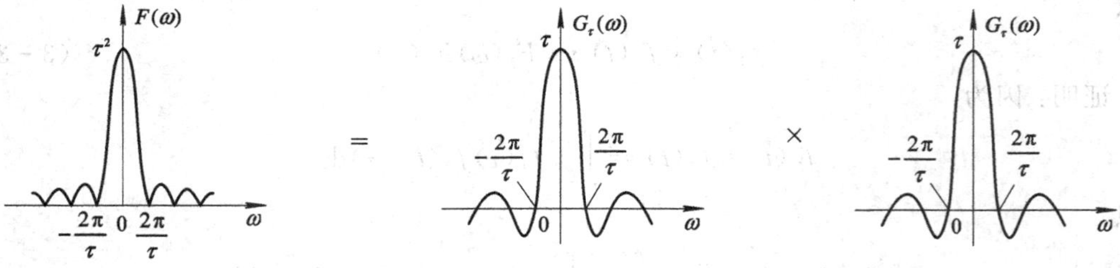

图 3－23　频域相乘运算

3.4.6　微分与积分

1. 时域的微分和积分

1）时域微分

如果

$$f(t)\leftrightarrow F(\omega)$$

那么

$$\frac{\mathrm{d}f(t)}{\mathrm{d}t}\leftrightarrow \mathrm{j}\omega F(\omega)\tag{3-41}$$

证明：根据傅里叶变换定义，有

$$f(t)=\frac{1}{2\pi}\int_{-\infty}^{+\infty}F(\omega)\mathrm{e}^{\mathrm{j}\omega t}\,\mathrm{d}\omega$$

两端对 t 求微分得

$$\begin{aligned}\frac{\mathrm{d}f(t)}{\mathrm{d}t}&=\frac{1}{2\pi}\int_{-\infty}^{+\infty}\frac{\mathrm{d}}{\mathrm{d}t}[F(\omega)\mathrm{e}^{\mathrm{j}\omega t}]\mathrm{d}\omega\\&=\frac{1}{2\pi}\int_{-\infty}^{+\infty}[\mathrm{j}\omega F(\omega)]\mathrm{e}^{\mathrm{j}\omega t}\,\mathrm{d}\omega=\mathrm{j}\omega F(\omega)\end{aligned}$$

此性质还可推广到 $f(t)$ 的 n 阶导数，即

$$f^{(n)}(t)\leftrightarrow(\mathrm{j}\omega)^nF(\omega)\tag{3-42}$$

该性质表明，在时域中对信号 $f(t)$ 求导数，对应于频域中用 $\mathrm{j}\omega$ 乘 $f(t)$ 的频谱函数。如果应用此性质对微分方程两端求傅里叶变换，即可将微分方程变换成代数方程。从理论上

讲，这就为微分方程的求解找到了一种新的方法。

一个简单的例子，我们知道 $\delta(t) \leftrightarrow 1$，利用时域微分性质显然有

$$\delta^{(1)}(t) \leftrightarrow \mathrm{j}\omega$$

2）时域积分

如果

$$f(t) \leftrightarrow F(\omega)$$

那么

$$\int_{-\infty}^{t} f(t)\mathrm{e}^{-\mathrm{j}\omega t}\mathrm{d}t \leftrightarrow \pi F(0)\delta(\omega) + \frac{F(\omega)}{\mathrm{j}\omega} \tag{3-43}$$

其中，$F(0) = F(\mathrm{j}\omega)\mid_{\omega=0} = \int_{-\infty}^{+\infty} f(t)\mathrm{d}t$，当 $f(t)$ 的波形在 t 轴上、下对称时，则有 $F(0)=0$，因而

$$\int_{-\infty}^{t} f(t)\mathrm{e}^{-\mathrm{j}\omega t}\mathrm{d}t \leftrightarrow \frac{F(\omega)}{\mathrm{j}\omega} \tag{3-44}$$

时域积分性质多用于 $F(0)=0$ 的情况，表明 $f(t)$ 的频谱函数中直流分量的频谱密度为零。

证明：由于

$$f(t) * \varepsilon(t) = \int_{-\infty}^{+\infty} f(\tau)\varepsilon(t-\tau)\mathrm{d}\tau = \int_{-\infty}^{t} f(\tau)\mathrm{d}\tau$$

应用时域卷积定理，有

$$\mathscr{F}\left[\int_{-\infty}^{t} f(\tau)\mathrm{d}\tau\right] = \mathscr{F}[f(t)] \cdot \mathscr{F}[\varepsilon(t)] = F(\omega)\left[\pi\delta(\omega) + \frac{1}{\mathrm{j}\omega}\right]$$

$$= \pi F(0)\delta(\omega) + \frac{F(\omega)}{\mathrm{j}\omega}$$

例 3-12　已知 $f(t)=\frac{1}{t^2}$，求 $f(t)$ 的频谱函数。

解　因为

$$\mathrm{sgn}(t) \leftrightarrow \frac{2}{\mathrm{j}\omega}$$

$$\frac{2}{\mathrm{j}t} \leftrightarrow 2\pi\,\mathrm{sgn}(-\omega)$$

$$\frac{1}{t} \leftrightarrow -\mathrm{j}\pi\,\mathrm{sgn}(\omega)$$

$$\frac{\mathrm{d}}{\mathrm{d}t}\left(\frac{1}{t}\right) \leftrightarrow -(\mathrm{j}\omega)\mathrm{j}\pi\,\mathrm{sgn}(\omega) = \pi\omega\,\mathrm{sgn}(\omega)$$

所以

$$\frac{1}{t^2} \leftrightarrow -\pi\omega\,\mathrm{sgn}(\omega) = -\pi\mid\omega\mid$$

例 3-13　已知 $f(t)$ 如图 3-24(a)，求 $f(t)$ 的频谱函数 $F(\omega)$。

解　因为

$$f^{(2)}(t) = \delta(t+2) - 2\delta(t) + \delta(t-2)$$

所以

$$\begin{aligned}\mathscr{F}[f^{(2)}(t)] &= \mathscr{F}[\delta(t+2)-2\delta(t)+\delta(t-2)] \\ &= (e^{j2\omega}-2+e^{-j2\omega}) \\ &= 2\cos(2\omega)-2\end{aligned}$$

所以

$$F(\omega)=\frac{2\cos(2\omega)-2}{(j\omega)^2}=\frac{2-2\cos(2\omega)}{\omega^2}=4\,\mathrm{Sa}^2(\omega)$$

其频谱函数如图 3－24(b)、图 3－24(c)所示。

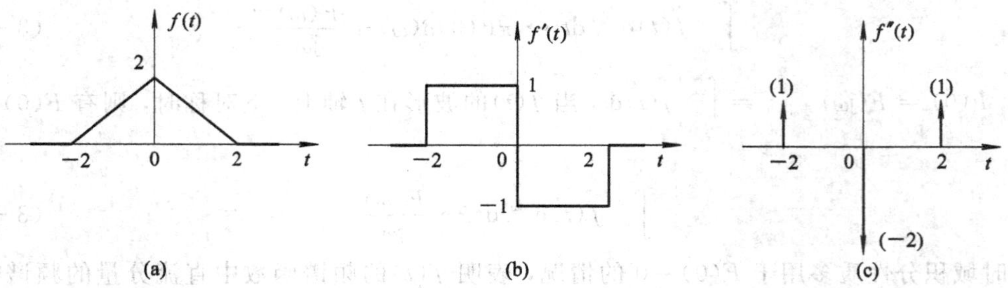

图 3－24　例 3－13 图

2. 频域的微分和积分

1）频域微分

如果

$$f(t)\leftrightarrow F(\omega)$$

那么

$$(-jt)^n f(t)\leftrightarrow F^{(n)}(\omega) \tag{3-45}$$

2）频域积分

如果

$$f(t)\leftrightarrow F(\omega)$$

那么

$$\pi f(0)\delta(t)+\frac{f(t)}{-jt}\leftrightarrow F^{(-1)}(\omega) \tag{3-46}$$

其中，$f(0)=\dfrac{1}{2\pi}\displaystyle\int_{-\infty}^{+\infty}F(\omega)d\omega$，如果 $f(0)=0$，则

$$\frac{f(t)}{-jt}\leftrightarrow F^{(-1)}(\omega) \tag{3-47}$$

例 3－14　已知 $f(t)=t\varepsilon(t)$，求 $f(t)$的频谱函数 $F(\omega)$。

解　因为

$$\varepsilon(t)\leftrightarrow \pi\delta(\omega)+\frac{1}{j\omega}$$

$$-jt\varepsilon(t)\leftrightarrow \frac{d}{d\omega}\left[\pi\delta(\omega)+\frac{1}{j\omega}\right]$$

所以

$$t\varepsilon(t)\leftrightarrow j\pi\delta'(\omega)-\frac{1}{\omega^2}$$

即

$$F(\omega) = \mathrm{j}\pi\delta'(\omega) - \frac{1}{\omega^2}$$

傅里叶变换的性质如表 3-2 所示。

表 3-2　傅里叶变换的性质

序号	名称	时　域	频　域
1	线性性质	$a_1 f_1(t)+a_2 f_2(t)$	$a_1 F_1(\omega)+a_2 F_2(\omega)$
2	时移性质	$f(t-t_0)$	$e^{-\mathrm{j}\omega t_0}F(\omega)$
3	频移性质	$f(t)e^{-\mathrm{j}\omega t_0}$	$F(\omega+\omega_0)$
4	尺度变换	$f(at)$	$\frac{1}{\lvert a\rvert}F\left(\frac{\omega}{a}\right)$
5	对称性	$F(t)$	$2\pi f(-\omega)$
6	时域卷积	$f_1(t)*f_2(t)$	$F_1(\omega)F_2(\omega)$
7	频域卷积	$f_1(t)f_2(t)$	$\frac{1}{2\pi}F_1(\omega)*F_2(\omega)$
8	时域微分	$f^{(n)}(t)$	$(\mathrm{j}\omega)^n F(\omega)$
9	时域积分	$\int_{-\infty}^{t} f(t)e^{-\mathrm{j}\omega t}\mathrm{d}t$	$\pi F(0)\delta(\omega)+\frac{F(\omega)}{\mathrm{j}\omega}$
10	频域微分	$(-\mathrm{j}t)^n f(t)$	$F^{(n)}(\omega)$
11	频域积分	$\pi f(0)\delta(t)+\frac{f(t)}{-\mathrm{j}t}$	$F^{(-1)}(\omega)$

3.5　连续时间系统的频域分析

3.5.1　连续系统频率响应函数

在前述线性时不变系统的时域分析中，我们已经指出，一般信号 $f(t)$ 作用于线性时不变系统，且系统的冲激响应为 $h(t)$ 时，零状态响应 $y_{zs}(t)$ 为激励 $f(t)$ 与冲激响应 $h(t)$ 的卷积积分，即

$$y_{zs}(t) = h(t) * f(t)$$

假设

$$f(t) \leftrightarrow F(\omega)$$
$$h(t) \leftrightarrow H(\omega)$$
$$y_{zs}(t) \leftrightarrow Y_{zs}(\omega)$$

根据傅里叶变换的时域卷积性质，零状态响应 $y_{zs}(t)$ 的频谱函数为

$$Y_{zs}(\omega) = H(\omega)F(\omega) \tag{3-48}$$

即

$$H(\omega)=\frac{Y_{zs}(\omega)}{F(\omega)} \tag{3-49}$$

$H(\omega)$称为系统的频率响应函数，定义为系统零状态响应的傅里叶变换 $Y_{zs}(\omega)$与激励 $f(t)$的傅里叶变换 $F(\omega)$之比。它反映了系统的频域特性，而其傅里叶反变换 $h(t)$则反映了系统的时域特性。$H(\omega)$又可以写为

$$H(\omega)=|H(\omega)|\mathrm{e}^{\mathrm{j}\varphi(\omega)}=\frac{|Y_{zs}(\omega)|}{|F(\omega)|}\mathrm{e}^{\mathrm{j}[\varphi_y(\omega)-\varphi_f(\omega)]} \tag{3-50}$$

易得其幅频特性$|H(\omega)|$和相频特性 $\theta(\omega)$如下：

$$\begin{cases}|H(\omega)|=\left|\dfrac{Y_{zs}(\omega)}{F(\omega)}\right| \\ \varphi(\omega)=\varphi_y(\omega)-\varphi_f(\omega)\end{cases} \tag{3-51}$$

若系统的幅频响应$|H(\omega)|$为常数，则称为全通系统。

3.5.2 理想低通滤波器

我们知道，信号“无失真传输”是指系统的输出信号与输入信号相比，只有幅度的大小和出现时间的先后不同，而没有波形上的变化。即系统的数学模型具有如下的形式

$$y_{zs}(t)=Kf(t-t_d) \tag{3-52}$$

t_d 为延迟时间。不失真传输时，系统的激励与响应波形如图 3-25 所示。

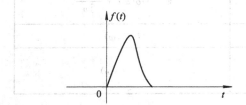

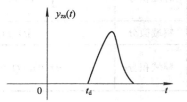

图 3-25　不失真传输系统的激励与响应波形

显然，输出信号频谱和输入频谱之间的关系为

$$Y_{zs}(\omega)=K\mathrm{e}^{-\mathrm{j}\omega t_d}F(\omega) \tag{3-53}$$

由上式可见，为使系统实现无失真传输，对系统冲激函数 $h(t)$，频率函数 $H(\omega)$的要求是

$$\begin{cases}h(t)=K\delta(t-t_d) \\ H(\omega)=K\mathrm{e}^{-\mathrm{j}\omega t_d}\end{cases} \tag{3-54}$$

即系统频率响应函数的模和相位分别为

$$\begin{cases}|H(\omega)|=K \\ \theta(\omega)=-\omega t_d\end{cases} \tag{3-55}$$

无失真传输系统的幅频和相频特性还可以用图 3-26 所示的曲线来表示。当传输有限带宽的信号时，只要在信号占有的频带范围内，系统的幅频、相频特性满足式(3-56)即可。理想低通滤波器就满足该条件，它具有如图 3-27 所示的矩形幅度特性和线性相移特性。ω_c 称为截止角频率，在 0 至 ω_c 的低频段内，传输信号无失真。理想低通滤波器的频率

响应可写为

$$H(\omega)=\begin{cases}K\mathrm{e}^{-\mathrm{j}\omega t_{\mathrm{d}}}, & |\omega|<\omega_{\mathrm{c}}\\ 0, & |\omega|>\omega_{\mathrm{c}}\end{cases}=Kg_{2\omega_{\mathrm{c}}}(\omega)\mathrm{e}^{-\mathrm{j}\omega t_{\mathrm{d}}} \tag{3-56}$$

此时的 $H(\omega)$ 可看做是在频域中宽度为 $2\omega_{\mathrm{c}}$，幅度为 K 的门函数。下面分别讨论理想低通滤波器的冲激响应和阶跃响应。

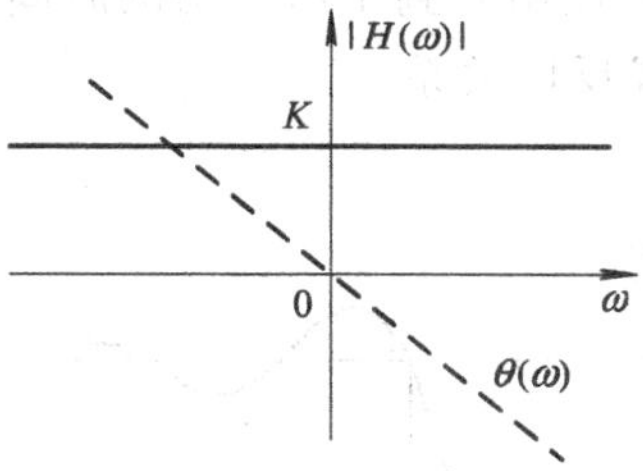

图 3-26　无失真传输系统的频率特性

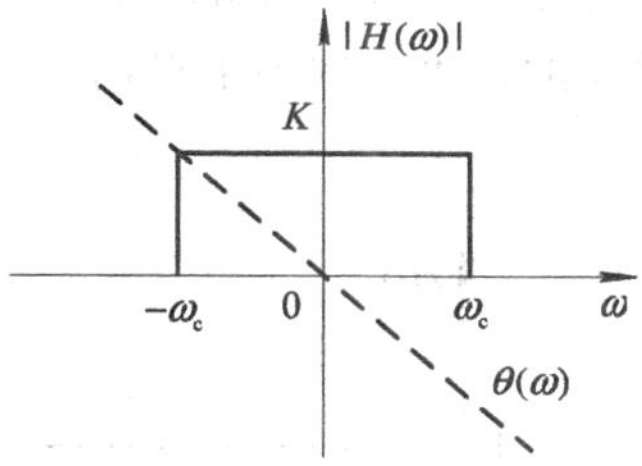

图 3-27　理想低通滤波器的频率特性

单位冲激信号 $\delta(t)$ 通过理想低通滤波器时的响应为

$$\begin{aligned}h(t)&=\mathscr{F}^{-1}[H(\omega)]=\frac{1}{2\pi}\int_{-\infty}^{+\infty}Kg_{2\omega_{\mathrm{c}}}(\omega)\mathrm{e}^{-\mathrm{j}\omega t_{\mathrm{d}}}\mathrm{e}^{\mathrm{j}\omega t}\,\mathrm{d}\omega\\&=\frac{1}{2\pi}\int_{-\omega_{\mathrm{c}}}^{\omega_{\mathrm{c}}}K\mathrm{e}^{-\mathrm{j}\omega t_{\mathrm{d}}}\mathrm{e}^{\mathrm{j}\omega t}\,\mathrm{d}\omega\\&=\frac{K\omega_{\mathrm{c}}}{\pi}\mathrm{Sa}[\omega_{\mathrm{c}}(t-t_{\mathrm{d}})]\end{aligned} \tag{3-57}$$

理想低通滤波器对单位冲激信号的响应波形如图 3-28 所示。可见，响应的时间比激励滞后 t_{d}，而且输出信号在输入信号建立之前和之后都有，且向 $\pm\infty$ 延伸和振荡。由此可知，早在 $t=0$ 时刻以前，无信号输入的情况下就已有信号输出，这显然违背了自然界的因果律。因而它实际上是物理不可实现的非因果系统。

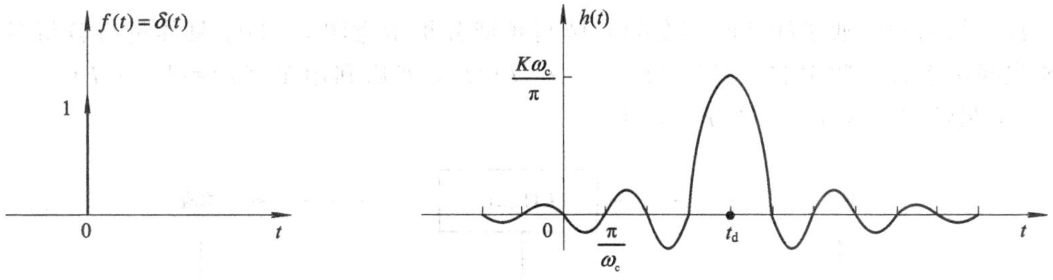

图 3-28　理想低通滤波器对单位冲激信号的响应波形

当单位阶跃信号 $\varepsilon(t)$ 通过理想低通滤波器时的响应 $s(t)$ 为

$$\begin{aligned}s(t)&=h(t)*\varepsilon(t)=\int_{-\infty}^{t}h(\tau)\,\mathrm{d}\tau\\&=\int_{-\infty}^{t}\frac{\omega_{\mathrm{c}}}{\pi}\frac{\sin[\omega_{\mathrm{c}}(\tau-t_{\mathrm{d}})]}{\omega_{\mathrm{c}}(\tau-t_{\mathrm{d}})}\mathrm{d}\tau\end{aligned}$$

经过推导，可得

$$s(t)=\frac{1}{2}+\frac{1}{\pi}\int_0^{\omega_c(t-t_d)}\frac{\sin x}{x}\,dx=\frac{1}{2}+\frac{1}{\pi}\,\mathrm{Si}[\omega_c(t-t_d)] \tag{3-58}$$

函数$\frac{\sin x}{x}$的定积分称为正弦积分，用 Si(x)表示。理想低通滤波器对单位阶跃信号的响应波形如图 3-29 所示。阶跃信号的响应不像阶跃信号那样陡直，而是倾斜的，这说明输出信号的建立需要一定的时间。一般以阶跃响应中幅度由 0 到 1 所经历的时间 t_d 作为计算建立时间的标准，称为上升时间，它与系统的带宽成反比关系。

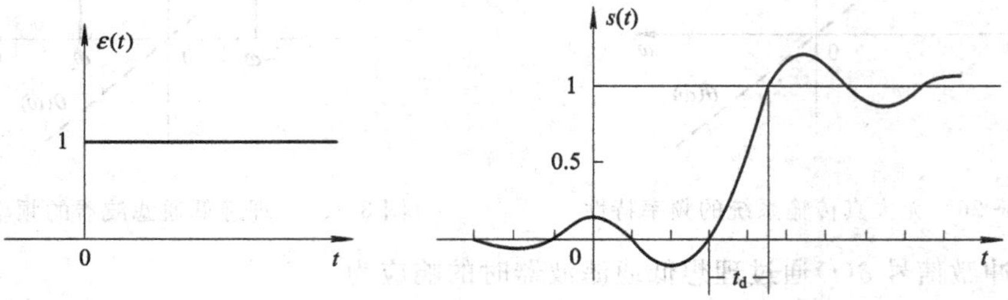

图 3-29 理想低通滤波器对单位阶跃信号的响应波形

由阶跃响应 $s(t)$的波形可见，它也是一种物理不可实现的非因果系统。

实际上，理想低通滤波器在物理上都是不可实现的。实际设计时，只能尽量逼近理想低通滤波器所要求的频率响应。就时域特性而言，一个物理可实现的系统，其冲激响应在 $t<0$ 时必须为 0，即 $h(t)=0$，也就是说响应不应在激励作用之前就出现。此外，就频域特性来说，对于物理可实现系统，其幅频特性可在某些孤立频率点上为 0，但不能在某个有限频带内为 0。

3.5.3 信号通过线性时不变系统频域表示

首先给出信号通过线性时不变的时域与频域分析示意图 3-30。具体进行分析时，关键要先找出系统的频率响应函数 $H(\omega)=\mathscr{F}[h(t)]$，然后利用 $Y_{zs}(\omega)=H(\omega)F(\omega)$，求出 $Y_{zs}(\omega)$，最后得 $y_{zs}(t)=\mathscr{F}^{-1}[Y_{zs}(\omega)]$。

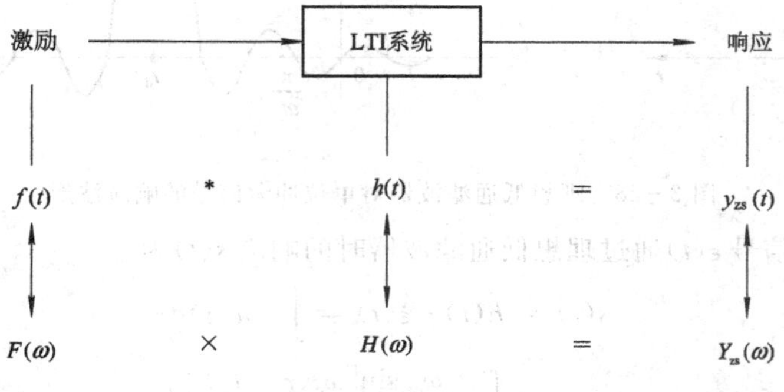

图 3-30 信号通过线性时不变系统的时域与频域分析示意图

例 3-15 已知某系统的微分方程为

$$y'(t)+2y(t)=f(t)$$

求 $f(t)=e^{-t}\varepsilon(t)$时的响应 $y_{zs}(t)$。

解 对微分方程两边取傅里叶变换

$$j\omega Y_{zs}(\omega)+2Y_{zs}(\omega)=F(\omega)$$

得

$$H(\omega)=\frac{Y_{zs}(\omega)}{F(\omega)}=\frac{1}{j\omega+2}$$

又因

$$F(\omega)=\mathscr{F}[f(t)]=\frac{1}{j\omega+1}$$

所以

$$Y_{zs}(\omega)=H(\omega)F(\omega)=\frac{1}{(j\omega+1)(j\omega+2)}=\frac{1}{j\omega+1}-\frac{1}{j\omega+2}$$

所以

$$y_{zs}(t)=(e^{-t}-e^{-2t})\varepsilon(t)$$

3.6 MATLAB 语言在频域分析中的应用

调用函数 F = FOURIER(f)，求函数 f 的傅里叶变换 F。

例 3-16 求单边指数信号 $f(t)=\frac{1}{2}e^{-2t}\varepsilon(t)$的傅里叶变换，并画出对应的频谱图。

解 代码如下：

```
syms x r i;                                   %声明符号变量，用空格分隔；
x=1/2*exp(-2*t)*sym('Heaviside(t)')           %sym('变量名')，创建符号变量
F=fourier(x);                                 %求傅里叶变换
subplot(3, 1, 1);
ezplot(x);                                    %绘制 f(t)的图形
ylabel('f(t)波形');
subplot(3, 1, 2);
ezplot(abs(F));                               %计算，绘制幅度谱
ylabel('幅度');
subplot(3, 1, 3);
r=real(F);                                    %求实部
i=imag(F);                                    %求虚部
ezplot(atan(i/r)) ;                           %计算，绘制相位谱
xlabel('角频率');
ylabel('相位');
```

此外，对于上述代码中的 Heaviside(t)函数，需要新建一个文件进行定义，内容如下：

```
function f=Heaviside(t)
f=(t>0);
```

运行后所得频谱图如图 3－31 所示。

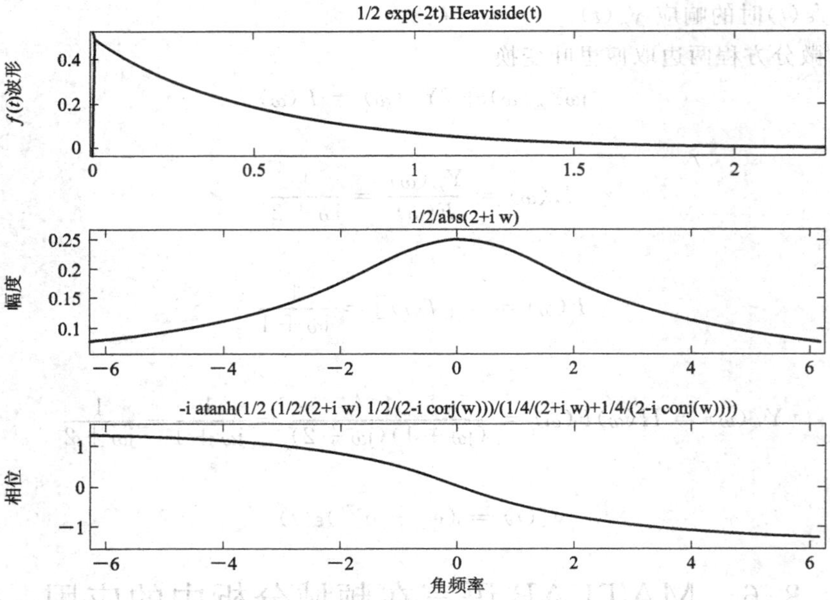

图 3－31　例 3－16 图

调用函数[H，W]＝FREQS(B，A)，求频率响应函数的频率特性。

B 表示分子多项式的系数，A 表示分母多项式的系数，输出参量 H 从计算出的频率响应中自动选出 200 个频率点的位值，即 ω 保存 200 个频率点的位值。

例 3－17　求 $H(\omega)=\dfrac{1}{(j\omega)^3+2(j\omega)^2+j2\omega+1}$ 的频率特性。

解　代码如下：

```
b=[1];                          %创建多项式
a=[1 2 2 1];                    %创建多项式
[H, w]=freqs(b, a);             %绘制幅、相频特性曲线
subplot(2, 1, 1);
plot(w, abs(H));
title('幅频特性');
xlabel('角频率');
ylabel('幅度');
subplot(2, 1, 2);
plot(w, (angle(H)) * 180/pi);
title('相频特性');
xlabel('角频率');
ylabel('相位');
```

频谱图如图 3－32 所示。

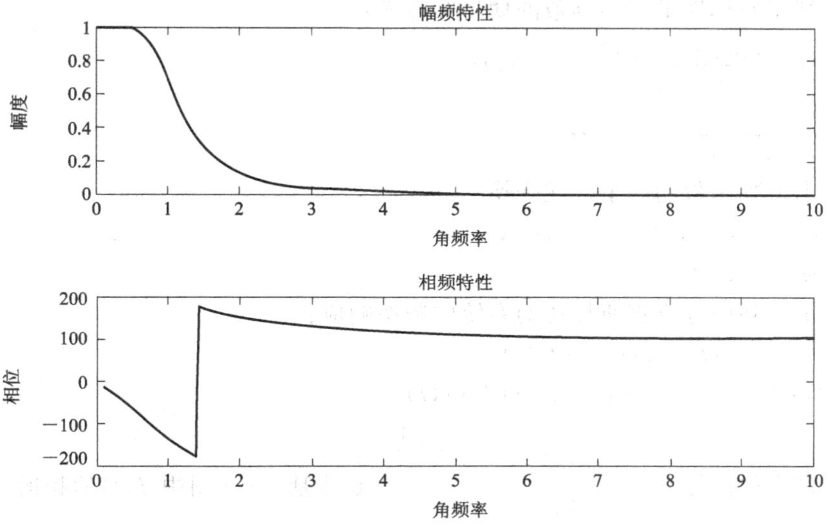

图 3-32　例 3-17 图

小　　结

一般说来，实际信号的形式是比较复杂的，若直接分析各种信号在线性时不变系统中的传输问题常常是困难的。通常采用的方法是将一般的复杂信号分解成某些类型的基本信号之和。这些基本信号除必须满足一定的数学条件外，其主要特点是实现起来简单或分析起来简单。最常采用的基本信号是正弦信号、复指数型信号、冲激信号、阶跃信号等等。

把较为复杂的信号分解为众多的基本信号之和，对于分析线性时不变系统特别有利。这是因为实际的系统具有线性和时不变性，多个基本信号作用于线性系统所引起的响应等于各个基本信号所引起的响应之和，而且由复杂信号分解成的这些基本信号是同一类型的函数。譬如，都是正弦函数。可以预见，它们各自作用于线性时不变系统所引起的响应也有共同性。

通过本章的学习，要求能够求解周期信号的频谱，画出频谱图，深刻理解周期信号频谱的特点。能利用傅里叶变换求解非周期信号的频谱，画频谱图，掌握傅里叶变换性质。了解理想低通滤波器频率响应函数，掌握信号通过线性时不变系统频域表示方法，了解 MATLAB 语言在频域分析中的应用。

习　题　3

3-1　已知 $f(t)$ 的频谱函数为 $F_1(\omega)$，求下列时间信号的频谱函数：

(1) $tf(4t)$；

(2) $(t-1)f(t)$；

(3) $f(1-t)$；

(4) $tf'(t)$；

(5) $f(2t+3)$。

3-2　利用对称性求下列函数的傅里叶变换：

(1) $f(t)=\dfrac{\sin[2\pi(t-2)]}{\pi(t-2)}$，$-\infty<t<\infty$；

(2) $f(t)=\dfrac{2\alpha}{\alpha^2+t^2}$，$-\infty<t<\infty$。

3-3　求下列函数的傅里叶逆变换：

(1) $F(\omega)=\delta(\omega+\omega_0)-\delta(\omega-\omega_0)$；

(2) $F(\omega)=2\cos(5\omega)$。

3-4　求下列微分方程所描述的系统的频率响应：

(1) $y''(t)+3y'(t)+2y(t)=f'(t)$；

(2) $y''(t)+5y'(t)+6y(t)=f'(t)+4f(t)$。

3-5　设有门信号 $g_\tau(t)=\begin{cases}1, & |t|<\dfrac{1}{2}\\ 0, & |t|>\dfrac{1}{2}\end{cases}$，试求题 3-5 图中 $f(t)$ 的频谱函数 $F(\omega)$，并分别画出 $g_\tau(t)$、$f(t)$ 的波形，以及它们各自对应的频谱图。

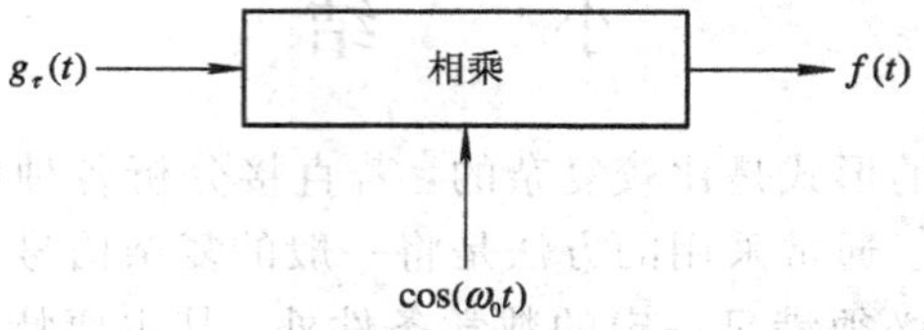

题 3-5 图

3-6　设系统的系统函数为 $H(\omega)=\dfrac{3+\mathrm{j}2\omega}{-\omega^2+\mathrm{j}3\omega+2}$，试求其单位冲激响应，及输入信号 $f(t)=\mathrm{e}^{-1.5t}\varepsilon(t)$ 时的零状态响应。

3-7　求以下两个信号的卷积：

$$f_1(t)=2\varepsilon(t)-2\varepsilon(t-2)$$

$$f_2(t)=\mathrm{e}^{-t}\varepsilon(t)$$

3-8　设系统的系统函数为 $H(\omega)=\dfrac{1-\mathrm{j}\omega}{1+\mathrm{j}\omega}$，试求其单位阶跃响应及 $f(t)=\mathrm{e}^{-2t}\varepsilon(t)$ 时的零状态响应。

3-9　由冲激函数的频谱函数求题 3-9 图中所示的信号 $f(t)$ 的频谱函数。

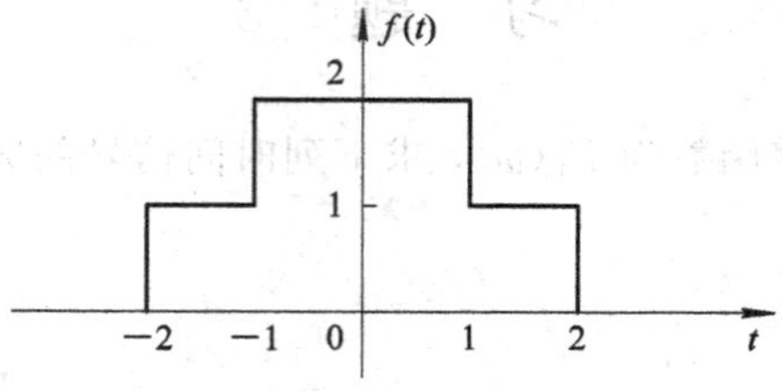

题 3-9 图

第 4 章　连续时间信号与系统的复频域分析

4.1　概　　述

连续时间信号与系统的复频域分析的数学方法是拉普拉斯变换，若干年来，拉普拉斯变换一直是信号系统分析理论的基石之一。拉普拉斯变换通常简称为拉氏变换(英文缩写为 LT 或 $\mathscr{L}$)。

拉普拉斯变换与傅氏变换在信号系统分析中各具特色，各有千秋。两者都是将信号分解为基本信号元，傅氏变换的基本信号元是 $e^{j\omega t}$，而拉氏变换的基本信号元是 e^{st}。以傅氏变换为基础的频域分析法，将时域的微、积分运算转变为频域的代数运算，简化了运算；特别是在分析信号谐波分量、系统的频率响应、系统带宽、波形失真等实际问题时，物理概念清楚，有其独到之处。不过对一些不满足绝对可积条件的常用信号如 $\varepsilon(t)$等，虽然其傅氏变换存在，但带有冲激项处理时不方便；尤其用傅氏变换分析系统响应时，系统初始状态在变换式中无法体现，只能求系统的零状态响应；另外，其反变换的复变函数积分计算也不容易。而拉氏变换具有的优点：一是对信号要求不高，一般常见指数阶信号其变换存在；二是不但能将时域的微、积分运算转变为代数运算，而且既能求系统的零状态响应，也能求系统的零输入响应(初始条件"自动"引入)；三是有相对简单的反变换方法(英文缩写为 ILT 或 $\mathscr{L}^{-1}$)。尤其是利用系统函数的零、极点分布，可定性分析系统的时域特性、频率响应、稳定性等，是连续系统分析的重要方法。因此，虽然近年来随着计算机辅助设计技术的发展，拉氏变换在求解电路上的应用有所减少，但在连续时不变系统的分析中，仍是重要的数学工具。

4.2　连续信号拉普拉斯变换及性质

4.2.1　单边拉普拉斯变换

对于信号 $f(t)$，常常由于 t 趋于正、负无穷大的过程中衰减得太慢，而不满足绝对可积的条件。解决该问题的办法是用 $e^{-\sigma t}$乘以 $f(t)$，这样总可以使得 t 趋于无穷时，$f(t)e^{-\sigma t}$以较快的速度衰减，即 $f(t)e^{-\sigma t}$满足绝对可积的条件。于是

$$\mathscr{F}[f(t)e^{-\sigma t}]=\int_{-\infty}^{+\infty}f(t)e^{-\sigma t}e^{-j\omega t}dt=\int_{-\infty}^{+\infty}f(t)e^{-(\sigma+j\omega)t}dt$$

令 $s=\sigma+\mathrm{j}\omega$，再以 $F(s)$ 表示以上函数，则信号 $f(t)$ 的拉普拉斯变换可以定义为

$$F(s)=F[\sigma+\mathrm{j}\omega]=\mathscr{F}[f(t)\mathrm{e}^{-\sigma t}]=\int_{-\infty}^{+\infty}f(t)\mathrm{e}^{-st}\,\mathrm{d}t \tag{4-1}$$

函数 $F(s)$ 相应的傅里叶逆变换为

$$f(t)\mathrm{e}^{-\sigma t}=\frac{1}{2\pi}\int_{-\infty}^{+\infty}F(\sigma+\mathrm{j}\omega)\mathrm{e}^{\mathrm{j}\omega t}\,\mathrm{d}\omega$$

两边同时乘以 $\mathrm{e}^{\sigma t}$ 得

$$f(t)=\frac{1}{2\pi}\int_{-\infty}^{+\infty}F(\sigma+\mathrm{j}\omega)\mathrm{e}^{(\sigma+\mathrm{j}\omega)t}\,\mathrm{d}\omega$$

令 $s=\sigma+\mathrm{j}\omega$，则 $\mathrm{j}\ \mathrm{d}\omega=\mathrm{d}s$，有

$$f(t)=\frac{1}{2\pi\mathrm{j}}\int_{\sigma-\mathrm{j}\omega}^{\sigma+\mathrm{j}\omega}F(s)\mathrm{e}^{st}\,\mathrm{d}s \tag{4-2}$$

式(4－1)定义的函数 $F(s)$ 称为 $f(t)$ 的双边拉普拉斯变换(或象函数)，式(4－2)定义的函数 $f(t)$ 称为 $F(s)$ 的双边拉普拉斯逆变换(或原函数)，它们统称为双边拉普拉斯变换对。为了简便，通常记为

$$\begin{cases}F(s)=\mathscr{L}[f(t)]\\ f(t)=\mathscr{L}^{-1}[F(s)]\end{cases} \tag{4-3}$$

或简记为

$$f(t)\leftrightarrow F(s) \tag{4-4}$$

由于实际物理系统中常遇到的信号都是有始信号，即 $t<0$ 时，$f(t)=0$，或者信号即使不起始于 $t=0$ 时刻，而问题的讨论却只需考虑 $t\geqslant 0$ 的部分。在这种情况下，式(4－1)可以改写为

$$F(s)=\int_{0_-}^{\infty}f(t)\mathrm{e}^{-st}\,\mathrm{d}t \tag{4-5}$$

该式称为单边拉普拉斯变换，简称拉普拉斯变换。本课程主要讨论单边拉普拉斯变换。

4.2.2 常用信号拉普拉斯变换

1. 单位冲激信号 $\delta(t)$

$$\mathscr{L}[\delta(t)]=\int_{0_-}^{\infty}\delta(t)\mathrm{e}^{-st}\,\mathrm{d}t=1$$

即

$$\delta(t)\leftrightarrow 1 \tag{4-6}$$

2. 单位阶跃信号 $\varepsilon(t)$

$$\mathscr{L}[\varepsilon(t)]=\int_{0_-}^{\infty}\varepsilon(t)\mathrm{e}^{-st}\,\mathrm{d}t=\int_{0}^{\infty}\mathrm{e}^{-st}\,\mathrm{d}t=-\frac{1}{s}\mathrm{e}^{-st}\Big|_{0}^{\infty}=\frac{1}{s}$$

即

$$\varepsilon(t)\leftrightarrow\frac{1}{s} \tag{4-7}$$

显然，常数 $1\leftrightarrow\frac{1}{s}$，常数 $K\leftrightarrow\frac{K}{s}$。

3. 指数函数 e^{-at}

$$\mathscr{L}[e^{-at}] = \int_{0_-}^{\infty} e^{-at} e^{-st} dt = \frac{1}{s+a}$$

即

$$e^{-at} \leftrightarrow \frac{1}{s+a} \tag{4-8}$$

4. 余弦信号 $\cos\omega_0 t$

因为

$$\cos\omega_0 t = \frac{1}{2}(e^{j\omega_0 t} + e^{-j\omega_0 t})$$

所以

$$\mathscr{L}[\cos\omega_0 t] = \frac{1}{2}\mathscr{L}[e^{j\omega_0 t}] + \mathscr{L}[e^{-j\omega_0 t}]$$

$$= \frac{1}{2}\left(\frac{1}{s-j\omega_0} + \frac{1}{s+j\omega_0}\right) = \frac{s}{s^2+\omega_0^2}$$

即

$$\cos\omega_0 t \leftrightarrow \frac{s}{s^2+\omega_0^2} \tag{4-9}$$

同理可得衰减余弦信号

$$e^{-\alpha t}\cos\omega_0 t \leftrightarrow \frac{s+\alpha}{(s+\alpha)^2+\omega_0^2} \tag{4-10}$$

5. 正弦信号 $\sin\omega_0 t$

因为

$$\sin\omega_0 t = \frac{1}{2j}(e^{j\omega_0 t} - e^{-j\omega_0 t})$$

所以

$$\mathscr{L}[\sin\omega_0 t] = \frac{1}{2j}(\mathscr{L}[e^{j\omega_0 t}] - \mathscr{L}[e^{-j\omega_0 t}])$$

$$= \frac{1}{2j}\left(\frac{1}{s-j\omega_0} - \frac{1}{s+j\omega_0}\right) = \frac{\omega_0}{s^2+\omega_0^2}$$

即

$$\sin\omega_0 t \leftrightarrow \frac{\omega_0}{s^2+\omega_0^2} \tag{4-11}$$

衰减正弦信号

$$e^{-\alpha t}\sin\omega_0 t \leftrightarrow \frac{\omega_0}{(s+\alpha)^2+\omega_0^2} \tag{4-12}$$

常用信号的拉普拉斯变换如表 4-1 所示。

表 4-1　常用信号的拉普拉斯变换

序号	$f(t)\quad t>0$	$F(s)=\mathscr{L}[f(t)]$
1	$\delta(t)$	1
2	$\varepsilon(t)$	$\frac{1}{s}$
3	$e^{-at}\varepsilon(t)$	$\frac{1}{s+a}$
4	$t^n\varepsilon(t)$（n 为正整数）	$\frac{n!}{s^{n+1}}$
5	$\sin\omega_0 t\varepsilon(t)$	$\frac{\omega_0}{s^2+\omega_0^2}$
6	$\cos\omega_0 t\varepsilon(t)$	$\frac{s}{s^2+\omega_0^2}$
7	$e^{-at}\sin\omega_0 t\varepsilon(t)$	$\frac{\omega_0}{(s+a)^2+\omega_0^2}$
8	$e^{-at}\cos\omega_0 t\varepsilon(t)$	$\frac{s+a}{(s+a)^2+\omega_0^2}$
9	$te^{-at}\varepsilon(t)$	$\frac{1}{(s+a)^2}$
10	$t^n e^{-at}\varepsilon(t)$（$n$ 为正整数）	$\frac{n!}{(s+a)^{n+1}}$
11	$t\sin\omega_0 t\varepsilon(t)$	$\frac{2\omega_0 s}{(s^2+\omega_0^2)^2}$
12	$t\cos\omega_0 t\varepsilon(t)$	$\frac{s^2-\omega_0^2}{(s^2+\omega_0^2)^2}$
13	$\sinh at\varepsilon(t)$	$\frac{a}{s^2-a^2}$
14	$\cosh at\varepsilon(t)$	$\frac{s}{s^2-a^2}$

4.2.3　拉普拉斯变换性质

1. 线性性质

如果

$$f_1(t) \leftrightarrow F_1(s), \quad f_2(t) \leftrightarrow F_2(s)$$

那么

$$a_1 f_1(t) + a_2 f_2(t) \leftrightarrow a_1 F_1(s) + a_2 F_2(s) \tag{4-13}$$

式中，a_1、a_2 是任意常数。

2. 尺度变换

如果

$$f(t) \leftrightarrow F(s)$$

那么

$$f(at) \leftrightarrow \frac{1}{a}F\left(\frac{s}{a}\right), \quad a > 0 \tag{4-14}$$

例 4-1　已知 $f(t)=\cos\left(2t-\frac{\pi}{4}\right)$，求 $\mathscr{L}[f(t)]$。

解　因为

$$f(t) = \cos\left(2t - \frac{\pi}{4}\right) = \cos(2t)\cos\frac{\pi}{4} + \sin(2t)\sin\frac{\pi}{4}$$

所以

$$F(s) = \frac{\sqrt{2}}{2}\frac{s}{s^2+4} + \frac{\sqrt{2}}{2}\frac{2}{s^2+4} = \frac{\sqrt{2}}{2}\frac{s+2}{s^2+4}$$

3. 时移特性

如果

$$f(t) \leftrightarrow F(s)$$

那么

$$f(t-t_0)\varepsilon(t-t_0) \leftrightarrow e^{-st_0}F(s) \tag{4-15}$$

式中，t_0 为任意实数。

与尺度变换性质相结合，有

$$f(at-t_0)\varepsilon(at-t_0) \leftrightarrow \frac{1}{a}e^{-\frac{s}{a}t_0}F\left(\frac{s}{a}\right), \quad a > 0 \tag{4-16}$$

例 4-2　分别求图 4-1 中两个信号的单边拉普拉斯变换。

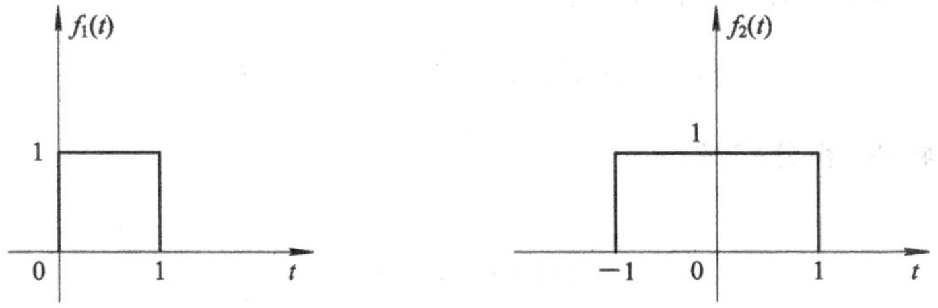

图 4-1　例 4-2 图

解　因为

$$f_1(t)=\varepsilon(t)-\varepsilon(t-1)$$
$$f_2(t)=\varepsilon(t+1)-\varepsilon(t-1)$$

所以

$$F_1(s)=\frac{1}{s}(1-e^{-s})$$

$$F_2(s)=\frac{1}{s}(e^{s}-e^{-s})$$

4. 复频移(s域平移)特性

若

$$f(t)\leftrightarrow F(s)$$

则

$$f(t)e^{s_0 t}\leftrightarrow F(s-s_0) \tag{4-17}$$

式中，s_0为任意实数。

例 4-3　求$f(t)=e^{-\alpha t}\cos\omega_0 t\varepsilon(t)$的拉普拉斯变换$F(s)$。

解　设$f_1(t)=\cos\omega_0 t\varepsilon(t)$，于是

$$F_1(s)=\frac{s}{s^2+\omega_0^2}$$

$$F(s)=F_1(s+\alpha)=\frac{s+\alpha}{(s+\alpha)^2+\omega_0^2}$$

例 4-4　已知因果信号$f(t)$的象函数$F(s)=\frac{s}{s^2+1}$，求$e^{-t}f(3t-2)$的象函数。

解　综合运用尺度变换和复频移特性，可得

$$e^{-t}f(3t-2)\leftrightarrow\frac{s+1}{(s+1)^2+9}e^{-\frac{2}{3}(s+1)}$$

可见，利用性质求解信号的拉普拉斯变换比直接求解简单得多。

5. 时域微分特性(微分定理)

时域微分特性主要用于研究具有初始条件的微分方程。当信号$f(t)$的初始值$f(0_-)\neq 0$时，若

$$f(t)\leftrightarrow F(s)$$

则

$$\frac{df(t)}{dt}\leftrightarrow sF(s)-f(0_-) \tag{4-18}$$

也可以将式(4-18)推广到高阶导数

$$f^{(n)}(t)\leftrightarrow s^nF(s)-\sum_{m=0}^{n-1}s^{n-1-m}f^{(m)}(0_-) \tag{4-19}$$

6. 时域积分特性(积分定理)

若

$$f(t)\leftrightarrow F(s)$$

则

$$\int_0^t f(\tau)\mathrm{d}\tau \leftrightarrow \frac{F(s)}{s} \tag{4-20}$$

也可以推广到多重积分

$$\int\cdots\int_0^t f(\tau)\mathrm{d}\tau \leftrightarrow \frac{F(s)}{s^n} \tag{4-21}$$

例 4-5　试通过阶跃信号 $\varepsilon(t)$ 的积分求斜坡信号 $t\varepsilon(t)$ 及 $t^n\varepsilon(t)$ 的拉普拉斯变换。

解　因为

$$\varepsilon(t) \leftrightarrow \frac{1}{s}$$

而

$$t\varepsilon(t) = \int_0^t \varepsilon(\tau)\mathrm{d}\tau$$

所以

$$t\varepsilon(t) \leftrightarrow \frac{1}{s}\left(\frac{1}{s}\right) = \frac{1}{s^2}$$

又因为

$$\left(\int_0^t\right)^2 \varepsilon(\tau)\mathrm{d}\tau = \int_0^t \tau\varepsilon(\tau)\mathrm{d}\tau = \frac{1}{2}t^2\varepsilon(t)$$

$$\left(\int_0^t\right)^3 \varepsilon(\tau)\mathrm{d}\tau = \int_0^t \frac{1}{2}\tau^2\varepsilon(\tau)\mathrm{d}\tau = \frac{1}{3\times 2}t^3\varepsilon(t)$$

$$\vdots$$

$$\left(\int_0^t\right)^n \varepsilon(\tau)\mathrm{d}\tau = \frac{1}{n!}t^n\varepsilon(t)$$

利用式(4-21)可得

$$\frac{1}{n!}t^n\varepsilon(t) = \left(\int_0^t\right)^n \varepsilon(\tau)\mathrm{d}\tau \leftrightarrow \frac{1}{s^{n+1}}$$

即

$$t^n\varepsilon(t) \leftrightarrow \frac{n!}{s^{n+1}}$$

7. 卷积定理

时域卷积定理：如果

$$f_1(t) \leftrightarrow F_1(s),\quad f_2(t) \leftrightarrow F_2(s)$$

那么

$$f_1(t) * f_2(t) \leftrightarrow F_1(s)F_2(s) \tag{4-22}$$

复频域(s 域)卷积定理：如果

$$f_1(t) \leftrightarrow F_1(s),\quad f_2(t) \leftrightarrow F_2(s)$$

那么

$$f_1(t)f_2(t) \leftrightarrow \frac{1}{2\pi \mathrm{j}}F_1(s) * F_2(s) \tag{4-23}$$

例 4-6　已知某线性时不变系统的冲激响应 $h(t)=\mathrm{e}^{-t}\varepsilon(t)$，试用时域卷积定理求解输入信号 $f(t)=\varepsilon(t)$ 时的零状态响应 $y_{zs}(t)$。

解 因为

$$\varepsilon(t) \leftrightarrow \frac{1}{s} = F(s)$$

$$h(t) \leftrightarrow \frac{1}{s+1} = H(s)$$

所以

$$Y(s) = F(s)H(s) = \frac{1}{s}\frac{1}{s+1} = \frac{1}{s} - \frac{1}{s+1}$$

对其求拉普拉斯变换得

$$y_{zs}(t) = \varepsilon(t) - e^{-t}\varepsilon(t) = (1-e^{-t})\varepsilon(t)$$

8. 初值定理和终值定理

初值定理：如果

$$f(t) \leftrightarrow F(s)$$

那么

$$f(0_+) = \lim_{t\to 0_+} f(t) = \lim_{s\to\infty} sF(s) \qquad (4-24)$$

终值定理：如果

$$f(t) \leftrightarrow F(s)$$

那么

$$f(\infty) = \lim_{s\to 0} sF(s) \qquad (4-25)$$

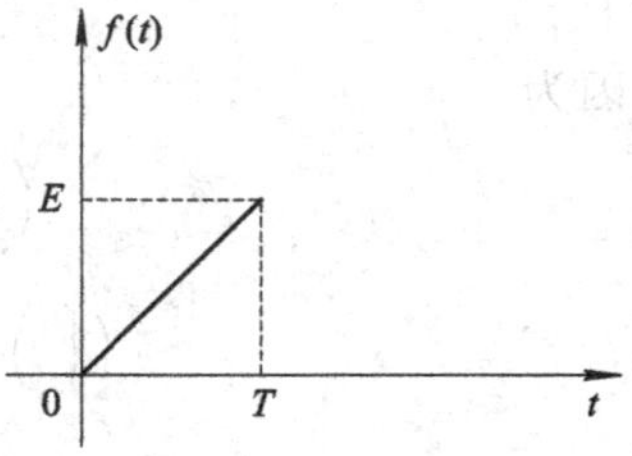

图 4-2 例 4-7 图

例 4-7 求图 4-2 所示锯齿波 $f(t)$的拉普拉斯变换。

解 首先写出 $f(t)$的时域函数表达式

$$f(t) = \frac{E}{T}t[\varepsilon(t) - \varepsilon(t-T)] = \frac{E}{T}[t\varepsilon(t) - t\varepsilon(t-T)]$$

应用拉普拉斯变换的时移特性，有

$$\begin{aligned}F(s) &= \mathscr{L}[f(t)] = \frac{E}{T}\mathscr{L}[t\varepsilon(t) - t\varepsilon(t-T)]\\ &= \frac{E}{T}\mathscr{L}[t\varepsilon(t)] - \frac{E}{T}\mathscr{L}[(t-T+T)\varepsilon(t-T)]\\ &= \frac{E}{T}\mathscr{L}[t\varepsilon(t)] - \frac{E}{T}\mathscr{L}[(t-T)\varepsilon(t-T)] - \frac{E}{T}\mathscr{L}[T\varepsilon(t-T)]\\ &= \frac{E}{T}\left(\frac{1}{s^2} - \frac{1}{s^2}e^{-sT} - \frac{T}{s}e^{-sT}\right)\\ &= \frac{E}{T}\frac{1-(1+sT)e^{-sT}}{s^2}\end{aligned}$$

本题还可以利用时域微分性质求解。

$$\begin{aligned}f'(t) &= \frac{E}{T}[t\delta(t) + \varepsilon(t) - t\delta(t-T) - \varepsilon(t-T)]\\ &= \frac{E}{T}[\varepsilon(t) - T\delta(t-T) - \varepsilon(t-T)]\\ &= \frac{E}{T}[\varepsilon(t) - \varepsilon(t-T)] - E\delta(t-T)\end{aligned}$$

$$f''(t)=\frac{E}{T}[\delta(t)-\delta(t-T)]-E\delta'(t-T)$$

$$\mathscr{L}[f''(t)]=\frac{E}{T}(1-\mathrm{e}^{-sT})-Es\mathrm{e}^{-sT}=\frac{E}{T}[1-(1+sT)\mathrm{e}^{-sT}]$$

由时域微分性质，有 $\mathscr{L}[f''(t)]=s^2F(s)$，所以得

$$F(s)=\frac{E}{T}\frac{[1-(1+sT)\mathrm{e}^{-sT}]}{s^2}$$

拉普拉斯变换的性质如表 4-2 所示。

表 4-2　拉普拉斯变换的性质(定理)

序号	名　称	时　域	复 频 域
1	线性	$af_1(t)+bf_2(t)$	$aF_1(s)+bF_2(s)$
2	延时	$f(t-t_0)\varepsilon(t-t_0)$	$F(s)\mathrm{e}^{-t_0 s}$
3	尺度	$f(at)$	$\frac{1}{a}F\left(\frac{s}{a}\right)$
4	s 域平移	$f(t)\mathrm{e}^{s_0 t}$	$F(s-s_0)$
5	时域微分	$\frac{\mathrm{d}f(t)}{\mathrm{d}t}$ $\frac{\mathrm{d}^n f(t)}{\mathrm{d}t^n}$	$sF(s)-f(0_-)$ $s^nF(s)-\sum_{m=0}^{n-1}s^{n-1-m}f^{(m)}(0_-)$
6	时域积分	$\int_{-\infty}^{t}f(\tau)\mathrm{d}\tau$	$\frac{f^{-1}(0)}{s}+\frac{F(s)}{s}$
7	复频域微分	$tf(t)$ $t^nf(t)$	$-\frac{\mathrm{d}F(s)}{\mathrm{d}s}$ $(-1)^n\frac{\mathrm{d}^nF(s)}{\mathrm{d}s^n}$
8	复频域积分	$\frac{1}{t}f(t)$	$\int_s^{\infty}F(s_1)\mathrm{d}s_1$
9	初值	$f(0_+)$	$\lim_{t\to 0_+}f(t)=\lim_{s\to\infty}sF(s)$
10	终值	$f(\infty)$	$\lim_{t\to\infty}f(t)=\lim_{s\to 0}sF(s)$
11	时域卷积	$f_1(t)*f_2(t)$	$F_1(s)F_2(s)$
12	复频域卷积	$f_1(t)f_2(t)$	$\frac{1}{\mathrm{j}2\pi}F_1(s)*F_2(s)$

4.3　部分分式法求逆拉普拉斯变换

常见的象函数 $F(s)$是 s 的有理分式，一般形式是

$$F(s)=\frac{b_m s^m+b_{m-1}s^{m-1}+\cdots+b_1 s+b_0}{a_n s^n+a_{n-1}s^{n-1}+\cdots+a_1 s+a_0}=\frac{N(s)}{D(s)} \tag{4-26}$$

若不是真分式，即 $m \geqslant n$，可用多项式除法将象函数 $F(s)$ 分解为有理多项式与有理真分式之和。例如，

$$F(s)=\frac{3s^3-2s^2-7s+1}{s^2+s-1}=3s-5+\frac{s-4}{s^2+s-1}$$

下面主要讨论有理真分式的情形。

若 $F(s)$ 是 s 的实系数有理真分式（$m<n$），则可写为

$$F(s)=\frac{N(s)}{D(s)}=\frac{b_m(s-z_1)(s-z_2)\cdots(s-z_m)}{a_n(s-p_1)(s-p_2)\cdots(s-p_n)} \tag{4-27}$$

其中，z_1，z_2，z_3，…，z_m 是 $N(s)=0$ 的根，称为 $F(s)$ 的零点，p_1，p_2，p_3，…，p_n 是 $D(s)=0$ 的根，称为 $F(s)$ 的极点。

求解拉普拉斯逆变换的过程如下：

(1) 求 $F(s)$ 的极点。

(2) 将 $F(s)$ 展开为部分分式和的形式。

(3) 查变换表求出原函数 $f(t)$。

4.3.1 单极点逆拉普拉斯变换

1. 单阶实数极点

$$F(s)=\frac{N(s)}{(s-p_1)(s-p_2)\cdots(s-p_n)}$$

其中，p_1，p_2，p_3，…，p_n 为不同的实数根。于是 $F(s)$ 可以分解为

$$F(s)=\frac{K_1}{s-p_1}+\frac{K_2}{s-p_2}+\cdots+\frac{K_n}{s-p_n} \tag{4-28}$$

式中，K_1，K_2，…，K_n 为 n 个待定系数。可在式(4-28)两边同乘以因子 $(s-p_i)$，再令 $s=p_i$，于是等式右边仅留下系数 K_i，所以

$$K_i=(s-p_i)F(s)\big|_{s=p_i},\quad i=1,2,\cdots,n \tag{4-29}$$

原函数

$$f(t)=\sum_{i=1}^{n}K_i\mathrm{e}^{p_i t}=K_1\mathrm{e}^{p_1 t}+K_2\mathrm{e}^{p_2 t}+\cdots+K_n\mathrm{e}^{p_n t},\quad t>0 \tag{4-30}$$

例 4-8 求 $F(s)=\dfrac{2s^3+14s^2+25s+15}{s^3+6s^2+11s+6}$ 的原函数 $f(t)$。

解

$$F(s)=\frac{2s^3+14s^2+25s+15}{s^3+6s^2+11s+6}=2+\frac{2s^2+3s+3}{s^3+6s^2+11s+6}$$

$$=2+\frac{2s^2+3s+3}{(s+1)(s+2)(s+3)}=2+\frac{K_1}{s+1}+\frac{K_2}{s+2}+\frac{K_3}{s+3}$$

令

$$F_1(s)=\frac{2s^2+3s+3}{(s+1)(s+2)(s+3)}$$

则

$$K_1=(s+1)F_1(s)\big|_{s=-1}=\frac{2s^2+3s+3}{(s+2)(s+3)}\bigg|_{s=-1}=1$$

$$K_2=(s+2)F_1(s)\big|_{s=-2}=\left.\frac{2s^2+3s+3}{(s+1)(s+3)}\right|_{s=-2}=-5$$

$$K_3=(s+3)F_1(s)\big|_{s=-3}=\left.\frac{2s^2+3s+3}{(s+1)(s+2)}\right|_{s=-3}=6$$

所以

$$F(s)=2+\frac{1}{s+1}+\frac{-5}{s+2}+\frac{6}{s+3}$$

$$f(t)=2\delta(t)+e^{-t}-5e^{-2t}+6e^{-3t},\quad t\geqslant 0$$

2. 单阶共轭复数极点

$$F(s)=\frac{N(s)}{D_1(s)[(s+\alpha)^2+\beta^2]}=\frac{F_1(s)}{(s+\alpha-j\beta)(s+\alpha+j\beta)}\tag{4-31}$$

共轭极点为：$p_1=-\alpha+j\beta$，$p_2=-\alpha-j\beta$。

$$F(s)=\frac{K_1}{s+\alpha-j\beta}+\frac{K_2}{s+\alpha+j\beta}+\cdots$$

$$K_1=(s+\alpha-j\beta)F(s)\big|_{s=-\alpha+j\beta}$$

$$K_2=(s+\alpha+j\beta)F(s)\big|_{s=-\alpha-j\beta}$$

实际上，K_1，K_2 也互为共轭。

例 4-9　求 $F(s)=\dfrac{s}{s^2+2s+5}$ 的逆变换 $f(t)$。

解　因为

$$F(s)=\frac{s}{s^2+2s+5}=\frac{s}{(s+1)^2+4}=\frac{s}{(s+1+j2)(s+1-j2)}$$

$$K_1=(s+1-j2)\left.\frac{s}{(s^2+2s+5)}\right|_{s=-1+j2}=\frac{-1+j2}{j4}=\frac{2+j1}{4}$$

$$K_2=(s+1+j2)\left.\frac{s}{(s^2+2s+5)}\right|_{s=-1-j2}=\frac{-1-j2}{j4}=\frac{2-j1}{4}$$

所以

$$f(t)=\frac{1}{4}[(2+j1)e^{(-1+j2)t}+(2-j1)e^{(-1-j2)t}]$$

$$=\frac{1}{2}e^{-t}[2\cos(2t)-\sin(2t)],\quad t>0$$

4.3.2　重极点逆拉普拉斯变换

$$F(s)=\frac{F_1(s)}{(s-p_1)^k}=\frac{K_{11}}{(s-p_1)^k}+\frac{K_{12}}{(s-p_1)^{k-1}}+\cdots+\frac{K_{1(k-1)}}{(s-p_1)^2}+\frac{K_{1k}}{s-p_1}$$

求 K_{11} 时，方法同第一种情况，即

$$K_{11}=F_1(s)\big|_{s=p_1}=(s-p_1)^kF(s)\big|_{s=p_1}$$

求其他系数，要用下式

$$K_{1i}=\frac{1}{(i-1)!}\cdot\frac{d^{i-1}}{ds^{i-1}}F_1(s)\big|_{s=p_1},\quad i=2,3,\cdots,k\tag{4-32}$$

当 $i=2$，

$$K_{12}=\frac{\mathrm{d}}{\mathrm{d}s}F_1(s)\big|_{s=p_1}$$

当 $i=3$，

$$K_{13}=\frac{1}{2}\frac{\mathrm{d}^2}{\mathrm{d}s^2}F_1(s)\big|_{s=p_1}$$

例 4-10 求 $F(s)=\dfrac{s^2}{(s+2)(s+1)^2}$ 的原函数 $f(t)$。

解
$$F(s)=\frac{s^2}{(s+2)(s+1)^2}=\frac{K_1}{s+2}+\frac{K_2}{s+1}+\frac{K_3}{(s+1)^2}$$

$$K_1=(s+2)\frac{s^2}{(s+2)(s+1)^2}\bigg|_{s=-2}=4$$

由于

$$\frac{\mathrm{d}}{\mathrm{d}s}[(s+1)^2F(s)]=\frac{\mathrm{d}}{\mathrm{d}s}\left[\frac{s^2}{s+2}\right]=\frac{2s(s+2)-s^2}{(s+2)^2}=\frac{s^2+4s}{(s+2)^2}$$

因此

$$K_2=\frac{s^2+4s}{(s+2)^2}\bigg|_{s=-1}=-3$$

$$K_3=(s+1)^2\frac{s^2}{(s+2)(s+1)^2}\bigg|_{s=-1}=1$$

所以

$$F(s)=\frac{4}{s+2}+\frac{-3}{s+1}+\frac{1}{(s+1)^2}$$

$$f(t)=\mathscr{L}^{-1}[F(s)]=(4\mathrm{e}^{-2t}-3\mathrm{e}^{-t}+t\mathrm{e}^{-t})\varepsilon(t)$$

4.4 连续时间系统的复频域分析

4.4.1 微分方程的变换解

设线性时不变系统的激励为 $f(t)$，响应为 $y(t)$，于是描述 n 阶系统的微分方程的一般形式为

$$\sum_{i=0}^{n}a_iy^{(i)}(t)=\sum_{j=0}^{m}b_jf^{(j)}(t),\quad a_i、b_j \text{ 为实数} \tag{4-33}$$

设系统的初始状态为 $y(0_-)$，$y^{(1)}(0_-)$，…，$y^{(n-1)}(0_-)$，同时由于 $f(t)$ 是在 $t=0$ 时接入的，因此在 $t=0_-$ 时 $f(t)$ 的各阶导数均为零。对上式两边分别取拉普拉斯变换，并利用时域微分特性，可得

$$\sum_{i=0}^{n}a_i\left[s^iY(s)-\sum_{p=0}^{i-1}s^{i-1-p}y^{(p)}(0_-)\right]=\sum_{j=0}^{m}b_js^jF(s)$$

即

$$\left[\sum_{i=0}^{n}a_is^i\right]Y(s)-\sum_{i=0}^{n}a_i\left[\sum_{p=0}^{i-1}s^{i-1-p}y^{(p)}(0_-)\right]=\left[\sum_{j=0}^{m}b_js^j\right]F(s) \tag{4-34}$$

下面以具体例题说明微分方程的变换解的求解方法。

例 4-11　描述某线性时不变连续系统的微分方程为

$$y''(t)+3y'(t)+2y(t)=2f'(t)+6f(t)$$

已知输入 $f(t)=\varepsilon(t)$，初始状态 $y'(0_-)=1$，$y(0_-)=2$。试求系统的零输入响应、零状态响应和全响应。

解　对微分方程取拉普拉斯变换，可得

$$s^2Y(s)-sy(0_-)-y'(0_-)+3sY(s)-3y(0_-)+2Y(s)=2sF(s)+6F(s)$$

即

$$(s^2+3s+2)Y(s)-[sy(0_-)+y'(0_-)+3y(0_-)]=2(s+3)F(s)$$

可解得全响应

$$Y(s)=Y_{zi}(s)+Y_{zs}(s)=\frac{sy(0_-)+y'(0_-)+3y(0_-)}{s^2+3s+2}+\frac{2(s+3)}{s^2+3s+2}F(s)$$

将 $F(s)=\dfrac{1}{s}$和初值代入上式，得

$$Y_{zi}(s)=\frac{2s+7}{s^2+3s+2}=\frac{5}{s+1}-\frac{3}{s+2}$$

$$Y_{zs}(s)=\frac{2(s+3)}{s^2+3s+2}\,\frac{1}{s}=\frac{2(s+3)}{s(s+1)(s+2)}=\frac{3}{s}-\frac{4}{s+1}+\frac{1}{s+2}$$

于是零输入响应、零状态响应分别为

$$y_{zi}(t)=(5\mathrm{e}^{-t}-3\mathrm{e}^{-2t})\varepsilon(t)$$

$$y_{zs}(t)=(3-4\mathrm{e}^{-t}+\mathrm{e}^{-2t})\varepsilon(t)$$

全响应为

$$y(t)=y_{zs}(t)+y_{zi}(t)=(3+\mathrm{e}^{-t}-2\mathrm{e}^{-2t})\varepsilon(t)$$

实际上，如果直接对 $Y(s)$取拉普拉斯反变换，亦可求得全响应。因为

$$Y(s)=\frac{2s+7}{s^2+3s+2}+\frac{2(s+3)}{s^2+3s+2}F(s)=\frac{2s^2+9s+6}{(s^2+3s+2)s}$$

$$=\frac{3}{s}+\frac{1}{s+1}-\frac{2}{s+2}$$

易得

$$y(t)=\mathscr{L}^{-1}[Y(s)]=(3+\mathrm{e}^{-t}-2\mathrm{e}^{-2t})\varepsilon(t)$$

可见直接求全响应时，零状态响应分量和零输入响应分量已经叠加在一起，看不出由不同原因引起的各个响应分量的具体情况。这时拉普拉斯变换作为一种数学工具，将微分方程变为代数方程，同时自动引入了初始状态，从而简化了微分方程的求解。

4.4.2　连续系统的系统函数

系统函数在系统分析与综合中占有重要的地位，下面讨论如何围绕系统函数进行系统分析。如前所述，系统函数 $H(s)$是零状态响应的拉普拉斯变换与激励的拉普拉斯变换之比，即

$$H(s)=\frac{Y_{zs}(s)}{F(s)}=K\frac{\prod_{j=1}^{m}(s-z_j)}{\prod_{i=1}^{n}(s-p_i)}\tag{4-35}$$

从上式可以看出，系统函数与系统的激励、初始状态无关，仅取决于系统本身的结构和元件参数，式中常数 K 称为增益，为式(4－26)中分子、分母多项式最高次项系数之比，即 $K=\dfrac{b_m}{a_n}$。我们知道，当系统的激励为 $\delta(t)$ 时，零状态响应为 $h(t)$，故

$$\mathscr{L}[h(t)]=\frac{H(s)}{\mathscr{L}[\delta(t)]}=H(s) \tag{4-36}$$

即系统的冲激响应 $h(t)$ 与系统函数 $H(s)$ 构成了一对拉普拉斯变换对，二者分别从时域和复频域两个角度表征了同一系统的特性。为了说明 $H(s)$ 在系统分析中的重要作用，我们把运用 s 域分析法求解系统响应的步骤归纳如下：

(1) 求输入 $f(t)$ 的变换式 $F(s)$。

(2) 计算 $H(s)$。实际上就是对于给定的激励，计算输出 $Y_{zs}(s)$ 与输入 $F(s)$ 的比值。也可以由系统的结构及数学模型直接求得。

(3) 求零状态响应 $y_{zs}(t)$。可从 $F(s)$ 与 $H(s)$ 乘积的反变换中求出。

以上求解系统响应的过程，可由图 4－3 表述。如果系统本身存在初始储能，系统的完全响应还应考虑零输入响应。若系统函数 $H(s)$ 的收敛域包含虚轴，则系统存在频率响应。频率响应函数与系统函数之间的关系为

$$H(\omega)=H(s)\big|_{s=\mathrm{j}\omega} \tag{4-37}$$

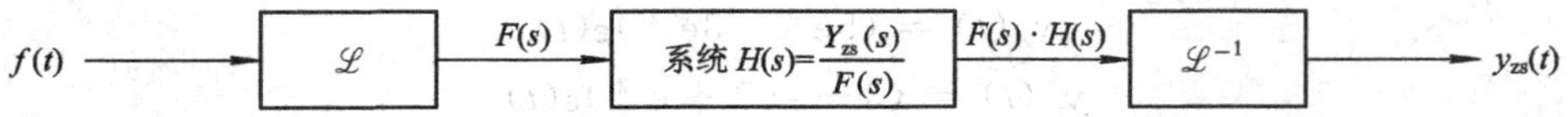

图 4－3 系统响应的求解过程示意图

例 4－12 已知当输入 $f(t)=\mathrm{e}^{-t}\varepsilon(t)$ 时，某线性时不变因果系统的零状态响应

$$y_{zs}(t)=(3\mathrm{e}^{-t}-4\mathrm{e}^{-2t}+\mathrm{e}^{-3t})\varepsilon(t)$$

求该系统的频率响应、冲激响应和描述该系统的微分方程。

解 因为

$$F(s)=\mathscr{L}[f(t)]=\frac{1}{s+1}$$

$$Y_{zs}(s)=\mathscr{L}[y_{zs}(t)]=\frac{3}{s+1}-\frac{4}{s+2}+\frac{1}{s+3}=\frac{2(s+4)}{(s+1)(s+2)(s+3)}$$

所以

$$H(s)=\frac{Y_{zs}(s)}{F(s)}=\frac{2(s+4)}{(s+2)(s+3)}=\frac{2s+8}{s^2+5s+6}=\frac{4}{s+2}-\frac{2}{s+3}$$

易得，频率响应为

$$H(\omega)=H(s)\big|_{s=\mathrm{j}\omega}=\frac{\mathrm{j}2\omega+8}{(\mathrm{j}\omega)^2+\mathrm{j}5\omega+6}$$

冲激响应为

$$h(t)=\mathscr{L}^{-1}[H(s)]=(4\mathrm{e}^{-2t}-2\mathrm{e}^{-3t})\varepsilon(t)$$

由于 $H(s)$ 的分母、分子多项式系数与微分方程等号两边的系数是一一对应的，因此微分方程为

$$y''(t)+5y'(t)+6y(t)=2f'(t)+8f(t)$$

此外，如果将系统函数 $H(s)$ 的极点 p_i、零点 z_j 画在复平面上，可得系统函数的零、极点分布图。零点用“○”表示，极点用“×”表示。

例如，$H(s)=\dfrac{2(s+2)}{(s+1)^2(s^2+1)}$ 的零、极点分布图如图 4-4(a)所示。

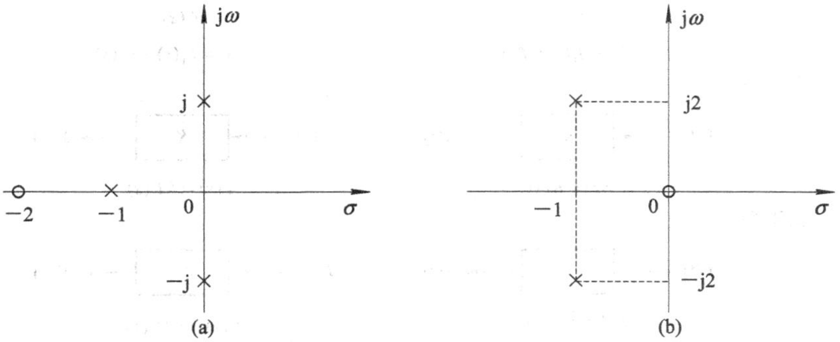

图 4-4　零、极点分布图

又如，已知 $H(s)$ 的零、极点分布图如图 4-4(b)所示，并且增益 $K=2$，则 $H(s)$ 的表达式为

$$H(s)=\frac{Ks}{(s+1)^2+4}=\frac{Ks}{s^2+2s+5}=\frac{2s}{s^2+2s+5}$$

下面讨论 $H(s)$ 极点的位置与其时域响应 $h(t)$ 的函数形式。$H(s)$ 按其极点在 s 平面上的位置可分为：在左半平面、虚轴和右半平面三类。对于因果系统，$H(s)$ 的极点均在左半平面。

(1) 在左半平面：响应函数均为衰减函数，即当 $t\to\infty$ 时，响应均趋于 0。

第一，若系统函数有负实单极点 $p=-\alpha(\alpha>0)$，则 $H(s)$ 的分母多项式中有因子 $s+\alpha$，所对应的响应为衰减指数函数 $Ke^{-\alpha t}\varepsilon(t)$。第二，若有一对共轭复极点 $p_{1,2}=-\alpha\pm j\beta$，则所对应的响应为减幅正弦振荡。

(2) 在虚轴上：响应函数均为等幅振荡。

此时 $\alpha=0$，$p_{1,2}=\pm j\beta$，所对应的响应为等幅正弦函数 $K\cos(\beta t+\theta)\varepsilon(t)$。特别地，当极点位于原点时，响应为阶跃函数 $K\varepsilon(t)$。

(3) 在右半平面：响应函数均为递增函数，即当 $t\to\infty$ 时，响应均趋于 ∞。

第一，若系统函数有正实单极点 $p=\alpha(\alpha>0)$，则所对应的响应为增幅指数函数 $Ke^{\alpha t}\varepsilon(t)$。第二，若有一对共轭复极点 $p_{1,2}=\alpha\pm j\beta$，则所对应的响应为增幅正弦振荡。

凡极点位于左半平面，零点位于右半平面，并且所有零点与极点对于虚轴为一一镜像对称的系统函数即为全通函数。对于具有相同幅频特性的系统函数而言，右半平面没有零点的系统函数称为最小相移函数。

接下来，介绍系统的 s 域模拟框图。系统的模拟不是对系统的仿制，而是数学意义上的等效，也就是说，用来模拟系统的装置和被模拟的系统具有相同的数学模型，因此，它们的输入、输出关系完全等效。模拟系统的框图称为系统的模拟图，它是若干基本运算器的框图的组合。系统的 s 域框图基本运算单元如图 4-5 所示。

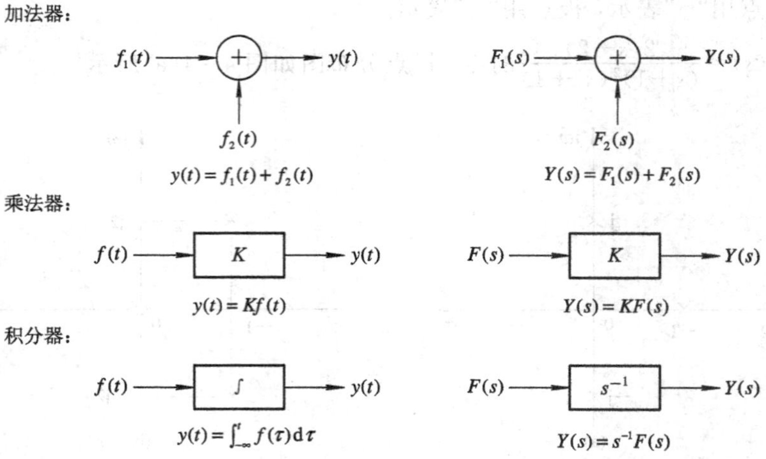

图 4-5　系统的 s 域框图基本运算单元

例 4-13　已知某线性时不变系统有图 4-6(a)所示的时域框图，试列出其微分方程。

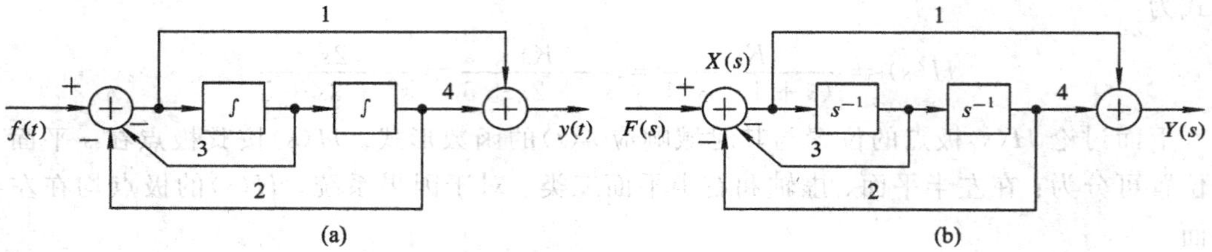

图 4-6　例 4-13 图

解　设左边加法器输出为 $X(s)$，可画出 s 域框图如图 4-6(b)所示，则 s 域代数方程为

$$X(s)=F(s)-3s^{-1}X(s)-2s^{-2}X(s)$$

得

$$X(s)=\frac{1}{1+3s^{-1}+2s^{-2}}F(s)$$

又

$$Y(s)=X(s)+4s^{-2}X(s)=\frac{1+4s^{-2}}{1+3s^{-1}+2s^{-2}}F(s)=\frac{s^2+4}{s^2+3s+2}F(s)$$

所以微分方程为

$$y''(t)+3y'(t)+2y(t)=f''(t)+4f(t)$$

4.4.3　电路复频域模型

1. 电阻元件的 s 域模型

电阻元件的 s 域模型如图 4-7 所示。

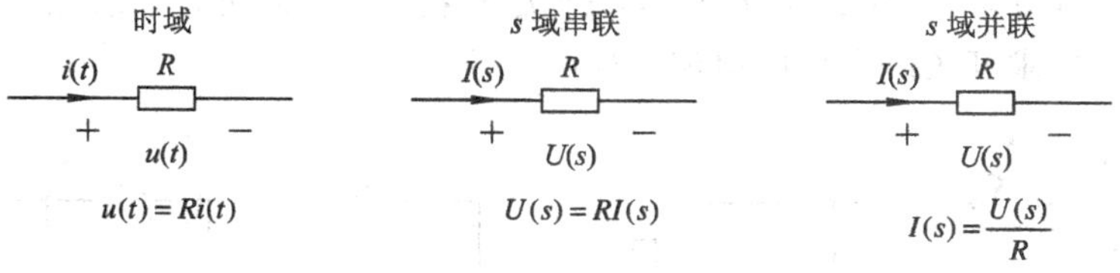

图 4－7　电阻元件的 s 域模型

2. 电感元件的 s 域模型

电感元件的 s 域模型如图 4－8 所示。

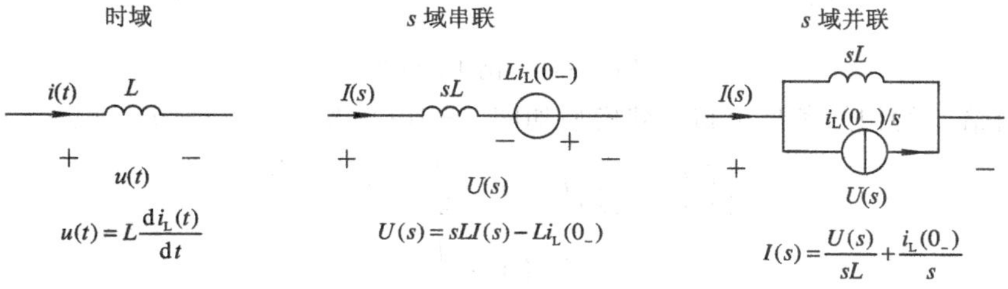

图 4－8　电感元件的 s 域模型

3. 电容元件的 s 域模型

电容元件的 s 域模型如图 4－9 所示。

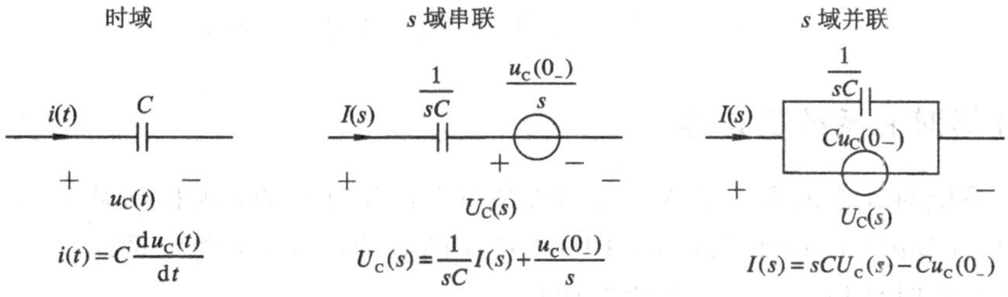

图 4－9　电容元件的 s 域模型

有了电路元件的复频域模型，就可以得到一般电路的复频域模型。时域的 KVL、KCL 方程

$$\sum i(t)=0$$

$$\sum u(t)=0$$

在复频域中同样成立。只要分别取拉普拉斯变换，就可以得到复频域形式

$$\left.\begin{aligned}\sum I(s)=0\\\sum U(s)=0\end{aligned}\right\}\tag{4-38}$$

应用电路分析中的基本分析方法(节点法、网孔法等)和基本定理(如叠加定理、戴维南定理等)，列出复频域的代数方程，并求解响应的象函数，对所求响应的象函数进行拉普拉斯反变换，即可得出响应的时域解。

例 4-14　如图 4-10(a)所示电路，开关 S 在 $t=0$ 时闭合，已知 $u_{C1}(0_-)=3$ V，$u_{C2}(0_-)=0$ V，试求开关闭合后的电流 $i_1(t)$。

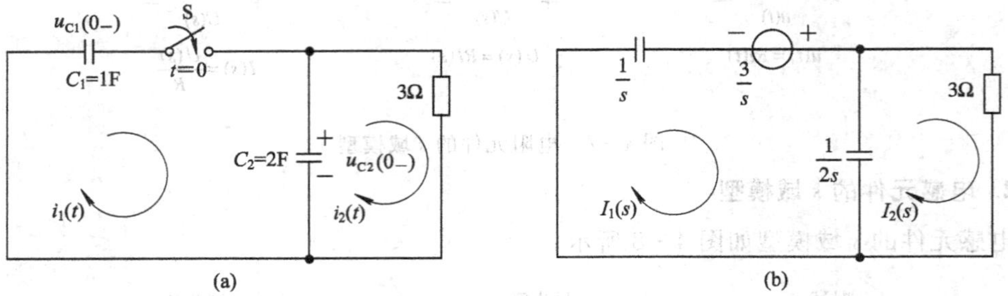

图 4-10　例 4-14 图

解　由给定的初始条件可得 s 域模型如图 4-10(b)所示。方程为

$$\begin{cases}\left(\frac{1}{s}+\frac{1}{2s}\right)I_1(s)-\frac{1}{2s}I_2(s)=\frac{3}{s}\\ -\frac{1}{2s}I_1(s)+\left(3+\frac{1}{2s}\right)I_2(s)=0\end{cases}$$

$$I_1(s)=\frac{3(6s+1)}{9s+1}=2+\frac{1}{9\left(s+\frac{1}{9}\right)}$$

取拉普拉斯反变换得

$$i_1(t)=\mathscr{L}^{-1}[I_1(s)]=2\delta(t)+\frac{1}{9}\mathrm{e}^{-\frac{t}{9}}\varepsilon(t)$$

4.4.4　连续时间系统稳定性

若一个系统对任意的有界输入，其零状态响应也是有界的，则称该系统是有界输入有界输出(Bound Input Bound Output，BIBO)稳定的系统，简称为稳定系统。

连续系统在时域稳定的充分必要条件是

$$\int_{-\infty}^{+\infty}|h(t)|\,\mathrm{d}t\leqslant M \tag{4-39}$$

其中，M 是有限的正实数。对于因果系统，可以根据系统函数 $H(s)$的极点在 s 平面中的位置来判定该系统是否稳定。

若全部极点都落在 s 平面的左半平面，则该系统必是稳定系统。只要有一个极点落在 s 平面的右半平面或虚轴上，则该系统必是不稳定系统。

连续因果系统稳定性的判别，是根据系统函数的极点位置作出的。只要判断 $H(s)$的极点，即系统函数分母多项式的特征根是否都在左半平面上，即可判定系统是否稳定，并不必知道各特征根的确切值。

例如，某连续时间系统的系统函数 $H(s)=\frac{2s}{(s^2+2s+2)(s+3)}$，易得其极点分别为 $s_{1,2}=-1\pm\mathrm{j}$，$s_3=-3$，零点、极点分布图如图 4-11 所示。可见三个极点均分布在 s 平面的左半部分，故该系统必为稳定系统。

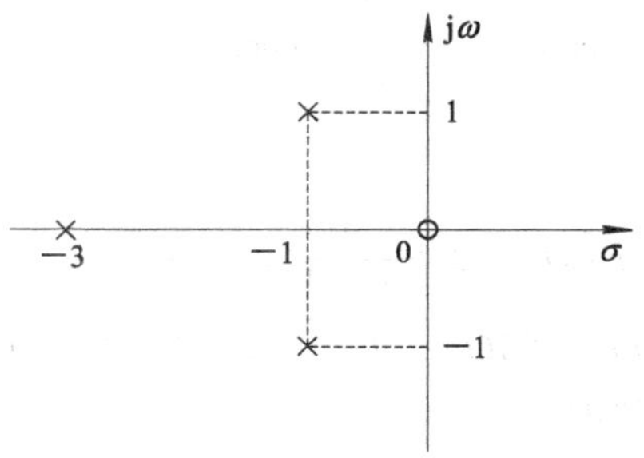

图 4-11　零点、极点分布图

4.5　MATLAB 语言在复频域分析中的应用

调用 laplace 函数 L＝LAPLACE(F)，实现单边拉普拉斯变换。

输入变量 F 为连续时间信号 $f(t)$的符号表达式，输出变量 L 为返回默认符号变量 s 的关于 F 的拉普拉斯变换的符号表达式。

例 4-15　重求式(4-9)的余弦信号 $\cos\omega_0 t$ 的拉普拉斯变换。我们假设 $\omega_0=2$，则 $f(t)=\cos(2t)\varepsilon(t)$。

解　代码如下：

```
syms t;                    %定义时间符号变量
F=cos(2*t);                %定义函数 f(t)
L=laplace(F)               %计算 f(t)的拉普拉斯变换
```

运行结果为

```
L =
  s/(s^2+4)
```

如果我们将 $\omega_0=2$ 代入式(4-9)，同样可得

$$\cos(2t)\leftrightarrow\frac{s}{s^2+4}$$

可见，与运用 MATLAB 求解的结果是一样的。

调用函数[R, P, K]＝RESIDUE(B, A)求解象函数的拉普拉斯逆变换。

B 表示分子多项式的各项系数，A 表示分母多项式的各项系数。若假设 $F(s)=\frac{B(s)}{A(s)}$已知，则调用该函数可以简单地求出部分分式展开式中的常数项 K，各项分式的常系数 R 和分母多项式的根 P。

例 4-16　重求例 4-8，$F(s)=\frac{2s^3+14s^2+25s+15}{s^3+6s^2+11s+6}$的原函数 $f(t)$。

解　代码如下：

```
A=[1 6 11 6];
B=[2 14 25 15];
[R, P, K] = RESIDUE(B, A)
```

运行结果为

```
R = 6.0000       -5.0000       1.0000
P = -3.0000      -2.0000       -1.0000
K = 2
```

所以

$$F(s)=2+\frac{1}{s+1}+\frac{-5}{s+2}+\frac{6}{s+3}$$

$$f(t)=2\delta(t)+(e^{-t}-5e^{-2t}+6e^{-3t})\varepsilon(t)$$

可见，与原例题的结果是一致的。

调用函数 SYS=TF(NUM，DEN)和[P，Z]=PZMAP(SYS)求解系统函数的零点、极点分布。

SYS 表示系统函数，NUM 表示分子多项式的各项系数，DEN 表示分母多项式的各项系数。[P，Z]=PZMAP(SYS)求解零点、极点的值。PZMAP(SYS)画零点、极点分布图。

例 4-17 求 $H(s)=\frac{2(s+2)}{(s+1)^2(s^2+1)}=\frac{2s+4}{s^4+2s^3+2s^2+2s+1}$ 的零点、极点，并画分布图。

解 代码如下：

```
NUM =[2 4];
DEN =[1 2 2 2 1];
SYS = TF(NUM, DEN);
PZMAP(SYS);
[P, Z] = PZMAP(SYS)
```

运行结果为

```
P = 0.0000 + 1.0000i
    0.0000 - 1.0000i
    -1.0000
    -1.0000
Z = -2
```

零点、极点分布图如图 4-12 所示。可见，与原例题的结果是一致的。

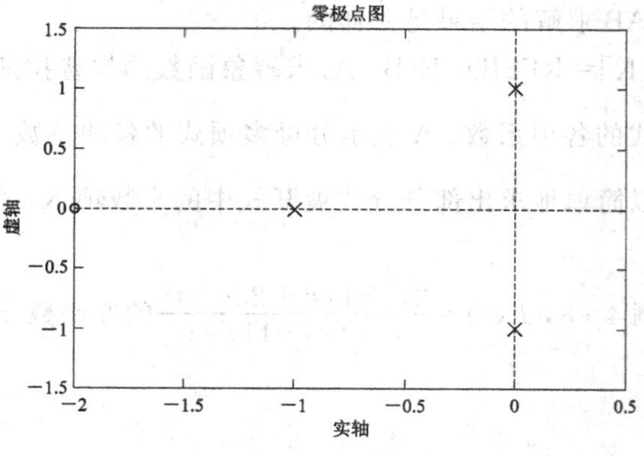

图 4-12 例 4-17 零点、极点分布图

小　　结

拉普拉斯变换是分析线性连续系统的有效工具，它将描述系统的时域微积分方程变换为 s 域的代数方程，便于运算和求解；同时，它将系统的初始状态自然地含于象函数 $Y(s)$ 方程中，既可分别求得零输入响应、零状态响应，也可一举求得系统的全响应。甚至直接利用电路的 s 域模型列出其对应的电路方程，就可以解得响应的象函数 $Y(s)$，再求拉普拉斯逆变换得原函数 $y(t)$。

线性时不变连续因果系统的 $h(t)$ 的函数形式由 $H(s)$ 的极点确定。$H(s)$ 在左半平面的极点所对应的响应函数为衰减的。$H(s)$ 在虚轴上的一阶极点所对应的响应函数为稳态分量。$H(s)$ 在虚轴上的高阶极点或右半平面上的极点，其所对应的响应函数都是递增的。

通过本章的学习，要求能够理解单边拉普拉斯变换的定义式，了解拉普拉斯变换的性质及其应用。能应用部分分式法求解拉普拉斯逆变换。掌握复频域电路模型，并能应用单边拉普拉斯变换求解线性时不变系统的响应。了解连续系统的系统函数及其稳定性，了解 MATLAB 在复频域分析中的应用。

习　题　4

4-1　求下列信号的拉普拉斯变换：

(1) $\delta(t)-e^{-2t}\varepsilon(t)$；

(2) $te^{-3t}\varepsilon(t)$；

(3) $e^{-2t}\cos(t)$。

4-2　设 $f(t)=\sin\omega_0 t$，若 $t_0>0$，试求下列信号的拉普拉斯变换：

(1) $f(t-t_0)=\sin\omega_0(t-t_0)$；

(2) $f(t-t_0)\varepsilon(t)=\sin\omega_0(t-t_0)\varepsilon(t)$；

(3) $f(t)\varepsilon(t-t_0)=\sin(\omega_0 t)\varepsilon(t-t_0)$；

(4) $f(t-t_0)\varepsilon(t-t_0)=\sin\omega_0(t-t_0)\varepsilon(t-t_0)$。

4-3　用尺度变换性质求下列信号的拉普拉斯变换：

(1) $\cos(2t)\varepsilon(t)$；

(2) $2te^{-4t}\varepsilon(t)$。

4-4　用部分分式展开法求下列函数的拉普拉斯逆变换：

(1) $F(s)=\dfrac{2s^2+6s+6}{s^2+3s+2}$；

(2) $F(s)=\dfrac{3s+8}{(s+1)^2}$。

4-5　求象函数 $F(s)=\dfrac{s^2+3}{(s+2)(s^2+2s+5)}$ 的原函数 $f(t)$。

4-6　描述某线性时不变系统的微分方程为

$$y''(t)+5y'(t)+6y(t)=2f'(t)+6f(t)$$

其初始状态 $y(0_-)=1$，$y'(0_-)=-1$，激励 $f(t)=5\cos t\varepsilon(t)$，求系统的零输入响应、零状

态响应和全响应。

4-7　已知系统的微分方程为

$$y''(t)+6y'(t)+13y(t)=f''(t)+2f'(t)$$

(1) 求系统的零点、极点；

(2) 画出零、极点分布图。

4-8　设某线性时不变系统的阶跃响应 $s(t)=(1-e^{-2t})\varepsilon(t)$，为使系统的零状态响应为 $y_{zs}(t)=(1-e^{-2t}-te^{-2t})\varepsilon(t)$，问系统的输入信号 $f(t)$ 应是什么？

4-9　设系统函数如下，试判断系统的稳定性。

(1) $H(s)=\dfrac{s+1}{s^2+2s+5}$；

(2) $H(s)=\dfrac{s^2+1}{(s^2+3s+2)(s+5)}$。

4-10　用 MATLAB 软件，求 $H(s)=\dfrac{s^2+5s+6}{s^3+2s^2+2s+1}$ 的零点、极点，并画分布图。

第 5 章　离散时间系统的 z 域分析

5.1 概　　述

$\mathscr{Z}$ 变换对于分析离散线性时不变系统是一个强有力的工具。它在求解差分方程时，将差分方程转化为代数方程，使计算过程简化。$\mathscr{Z}$ 变换在求解差分方程时所起的作用和拉普拉斯变换在求解微分方程中的作用相同。

本章将讨论 $\mathscr{Z}$ 变换的定义和性质，介绍离散信号的 $\mathscr{Z}$ 变换方法；介绍 $\mathscr{Z}$ 反变换的定义及几种 $\mathscr{Z}$ 反变换的方法；在此基础上讨论离散系统的 z 域分析方法，包括系统函数 $H(z)$，系统的稳定性、频率响应等概念。最后介绍如何用 MATLAB 进行离散系统的 z 域分析。

5.2 离散时间序列的 $\mathscr{Z}$ 变换

5.2.1 $\mathscr{Z}$ 变换的定义

为了便于理解，这里不妨从拉普拉斯变换推演出 $\mathscr{Z}$ 变换。

由第 2 章可知，对连续时间信号进行均匀冲激取样后就得到离散时间信号。设有连续时间信号 $f(t)$，每隔时间 T_s 取样一次，这相当于连续时间信号 $f(t)$乘以冲激序列 $\delta_{T_s}(t)$。利用冲激函数的取样性质，取样信号 $f_s(t)$可写为

$$f_s(t) = f(t)\delta_{T_s}(t) = f(t)\sum_{n=-\infty}^{\infty}\delta(t-nT_s) = \sum_{n=-\infty}^{\infty}f(nT_s)\delta(t-nT_s) \tag{5-1}$$

取上式的双边拉普拉斯变换，考虑到 $\mathscr{L}[\delta(t-nT_s)]=e^{-nsT_s}$，可得 $f_s(t)$的双边拉普拉斯 $\mathscr{Z}$ 变换为

$$F_s(s) = \mathscr{L}[f_s(t)] = \sum_{n=-\infty}^{\infty}f(nT_s)e^{-nsT_s} \tag{5-2}$$

令 $z=e^{sT_s}$，$F_s(s)=F(z)$，这样，$f_s(t)$的拉普拉斯变换式就可以变换成另一复变量 z 的变换式，即

$$F(z)\big|_{z=e^{sT_s}} = \sum_{n=-\infty}^{\infty}f(nT_s)z^{-n} \tag{5-3}$$

将 $f(nT_s)$ 换为 $f(n)$，有

$$F(z)=\sum_{n=-\infty}^{\infty}f(n)z^{-n} \tag{5-4}$$

式(5-4)定义了序列 $f(n)$ 的 $\mathscr{Z}$ **变换**。可见离散信号的 $\mathscr{Z}$ 变换是取样信号 $f_s(t)$ 的拉普拉斯变换中将变量 s 换为 z 的结果。

为了书写的方便，对序列 $f(n)$ 取 $\mathscr{Z}$ 变换和对 $F(z)$ 作 $\mathscr{Z}$ 反变换常常记作

$$F(z)=\mathscr{Z}[f(n)] \qquad f(n)=\mathscr{Z}^{-1}[F(z)]$$

$f(n)$ 与 $F(z)$ 是一对变换对，它们之间的对应关系可表示为

$$f(n)\leftrightarrow F(z)$$

式(5-4)中，因从 $-\infty$ 到 ∞ 求和，故称之为**双边 $\mathscr{Z}$ 变换**。如果给定序列 $f(n)$ 从 $n=0$ 开始求和，即

$$F(z)=\sum_{n=0}^{\infty}f(n)z^{-n} \tag{5-5}$$

则上式称为序列 $f(n)$ 的**单边 $\mathscr{Z}$ 变换**，并且以后就把它称为 $\mathscr{Z}$ **变换**。

由单边 $\mathscr{Z}$ 变换的定义式(5-5)可知，$\mathscr{Z}$ 变换是一个复数项级数。由于 $z=re^{j\omega}$，单边 $\mathscr{Z}$ 变换的定义又可以写成

$$F(z)=\sum_{n=0}^{\infty}f(n)z^{-n}=\sum_{n=0}^{\infty}f(n)(re^{j\omega})^{-n}=\sum_{n=0}^{\infty}[f(n)r^{-n}]e^{-j\omega n} \tag{5-6}$$

只有当 $f(n)r^{-n}$ 符合绝对求和的收敛条件，即 $\sum_{n=0}^{\infty}|f(n)r^{-n}|<\infty$ 时，$f(n)$ 的 $\mathscr{Z}$ 变换才有意义。使 $f(n)$ 的 $\mathscr{Z}$ 变换收敛的所有 z 的集合称为 $\mathscr{Z}$ 变换 $F(z)$ 的收敛域，简记为 ROC (Region of Convergence)。

假设单边 $\mathscr{Z}$ 变换 $F(z)=\sum_{n=0}^{\infty}f(n)z^{-n}$ 在 $|z|>|z_1|$ 处绝对收敛，即 $\sum_{n=0}^{\infty}|f(n)z_1^{-n}|<\infty$，只要 $|z|>|z_1|$，必有

$$\sum_{n=0}^{\infty}|f(n)z^{-n}|<\sum_{n=0}^{\infty}|f(n)z_1^{-n}|<\infty$$

所以单边序列的 $\mathscr{Z}$ 变换的收敛域可以写成 $|z_1|<|z|<\infty$，因为复数 z 可表示为 $z=re^{j\omega}$，所以单边 $\mathscr{Z}$ 变换的收敛域为半径为 r 以外的所有区域(包括无穷大区域)的 z 平面。可以理解，单边 $\mathscr{Z}$ 变换的收敛域应在以极点(令 $F(z)$ 分母等于零的根)为半径的圆(不包含此圆)外的所有区域，如图 5-1(a)所示。由于单边 $\mathscr{Z}$ 变换的收敛域比较简单，故后面一般情况下不再加注其收敛域。附带指出，对于双边 $\mathscr{Z}$ 变换，收敛域是在 z 平面内以原点为圆心的一个圆环区域，如图 5-1(b)所示。

例如单边序列

$$f(n)=\begin{cases}a^n, & n\geqslant 0\\ 0, & n<0\end{cases}$$

a 为正实数。其单边 $\mathscr{Z}$ 变换为

$$\begin{aligned}F(z)&=\sum_{n=0}^{\infty}f(n)z^{-n}=\sum_{n=0}^{\infty}a^n z^{-n}=\sum_{n=0}^{\infty}(az^{-1})^n\\&=1+(az^{-1})+(az^{-1})^2+\cdots+(az^{-1})^n+\cdots\end{aligned}$$

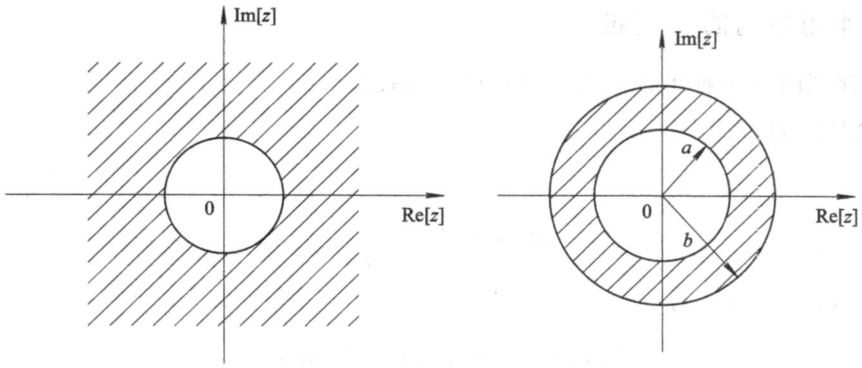

(a) 单边𝒵变换的收敛域　　(b) 双边𝒵变换的收敛域

图 5-1　𝒵 变换的收敛域

它是一个仅含有 z 的负幂的无穷级数，只有当 $|az^{-1}|<1$ 或 $|z|>a$ 时，该无穷级数绝对收敛，即 $\left|\sum_{n=0}^{\infty} f(n)z^{-n}\right|<\infty$，才能以闭合形式表示为

$$F(z)=\frac{1}{1-az^{-1}}=\frac{z}{z-a}$$

$|z|>a$ 称为 $F(z)$ 的收敛条件。在 z 平面(复数平面)中，$F(z)$ 的对应的收敛域(ROC)是圆心在原点、半径为 a 的一个圆的圆外区域，半径 a 称为收敛半径。

下面讨论单边 $\mathscr{Z}$ 变换收敛域与拉普拉斯变换收敛域的关系：

考察复变量 $z=\mathrm{e}^{sT_s}$，这是一个 s 域到 z 域的变换。复变量 $s=\sigma+\mathrm{j}\omega$ 经变换后也是一个复数 $z=\mathrm{e}^{sT_s}=\mathrm{e}^{(\sigma+\mathrm{j}\omega)T_s}=\mathrm{e}^{\sigma T_s}\cdot\mathrm{e}^{\mathrm{j}\omega T_s}=r\mathrm{e}^{\mathrm{j}\omega}$，它将 s 平面 $\sigma>\sigma_0$ 的右半平面映射到 z 平面上半径为 $r>r_0=\mathrm{e}^{\sigma_0 T}$ 的圆外区域，如图 5-2 所示。

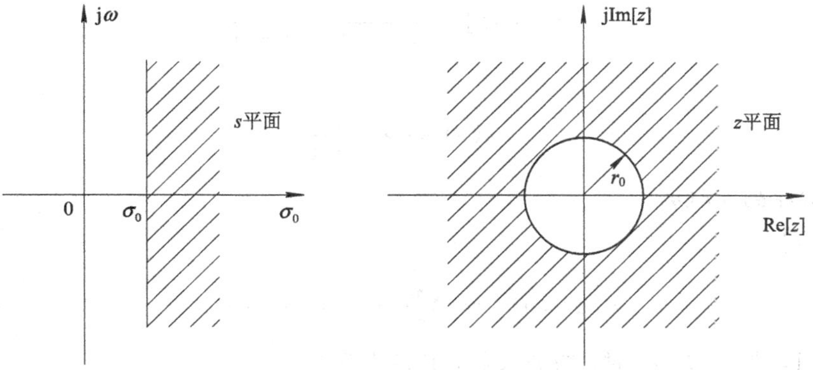

图 5-2　单边 𝒵 变换的收敛域与拉普拉斯变换收敛域的关系

下面讨论单边 $\mathscr{Z}$ 变换与傅里叶变换的关系。

由于 $z=\mathrm{e}^{sT_s}$，则 s 平面的虚轴 $s=\mathrm{j}\omega$ 映射到 z 平面的单位圆 $|z|=\mathrm{e}^0=r=1$。正像虚轴上的拉普拉斯变换对应于连续时间信号的傅里叶变换一样，单位圆上的 $\mathscr{Z}$ 变换对应于离散时间信号的傅里叶变换。因此，如果一个离散时间信号的傅里叶变换存在，则它在 z 平面的收敛域应包含单位圆。

5.2.2 常用序列的 $\mathscr{Z}$ 变换

许多序列的 $\mathscr{Z}$ 变换可直接由 $\mathscr{Z}$ 变换的定义式求出。

1. 单位序列 $\delta(n)$

因为

$$\delta(n)=\begin{cases}1, & n=0\\ 0, & n\neq 0\end{cases}$$

将 $\delta(n)$代入式(5-5)，得

$$\mathscr{Z}[\delta(n)]=\sum_{n=0}^{\infty}\delta(n)z^{-n}=\delta(n)=1$$

即

$$\delta(n)\overset{\mathscr{Z}}{\longleftrightarrow}1 \tag{5-7}$$

上式表明，不论复数 z 为何值，当 $|z|\geqslant 0$ 时，其和式均收敛，这种情况称 $\mathscr{Z}[\delta(n)]$的收敛域为整个 z 平面。

2. 阶跃序列 $\varepsilon(n)$

因为

$$\varepsilon(n)=\begin{cases}1, & n\geqslant 0\\ 0, & n<0\end{cases}$$

故有

$$\mathscr{Z}[\varepsilon(n)]=\sum_{n=0}^{\infty}\varepsilon(n)z^{-n}=\sum_{n=0}^{\infty}z^{-n}$$

上式为等比级数求和问题，当 $|z^{-1}|<1$，即 $|z|>1$ 时，上式收敛，其结果为

$$\mathscr{Z}[\varepsilon(n)]=\frac{1}{1-z^{-1}}=\frac{z}{z-1}$$

即

$$\varepsilon(n)\overset{\mathscr{Z}}{\longleftrightarrow}\frac{z}{z-1} \tag{5-8}$$

3. 指数序列 $a^n\varepsilon(n)$

由定义得

$$\mathscr{Z}[a^n\varepsilon(n)]=\sum_{n=0}^{\infty}a^nz^{-n}=\sum_{n=0}^{\infty}(az^{-1})^n$$

当 $|az^{-1}|<1$，即 $|z|>|a|$ 时，级数收敛，其结果为

$$\mathscr{Z}[a^n\varepsilon(n)]=\frac{1}{1-(az^{-1})}=\frac{z}{z-a}$$

即

$$a^n\varepsilon(n)\overset{\mathscr{Z}}{\longleftrightarrow}\frac{z}{z-a} \tag{5-9}$$

这就是说，对指数序列，其 $\mathscr{Z}$ 变换的收敛域为 z 平面上半径为 $|z|=|R|=|a|$ 的圆外区域。这里 R 称为收敛半径。

单位阶跃序列 $\varepsilon(n)$、指数系列 $a^n\varepsilon(n)$ 以及许多序列的 $\mathscr{Z}$ 变换表明，单边序列的 $\mathscr{Z}$ 变换其收敛域总在半径为某一 R 的圆外区域。例如对于 $\varepsilon(n)$，收敛半径 $R=1$；对于 $2^n\varepsilon(n)$，收敛半径为 $R=2$。图 5-3 示出了这种情况。

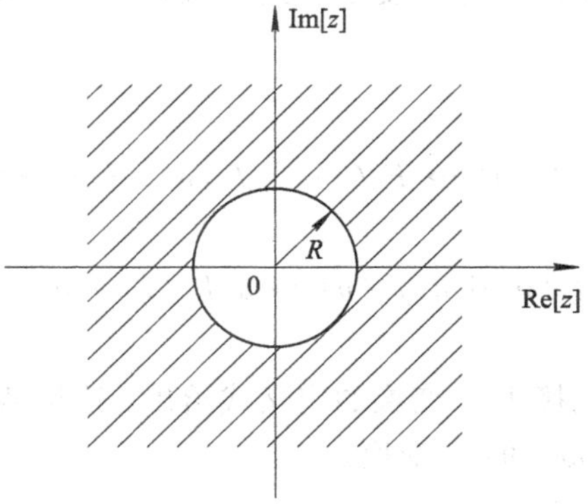

图 5-3　单边 $\mathscr{Z}$ 变换的收敛域

由于单边 $\mathscr{Z}$ 变换的收敛域总是在 $|z|>R$ 的区域，故今后不再一一说明。

常用序列的 $\mathscr{Z}$ 变换列于表 5-1，供查阅。

表 5-1　常用序列的 $\mathscr{Z}$ 变换

序号	序列 $f(n)$，$n\geqslant 0$	$F(z)$	收敛域
1	$\delta(n)$	1	$\|z\|\geqslant 0$
2	$\varepsilon(n)$	$\frac{z}{z-1}$	$\|z\|>1$
3	a^n	$\frac{z}{z-a}$	$\|z\|>\|a\|$
4	na^n	$\frac{az}{(z-a)^2}$	$\|z\|>\|a\|$
5	e^{an}	$\frac{z}{z-e^a}$	$\|z\|>\|e^a\|$
6	$e^{j\omega_0 n}$	$\frac{z}{z-e^{j\omega_0}}$	$\|z\|>1$
7	$\sin\omega_0 n$	$\frac{z\sin\omega_0}{z^2-2z\cos\omega_0+1}$	$\|z\|>1$
8	$\cos\omega_0 n$	$\frac{z(z-\cos\omega_0)}{z^2-2z\cos\omega_0+1}$	$\|z\|>1$
9	$Aa^{n-1}\varepsilon(n-1)$	$\frac{A}{z-a}$	$\|z\|>\|a\|$

5.2.3 $\mathscr{Z}$ 变换的性质

$\mathscr{Z}$ 变换有许多性质，这些性质在离散时间系统的研究中非常重要。利用这些性质，可以非常方便地计算许多复杂信号的 $\mathscr{Z}$ 变换和逆 $\mathscr{Z}$ 变换，还可以找到 z 域和时域的关系。

1. 线性性质

若

$$f_1(n) \leftrightarrow F_2(z), \quad f_2(n) \leftrightarrow F_2(z)$$

则

$$a_1 f_1(n) + a_2 f_2(n) \leftrightarrow a_1 F_1(z) + a_2 F_2(z) \tag{5-10}$$

式中，a_1、a_2 为任意常数。

线性性质的证明可以直接用 $\mathscr{Z}$ 变换的定义式给出，这里从略。

例 5-1　求序列 $\cos(n\omega_0)$ 的 $\mathscr{Z}$ 变换。

解　根据欧拉公式

$$\cos(n\omega_0) = \frac{1}{2}(e^{jn\omega_0} + e^{-jn\omega_0})$$

由表 5-1 有

$$e^{jn\omega_0} \leftrightarrow \frac{z}{z - e^{j\omega_0}}$$

$$e^{-jn\omega_0} \leftrightarrow \frac{z}{z - e^{-j\omega_0}}$$

由线性性质可得

$$\begin{aligned}
\mathscr{Z}[\cos(n\omega_0)] &= \mathscr{Z}\left[\frac{1}{2}(e^{jn\omega_0} + e^{-jn\omega_0})\right] \\
&= \mathscr{Z}\left[\frac{1}{2}e^{jn\omega_0}\right] + \mathscr{Z}\left[\frac{1}{2}e^{-jn\omega_0}\right] \\
&= \frac{1}{2}\left(\frac{z}{z - e^{j\omega_0}} + \frac{z}{z - e^{-j\omega_0}}\right) \\
&= \frac{z^2 - z\cos\omega_0}{z^2 - 2z\cos\omega_0 + 1}
\end{aligned}$$

2. 移位性质

若

$$f(n) \leftrightarrow F(z)$$

则

$$f(n-m) \leftrightarrow z^{-m}\left[F(z) + \sum_{k=1}^{m} f(-k)z^k\right] \tag{5-11}$$

对于因果序列，$n<0$ 时的序列值为零，因而有

$$f(n-N) \leftrightarrow z^{-N}F(z) \tag{5-12}$$

$\mathscr{Z}$ 变换的移位性质使我们能将 $f(n)$ 的差分方程转化为 $F(z)$ 的代数方程，从而大大简化计算。

这里值得注意的是，对于单边序列 $f(n)$，如右移 N 位，应表示为 $f(n-N)\varepsilon(n-N)$ 而

不是 $f(n-N)$。

例 5－2　已知 $\mathscr{Z}[2^n]=\dfrac{z}{z-2}$，求 $f(n)=5\cdot(2)^{n-1}\varepsilon(n-1)$的 $\mathscr{Z}$ 变换。

解　根据式(5－12)，得

$$F(z)=5\cdot z^{-1}\cdot\frac{z}{z-2}=\frac{5}{z-2}$$

3. 尺度变换性质

若

$$f(n)\leftrightarrow F(z)$$

则

$$a^n f(n)\leftrightarrow F\left(\frac{z}{a}\right) \tag{5-13}$$

上述性质表明，信号乘以 a^n，相当于在 z 域等效进行尺度变换。这里 a 通常是一个复数。如果 $a=r_0\mathrm{e}^{\mathrm{j}\omega}$，$z$ 域尺度变换就是零极点的位置在 z 平面内旋转一个角度，并在径向位置有一个 r_0 倍的变化。由于存在径向变化，因此收敛域随之发生变化。

例 5－3　求序列 $\beta^n\sin n\omega_0\cdot\varepsilon(n)$的 $\mathscr{Z}$ 变换。

解　由表 5－1 知

$$\mathscr{Z}[\sin(n\omega_0)\cdot\varepsilon(n)]=\frac{z\sin\omega_0}{s^2-2z\cos\omega_0+1},\quad |z|>1$$

于是，由式(5－13)可得

$$\mathscr{Z}[\beta^n\sin(n\omega_0)\cdot\varepsilon(n)]=\frac{\dfrac{z}{\beta}\sin\omega_0}{\left(\dfrac{z}{\beta}\right)^2-2\dfrac{z}{\beta}\cos\omega_0+1},\quad \left|\frac{z}{\beta}\right|>1$$

于是

$$\mathscr{Z}[\beta^n\sin(n\omega_0)\cdot\varepsilon(n)]=\frac{z\beta\sin\omega_0}{z^2-2z\beta\cos\omega_0+\beta^2},\quad |z|>|\beta|$$

4. z 域微分性质

若

$$f(n)\leftrightarrow F(z)$$

则

$$nf(n)\leftrightarrow -z\frac{\mathrm{d}}{\mathrm{d}z}F(z) \tag{5-14}$$

例 5－4　试求 $na^n\varepsilon(n)$的 $\mathscr{Z}$ 变换及其收敛域。

解　已知

$$\mathscr{Z}[a^n\varepsilon(n)]=\frac{1}{1-az^{-1}},\quad |z|>|a|$$

利用 z 域微分性质可得

$$\mathscr{Z}[na^n\varepsilon(n)]=-z\frac{\mathrm{d}}{\mathrm{d}z}\left(\frac{1}{1-az^{-1}}\right)=\frac{az^{-1}}{(1-az^{-1})^2},\quad |z|>|a|$$

例 5－5　利用 z 域微分求下述 $F(z)$的反变换。

$$F(z)=\ln(1+az^{-1}),\quad |z|>|a|$$

解 可以求得

$$\mathscr{Z}[nf(n)]=-z\frac{\mathrm{d}F(z)}{\mathrm{d}z}=\frac{az^{-1}}{1+az^{-1}},\quad |z|>|a|$$

而上式的 $\mathscr{Z}$ 反变换为

$$\mathscr{Z}^{-1}\left[\frac{az^{-1}}{1+az^{-1}}\right]=a(-a)^{n-1}\varepsilon(n-1),\quad |z|>|a|$$

于是

$$f(n)=\frac{-(-a)^n}{n}\varepsilon(n-1)$$

5. 时域卷积定理

若 $f_1(n)$ 和 $f_2(n)$ 均为因果序列，$f_1(n)\leftrightarrow F_1(z)$，$f_2(n)\leftrightarrow F_2(z)$，其收敛域分别为 A、B，则

$$f_1(n)*f_2(n)\leftrightarrow F_1(z)\cdot F_2(z) \tag{5-15}$$

其收敛域为 $A\cap B$。

利用卷积定理求解离散时间系统的零状态响应，可以把在时域的卷积计算转化为 z 域的乘积计算。

例 5-6 求下列两个单边指数序列的卷积：

$$f_1(n)=2^n\varepsilon(n),\quad f_2(n)=3^n\varepsilon(n)$$

解 由于

$$F_1(z)=\frac{z}{z-2},\quad F_2(z)=\frac{z}{z-3}$$

应用时域卷积定理得

$$y(n)=f_1(n)*f_2(n)\leftrightarrow Y(z)=F_1(z)\cdot F_2(z)=\frac{z^2}{(z-2)(z-3)}$$

把 $Y(z)$ 展开成部分分式，得

$$Y(z)=\frac{-2z}{z-2}+\frac{3z}{z-3}$$

其逆变换为

$$y(n)=(-2)\cdot 2^n\varepsilon(n)+3\cdot 3^n\varepsilon(n)=(-2^{n+1}+3^{n+1})\varepsilon(n)$$

一般情况下，两序列卷积的 $\mathscr{Z}$ 变换的收敛域为两序列 $\mathscr{Z}$ 变换收敛域的重叠部分，若在相乘过程中有零、极点相消，则收敛域可能扩大。

例 5-7 如果 $f_1(n)=\varepsilon(n)$，$f_2(n)=\left(\frac{1}{2}\right)^n\varepsilon(n)-\left(\frac{1}{2}\right)^{n-1}\varepsilon(n-1)$，且 $y(n)=f_1(n)*f_2(n)$，求 $y(n)$ 的 $\mathscr{Z}$ 变换 $Y(z)$。

解 先分别求 $f_1(n)$、$f_2(n)$ 的 $\mathscr{Z}$ 变换 $F_1(z)$、$F_2(z)$：

$$F_1(z)=\frac{1}{1-z^{-1}}\qquad \text{收敛域为 } |z|>1$$

$$F_2(z)=\frac{1}{1-\frac{1}{2}z^{-1}}-\frac{z^{-1}}{1-\frac{1}{2}z^{-1}}=\frac{1-z^{-1}}{1-\frac{1}{2}z^{-1}}\quad \text{收敛域为 } |z|>\frac{1}{2}$$

因此

$$Y(z)=F_1(z)\cdot F_2(z)=\frac{1}{1-z^{-1}}\times\frac{1-z^{-1}}{1-\frac{1}{2}z^{-1}}=\frac{1}{1-\frac{1}{2}z^{-1}}\qquad 收敛域为\ |z|>\frac{1}{2}$$

$F_1(z)$的极点 $z=1$ 在相乘过程中与 $F_2(z)$的零点相消，所以 $Y(z)$的收敛域比 $F_1(z)$和 $F_2(z)$收敛域的重叠部分大。

6. 初值定理

如果因果序列 $f(n)$的 $\mathscr{Z}$ 变换为 $F(z)$，而且$\lim\limits_{z\to\infty}F(z)$存在，则

$$f(0)=\lim_{z\to\infty}F(z) \tag{5-16}$$

例 5-8 已知

$$F(z)=\frac{\frac{5}{6}-\frac{7}{6}z^{-1}}{1-2.5z^{-1}+z^{-2}}$$

试利用初值定理求 $f(0)$。

解 将 $F(z)$部分分式展开为

$$F(z)=\frac{\frac{5}{6}z^2-\frac{7}{6}z}{z^2-2.5z+1}=\frac{\frac{5}{6}z^2-\frac{7}{6}z}{(z-0.5)(z-2)}=\frac{\frac{1}{2}z}{z-0.5}+\frac{\frac{1}{3}z}{z-2}$$

$F(z)$的极点：$z=0.5$，$z=2$。如果 $f(n)$为因果序列，则 $F(z)$的收敛域为$|z|>2$ 的所有区域。这时，因果序列 $f(n)$的初值为

$$f(0)=\lim_{z\to\infty}F(z)=\lim_{z\to\infty}\frac{\frac{5}{6}-\frac{7}{6}z^{-1}}{1-2.5z^{-1}+z^{-2}}=\frac{5}{6}$$

7. 终值定理

若 $f(n)$是因果序列，且 $f(n)$的 $\mathscr{Z}$ 变换为 $F(z)$，即

$$F(z)=\mathscr{Z}[f(n)]=\sum_{n=0}^{\infty}f(n)z^{-n}$$

则

$$\lim_{n\to\infty}f(n)=\lim_{z\to 1}[(z-1)F(z)] \tag{5-17}$$

$\mathscr{Z}$ 变换还有许多性质，现将 $\mathscr{Z}$ 变换的主要性质及定理列于表 5-2。

表 5-2　$\mathscr{Z}$ 变换的常用性质

序号	名　称	时　域	z 域(单边)
1	线性	$a_1f_1(n)+a_2f_2(n)$	$a_1F_1(z)+a_2F_2(z)$
2	移位特性	$f(n-m)\varepsilon(n-m)$	$z^{-m}F(z)$
3	尺度变换	$a^nf(n)$	$F\left(\frac{z}{a}\right)$
4	z 域微分	$n^mf(n)$	$\left(-z\frac{\mathrm{d}}{\mathrm{d}z}\right)^mF(z)$

续表

序号	名　称	时　域	z 域(单边)
5	时域卷积	$f_1(n) * f_2(n)$	$F_1(z) \cdot F_2(z)$
6	时间反转	$f(-n)$	$F(z^{-1})$
7	求和	$\sum_{n=-\infty}^{\infty} f(n)$	$\frac{1}{1-z^{-1}}F(z)$
8	初值定理	$f(0)=\lim_{z\to\infty}F(z)$	
9	终值定理	$f(\infty)=\lim_{z\to 1}(z-1)F(z)$	

5.3　$\mathscr{Z}$ 反变换

在离散系统分析中，常常需要从 z 域的变换函数(象函数)求出原序列 $f(n)$，即求 $\mathscr{Z}$ 反变换。同一 $F(z)$在不同的收敛域对应于不同的原函数 $f(n)$。若 $F(z)$在某收敛域(RoC)时的反变换为 $f(n)$，记为

$$\mathscr{Z}^{-1}[F(z),\ \mathrm{RoC}] = f(n) \tag{5-18}$$

求 $\mathscr{Z}$ 反变换的方法主要有三种：围线积分法(留数法)、幂级数展开法(长除法)、部分分式展开法。对于简单的情况还可以用观察法直接得到。下面介绍幂级数展开法和部分分式展开法。围线积分法请读者参阅其他参考书。

5.3.1　幂级数展开法(长除法)

许多序列的 $\mathscr{Z}$ 变换 $F(z)$通常可以表示为如下形式的有理函数：

$$F(z) = \frac{b_0 + b_1 z^{-1} + \cdots + b_M z^{-M}}{a_0 + a_1 z^{-1} + \cdots + a_N z^{-N}} \tag{5-19}$$

式中，a_i、b_i 为实数。如果 $F(z)$的收敛域是$|z|>R$ 的一个圆外区域，则 $f(n)$是一个右边序列，此时 $F(z)$的分子和分母都按照 z 的降幂(或 z^{-1} 的升幂)次序进行排列。利用长除法，就可以将 $F(z)$展开成 z^{-1} 的幂级数，从而得到 $f(n)$。

例 5-9　求 $F(z)=\frac{z}{(z-1)^2}$的 $\mathscr{Z}$ 反变换 $f(n)$(收敛域为$|z|>1$)。

解　由于 $F(z)$的收敛域为$|z|>1$，因而 $f(n)$必然是因果序列。此时 $F(z)$按照 z 的降幂排列再进行长除，即

$$F(z) = \frac{z}{z^2 - 2z + 1}$$

进行长除

$$
\begin{array}{r l}
 & z^{-1}+2z^{-2}+3z^{-3}+\cdots \\
\cline{2-2}
z^2-2z+1 & z \\
 & -)\ z-2+z^{-1} \\
\cline{2-2}
 & \quad 2-z^{-1} \\
 & -)\quad 2-4z^{-1}+2z^{-2} \\
\cline{2-2}
 & \qquad 3z^{-1}-2z^{-2} \\
 & -)\qquad 3z^{-1}-6z^{-2}+3z^{-3} \\
\cline{2-2}
 & \qquad\qquad 4z^{-2}-3z^{-3} \\
 & \qquad\qquad \cdots
\end{array}
$$

所以

$$F(z)=z^{-1}+2z^{-2}+3z^{-3}+\cdots=\sum_{n=0}^{\infty}nz^{-n}$$

这样就得到 $f(n)=n\varepsilon(n)$。

这里需要指出的是，用长除法得到的商级数，一般很难找到它的一般项的通式，所以用长除法求 $\mathscr{Z}$ 反变换，一般只能得到 $f(n)$的前几项，很难得到它的闭式解。

5.3.2　部分分式展开法

当序列的 $\mathscr{Z}$ 变换为有理函数时，即

$$F(z)=\frac{N(z)}{D(z)}=\frac{b_m z^m+b_{m-1}z^{m-1}+\cdots+b_1 z+b_0}{a_n z^n+a_{n-1}z^{n-1}+\cdots+a_1 z+a_0} \tag{5-20}$$

可以像拉普拉斯反变换那样，先将上式分解为部分分式之和，然后求反变换 $f(n)$。

式(5-20)中通常 $m\leqslant n$。为了方便，可以先将 $F(z)/z$ 展开成部分分式，然后再对每个分式乘以 z。这样做不但 $m=n$ 的情况可直接展开，而且展开的基本分式为$\dfrac{Kz}{z-z_i}$的形式，它所对应的序列为 $K(z_i)^n\varepsilon(n)$。

式(5-20)中 $D(z)=0$ 的根称为 $F(z)$的极点。下面就 $F(z)/z$ 的不同极点情况介绍展开方法。

1. $F(z)$仅含有一阶极点

若 z_1，z_2，…，z_n 为 $F(z)$的 n 个一阶极点，则 $F(z)/z$ 可以展开为

$$\frac{F(z)}{z}=\frac{K_0}{z}+\frac{K_1}{z-z_1}+\frac{K_2}{z-z_2}+\cdots+\frac{K_n}{z-z_n}=\sum_{i=0}^{n}\frac{K_i}{z-z_i}$$

式中 $z_0=0$。上式两边同时乘以 z，得

$$F(z)=\sum_{i=0}^{n}\frac{K_i z}{z-z_i} \tag{5-21}$$

确定系数 K_i 的方法与拉普拉斯反变换中部分分式法一样，即

$$K_i=\frac{F(z)}{z}(z-z_i)\bigg|_{z=z_i} \tag{5-22}$$

显然

$$K_0 = z\frac{F(z)}{z}\bigg|_{z=0} = F(0)$$

故式(5-22)又可以写成

$$F(z) = K_0 + \sum_{i=1}^{n} \frac{K_i z}{z - z_i} \tag{5-23}$$

取上式的反变换得

$$f(n) = K_0\delta(n) + \sum_{i=1}^{n} K_i (z_i)^n \varepsilon(n) \tag{5-24}$$

例 5-10 设 $\mathscr{Z}$ 变换

$$F(z) = \frac{z^2 + z + 1}{z^2 + 3z + 2}$$

求其原序列 $f(n)$。

解 因为

$$F(z) = \frac{z^2 + z + 1}{z^2 + 3z + 2} = \frac{z^2 + z + 1}{(z+1)(z+2)}$$

故

$$\frac{F(z)}{z} = \frac{z^2 + z + 1}{z(z+1)(z+2)} = \frac{K_0}{z} + \frac{K_1}{z+1} + \frac{K_2}{z+2}$$

由式(5-22)得

$$K_0 = F(z)\mid_{z=0} = \frac{1}{2}$$

$$K_1 = (z+1)\frac{F(z)}{z}\bigg|_{z=-1} = -1$$

$$K_2 = (z+2)\frac{F(z)}{z}\bigg|_{z=-1} = 1.5$$

故

$$F(z) = \frac{1}{2} - \frac{z}{z+1} + \frac{1.5z}{z+2}$$

对上式取反变换，得

$$f(n) = \frac{1}{2}\delta(n) - (-1)^n\varepsilon(n) + 1.5 \cdot (-2)^n\varepsilon(n)$$

2. $F(z)$仅含有重极点

设 $F(z)$在 $z=z_1$ 处有 m 阶极点，例如

$$F(z) = \frac{N(z)}{(z - z_1)^m}$$

则仿照拉普拉斯反变换的方法，$\frac{F(z)}{z}$可展开为

$$\frac{F(z)}{z} = \frac{K_{11}}{(z-z_1)^m} + \frac{K_{12}}{(z-z_1)^{m-1}} + \cdots + \frac{K_{1m}}{z-z_1} + \frac{K_0}{z}$$

式中，$\frac{K_0}{z}$项是由于$F(z)$除以 z 以后自动增加了 $z=0$ 的极点所致。上式的各系数按以下公

式确定：

$$K_{1n}=\frac{1}{(n-1)!}\frac{\mathrm{d}^{n-1}}{\mathrm{d}z^{n-1}}\left[(z-z_1)^m\frac{F(z)}{z}\right]\bigg|_{z=z_1}\tag{5-25}$$

式中，$n=1, 2, \cdots, m$。各系数确定后，则有

$$F(z)=\frac{K_{11}z}{(z-z_1)^m}+\frac{K_{12}z}{(z-z_1)^{m-1}}+\cdots+\frac{K_{1m}z}{z-z_1}+K_0\tag{5-26}$$

由 $\mathscr{Z}$ 变换对

$$\frac{1}{(m-1)!}n(n-1)\cdots(n-m+2)a^{n-m+1}\varepsilon(n)\leftrightarrow\frac{z}{(z-a)^m}$$

可以容易地得到上式的反变换。

例 5-11　求 $F(z)=\dfrac{z^2}{(z-1)^2}$的反变换 $f(n)$。

解

$$\frac{F(z)}{z}=\frac{z}{(z-1)^2}=\frac{K_{11}}{(z-1)^2}+\frac{K_{12}}{z-1}$$

其中

$$K_{11}=(z-1)^2\frac{F(z)}{z}\bigg|_{z=1}=1$$

$$K_{12}=\frac{\mathrm{d}}{\mathrm{d}z}\left[(z-1)^2\frac{F(z)}{z}\right]\bigg|_{z=1}=1$$

所以

$$F(z)=\frac{z}{(z-1)^2}+\frac{z}{z-1}$$

由于

$$\varepsilon(n)\leftrightarrow\frac{z}{z-1}$$

$$n\varepsilon(n)\leftrightarrow\frac{z}{(z-1)^2}$$

故有序列

$$f(n)=n\varepsilon(n)+\varepsilon(n)=(n+1)\varepsilon(n)$$

例 5-12　求象函数

$$F(z)=\frac{z^3+6}{(z+1)(z^2+4)},\qquad |z|>2$$

的 $\mathscr{Z}$ 反变换。

解　$F(z)$的极点为 $z_1=-1$，$z_{2,3}=\pm\mathrm{j}2=2\mathrm{e}^{\pm\mathrm{j}\frac{\pi}{2}}$，$\dfrac{F(z)}{z}$可展开为

$$\frac{F(z)}{z}=\frac{z^3+6}{z(z+1)(z^2+4)}=\frac{k_0}{z}+\frac{k_1}{z+1}+\frac{k_2}{z-\mathrm{j}2}+\frac{k_2^*}{z+\mathrm{j}2}$$

按式(5-25)可求得

$$k_0=z\frac{F(z)}{z}\bigg|_{z=0}=1.5$$

$$k_1=(z+1)\frac{F(z)}{z}\bigg|_{z=-1}=-1$$

$$k_2=(z-2)\frac{F(z)}{z}\bigg|_{z=j2}=\frac{1+j2}{4}=\frac{\sqrt{5}}{4}e^{j63.4^\circ}$$

于是得

$$F(z)=1.5-\frac{z}{z+1}+\frac{\frac{\sqrt{5}}{4}e^{j63.4^\circ}\cdot z}{z-2e^{j\frac{\pi}{2}}}+\frac{\frac{\sqrt{5}}{4}e^{-j63.4^\circ}\cdot z}{z+2e^{j\frac{\pi}{2}}}$$

取上式的反变换得

$$f(n)=\left[1.5\delta(n)-(-1)^n+\frac{\sqrt{5}}{2}2^n\cos\left(\frac{n\pi}{2}+63.4^\circ\right)\right]\varepsilon(n)$$

5.4　离散系统的 z 域分析

这一节讨论用 $\mathscr{Z}$ 变换分析离散时间系统的方法。在分析离散时间系统时，可以通过 $\mathscr{Z}$ 变换，把描述离散时间系统的差分方程转化为代数方程，由差分方程的 $\mathscr{Z}$ 变换引出离散系统函数 $H(z)$，利用离散系统函数能够较为方便地分析离散时间系统的特性。

5.4.1　应用 $\mathscr{Z}$ 变换求解差分方程

应用 $\mathscr{Z}$ 变换求解差分方程，是根据 $\mathscr{Z}$ 变换的线性性质和移位性质，把差分方程转化为代数方程。线性时不变离散系统差分方程的一般形式为

$$\sum_{k=0}^{N}a_k y(n-k)=\sum_{r=0}^{M}b_r f(n-r) \tag{5-27}$$

设输入 $f(n)$ 为因果序列(即单边序列)，对上式两边取 $\mathscr{Z}$ 变换，并利用移位性质(式(5-11))，得到

$$\sum_{k=0}^{N}a_k\{z^{-k}Y(k)+y(-1)z^{-(k-1)}+y(-2)z^{-(k-2)}+\cdots+y(-k)\}=\sum_{r=0}^{M}b_r z^{-r}F(z) \tag{5-28}$$

由上式解出 $Y(z)$，然后再取反变换可得输出序列 $y(n)$。

例 5-13　设系统的差分方程为

$$y(n)-5y(n-1)+6y(n-2)=f(n)$$

起始状态 $y(-1)=3$，$y(-2)=2$，当 $f(n)=2\varepsilon(n)$ 时，求系统的响应 $y(n)$。

解　对差分方程取 $\mathscr{Z}$ 变换，得

$$Y(z)-5[z^{-1}Y(z)+y(-1)]+6[z^{-2}Y(z)+z^{-1}y(-1)+y(-2)]=F(z)$$

即

$$Y(z)-5z^{-1}Y(z)-15+6z^{-2}Y(z)+18z^{-1}+12=\frac{2z}{z-1}$$

从而有

$$Y(z)=\frac{\frac{2z}{z-1}-18z^{-1}+3}{1-5z^{-1}+6z^{-2}}=\frac{5z^3-21z^2+18z}{(z-1)(z-2)(z-3)}$$

故

$$\frac{Y(z)}{z}=\frac{K_1}{z-1}+\frac{K_2}{z-2}+\frac{K_3}{z-3}$$

解得

$$K_1=1,\ K_2=2,\ K_3=0$$

则有

$$Y(z)=\frac{z}{z-1}+\frac{4z}{z-2}$$

得全响应

$$y(n)=\varepsilon(n)+4\cdot(2)^n\varepsilon(n)$$

离散时间系统的 $\mathscr{Z}$ 变换分析法和时域分析法一样，可以分别求出零输入响应和零状态响应，再相加得到全响应。

例 5-14　已知差分方程

$$y(n)-0.3y(n-1)=f(n)$$

初始值 $y(-1)=5$，输入 $f(n)=(0.6)^n\varepsilon(n)$，求响应 $y(n)$。

解　先求零输入响应 $y_{zi}(n)$。输入为零时，差分方程右端为零，求 $\mathscr{Z}$ 变换后有

$$Y_{zi}(z)-0.3[z^{-1}Y_{zi}(z)+y(-1)]=0$$

$$Y_{zi}(z)=\frac{1.5z}{z-0.3}$$

显然，零输入响应为

$$y_{zi}(n)=1.5\cdot(0.3)^n\varepsilon(n)$$

再求零状态响应 $y_{zs}(t)$。假设初始条件为零，则

$$Y_{zs}(z)-0.3z^{-1}Y_{zs}(z)=\frac{z}{z-0.6}$$

$$Y_{zs}(z)=\frac{z^2}{(z-0.6)(z-0.3)}$$

把它用部分分式展开，得

$$Y_{zs}(z)=\frac{2z}{z-0.6}-\frac{z}{z-0.3}$$

则零状态响应为

$$y_{zs}(n)=2\cdot(0.6)^n-(0.3)^n$$

将零输入响应与零状态响应相加，全响应为

$$y(n)=y_{zi}(n)+y_{zs}(n)=2\cdot(0.6)^n+0.5\cdot(0.3)^n$$

5.4.2　离散时间系统的系统函数

下面讨论用 $\mathscr{Z}$ 变换求零状态响应的方法。

在 2.4 节离散时间系统的时域分析法中，我们已经导出零状态响应等于激励函数与单位序列响应的卷积和，即

$$y_{zs}(n)=f(n)*h(n)$$

对上式进行 $\mathscr{Z}$ 变换，应用卷积定理，则有

$$Y_{zs}(z)=\mathscr{Z}[f(n)*h(n)]=F(z)\cdot H(z)\qquad(5-29)$$

冲激响应 $h(t)$ 的拉普拉斯变换 $H(s)$ 是连续时间系统的系统函数，单位序列响应 $h(n)$ 的 $\mathscr{Z}$ 变换 $H(z)$ 是离散时间系统的系统函数，简称**离散系统函数**。

连续时间系统的系统函数 $H(s)$ 可以直接由微分方程的拉普拉斯变换求出。同样地，离散系统函数 $H(z)$ 也可以直接从差分方程的 $\mathscr{Z}$ 变换求出。当离散系统的差分方程给出时，设为

$$y(n)+a_1y(n-1)+\cdots+a_Ny(n-N)=b_0f(n)+b_1f(n-1)+\cdots+b_Mf(n-M) \tag{5-30}$$

在零状态条件下，对上式两边取 $\mathscr{Z}$ 变换，系统函数为

$$H(z)=\frac{Y(z)}{F(z)}=\frac{b_0+b_1z+\cdots+b_Mz^{-M}}{1+a_1z^{-1}+\cdots+a_Nz^{-N}} \tag{5-31}$$

可见，系统函数的一般形式是 z 的多项式之比。

至此，我们已知道了离散时间系统的三种描述方式：差分方程、单位序列响应 $h(n)$、系统函数 $H(z)$。它们之间可以互相转换，例如给定单位序列响应 $h(n)$，利用 $\mathscr{Z}$ 变换可以得到系统函数 $H(z)$，若将 $H(z)$ 表示成式(5-31)的形式，交叉相乘后，取反变换可得式(5-30)形式的差分方程。

例 5-15　设有二阶数据控制系统的差分方程为

$$y(n)+0.6y(n-1)-0.16y(n-2)=f(n)+2f(n-1)$$

(1) 求系统函数 $H(z)$；

(2) 求单位序列响应 $h(n)$；

(3) 若激励 $f(n)=0.4^n\varepsilon(n)$，求其零状态响应。

解　(1) 求 $H(z)$。在零状态下对方程求 $\mathscr{Z}$ 变换

$$(1+0.6z^{-1}-0.16z^{-2})Y(z)=(1+2z^{-1})F(z)$$

故

$$H(z)=\frac{Y(z)}{F(z)}=\frac{1+2z^{-1}}{1+0.6z^{-1}-0.16z^{-2}}=\frac{z^2+2z}{z^2+0.6z-0.16}$$

(2) 求 $h(n)$。由于

$$H(z)=\frac{z(z+2)}{(z-0.2)(z+0.8)}$$

故

$$\frac{H(z)}{z}=\frac{z+2}{(z-0.2)(z+0.8)}=\frac{K_1}{z-0.2}+\frac{K_2}{z+0.8}$$

系数

$$K_1=(z-0.2)\frac{H(z)}{z}\bigg|_{z=0.2}=2.2$$

$$K_2=(z+0.8)\frac{H(z)}{z}\bigg|_{z=-0.8}=-1.2$$

从而有

$$H(z)=\frac{2.2z}{z-0.2}-\frac{1.2z}{z+0.8}$$

所以

$$h(n) = [2.2 \cdot (0.2)^2 - 1.2 \cdot (-0.8)^n]\varepsilon(n)$$

(3) 当 $f(n)=0.4^n\varepsilon(n)$时，有

$$F(z) = \frac{z}{z-0.4}$$

由卷积和定理得

$$Y(z) = H(z) \cdot F(z) = \frac{z^2(z+2)}{(z-0.2)(z+0.8)(z-0.4)}$$

故有

$$\frac{Y(z)}{z} = \frac{z(z+2)}{(z-0.2)(z+0.8)(z-0.4)} = \frac{K_1}{z-0.2} + \frac{K_2}{z+0.8} + \frac{K_3}{z-0.4}$$

解得系数 $K_1=-2.2$，$K_2=-0.8$，$K_3=4$。从而

$$Y(z) = \frac{-2.2z}{z-0.2} - \frac{0.8z}{z+0.8} + \frac{4z}{z-0.4}$$

最后反变换得

$$y(n) = [-2.2 \cdot (0.2)^n - 0.8 \cdot (-0.8)^n + 4 \cdot (0.4)^n]\varepsilon(n)$$

5.4.3　离散系统的稳定性

1. 时域判别法

与连续时间系统类似，离散时间系统的单位序列响应 $h(n)$或系统函数决定了系统的特性。

如果对任一有界输入 $f(n)$只能产生有界输出 $y(n)$，则称系统在有界输入、有界输出意义下是稳定的。

根据该定义，对所有 n，当

$$|f(n)| < M$$

时(其中 M 为实常数)，若有$|y(n)|<\infty$，则系统稳定。

证明：根据卷积公式

$$|y(n)| = \left|\sum_{m=-\infty}^{\infty} f(n-m)h(m)\right| \leqslant \sum_{m=-\infty}^{\infty} |f(n-m)h(m)|$$

$$= \sum_{m=-\infty}^{\infty} |f(n-m)| |h(m)| \leqslant M \sum_{m=-\infty}^{\infty} |h(m)|$$

因此，系统稳定的充分条件(也可证明是必要条件)为

$$\sum_{n=-\infty}^{\infty} |h(n)| < \infty \tag{5-32}$$

即离散时间系统稳定的充分必要条件是单位序列响应 $h(n)$绝对可和。对因果系统，上式求和从 $n=0$ 开始，即

$$\sum_{n=0}^{\infty} |h(n)| < \infty \tag{5-33}$$

2. z 域判别法

根据 $\mathscr{Z}$ 变换的定义

$$H(z) = \sum_{n=0}^{\infty} h(n) z^{-n} \tag{5-34}$$

在 $z=e^{jw}$ 处，有

$$|H(e^{jw})| = \left|\sum_{n=0}^{\infty} h(n) e^{-jwn}\right| \leqslant \sum_{n=0}^{\infty} |h(n) e^{-jwn}| = \sum_{n=0}^{\infty} |h(n)|$$

如果系统是稳定的，上式为有限值，则 $H(z)$在 $z=e^{jw}$(也即$|z|=1$)处必收敛。鉴于 z 平面上$|z|=1$ 的重要性，把该圆取名为单位圆。因此，$H(z)$的收敛域必须包括单位圆。对单边 $\mathscr{Z}$ 变换，$H(z)$的所有极点在收敛域的内圆以内，因而因果、稳定系统的系统函数 $H(z)$的收敛域是包括单位圆并一直延伸到∞的广泛区域，即收敛域可表示为：$1\leqslant|z|\leqslant\infty$。换言之，因果稳定系统的系统函数其极点必须在单位圆内，如图 5-4 所示。

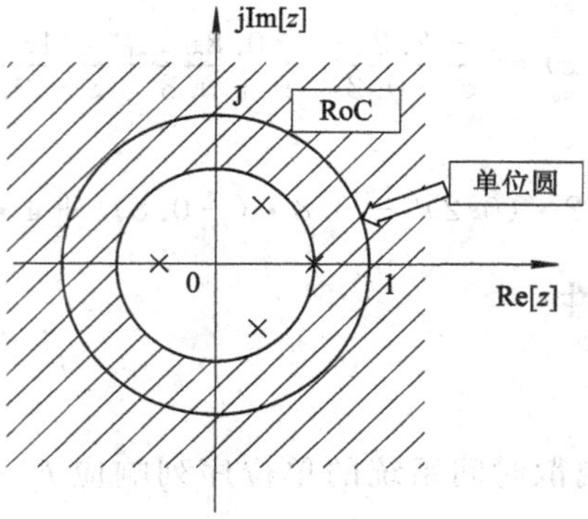

图 5-4　稳定系统的 $H(z)$的极点分布和收敛域

3. 系统函数的零极点与时域响应的关系

如果从系统函数的极点与时域响应之间的对应关系考虑，对单极点 p，其 z 域和时域响应分量分别为

$$H(z) = \frac{Az}{z-p}$$

$$h(n) = Ap^n \varepsilon(n) \tag{5-35}$$

如果 p 是二阶的，则有

$$H(z) = \frac{A_1 z}{(z-p)^2} + \frac{A_2 z}{z-p}$$

$$h(n) = \left(\frac{A_1}{p} n + A_2\right) p^n \varepsilon(n) \tag{5-36}$$

当$|p|<1$ 时，式(5-35)和式(5-36)响应分量的总趋势随 n 的增大而衰减，$h(\infty)=0$，满足绝对可和的条件。

当$|p|>1$ 时，式(5-35)和式(5-36)响应分量的总趋势随 n 的增大而增大，$h(\infty)=\infty$，不满足绝对可和的条件。

当$|p|=1$ 时，也不满足绝对可和的条件。

综上所述，只有当 $H(z)$的所有极点在单位圆内时，系统才是稳定的。

$H(z)$的极点在 z 平面中各不同位置所对应的单位序列响应模式大体如图 5-5 所示。

由此可见，在离散系统中，单位序列响应的幅度和振荡频率分别取决于特征根的模和幅角；而在连续时间系统中，它们分别取决于特征根的实部和虚部。

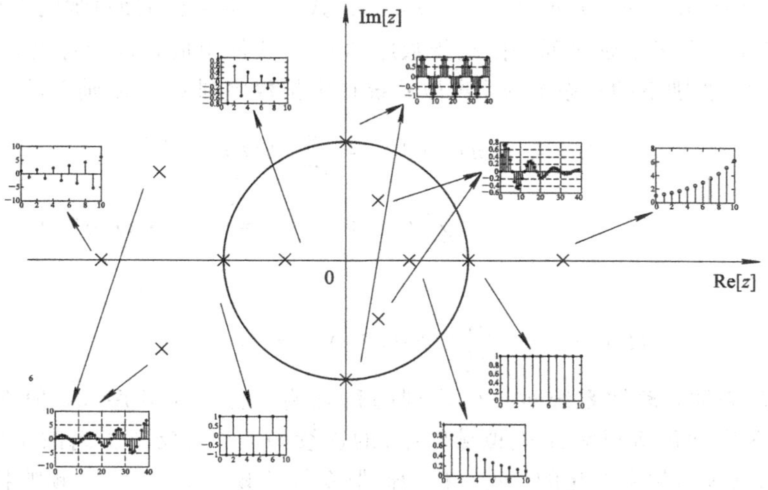

图 5 - 5　极点位置与单位序列响应模式的关系

例 5 - 16　如图 5 - 6 所示为一离散反馈控制系统。已知正向传输为

$$G_1(z)=\frac{1}{1-2z^{-1}}$$

反向传输为

$$G_2(z)=2Kz^{-1}$$

问 K 为何值时系统稳定。

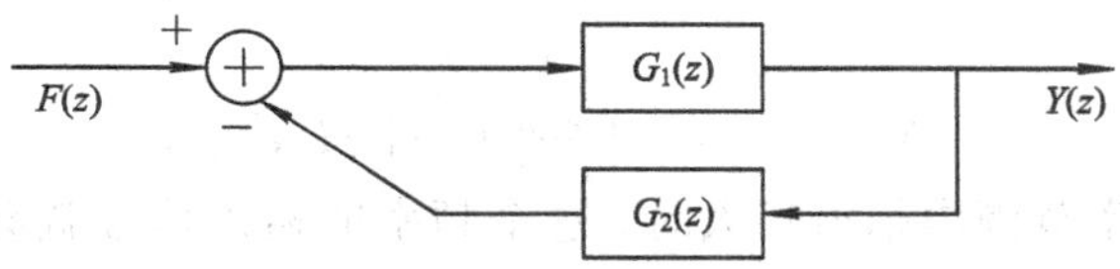

图 5 - 6　一离散反馈控制系统

解　该闭环系统的系统函数与连续系统的求法相同，即

$$H(z)=\frac{G_1(z)}{1+G_1(z)G_2(z)}=\frac{\dfrac{1}{1-2z^{-1}}}{1+(2Kz^{-1})\dfrac{1}{1-2z^{-1}}}=\frac{z}{z-2(1-K)}$$

为保证极点在单位圆内，应有

$$|2(1-K)|<1$$

解得

$$0.5<K<1.5$$

5.4.4　离散系统的频域分析

1. 离散系统的频率响应

和连续系统类似，频率响应或称频率特性也是离散系统的一个重要特性。本节主要研

究线性时不变稳定离散系统的频率响应及在激励为正、余弦信号时的系统响应。

现在我们来研究离散系统的频率响应特性(简称频响特性)，它反映了离散系统在正弦序列 $\sin(\omega nT_s)$或 $\cos(\omega nT_s)$(n 为 $-\infty<n<\infty$ 整数，T_s 为采样周期)激励下的稳态响应随频率变化的情况。由于正弦序列是由虚指数序列 $e^{j\omega nT_s}$叠加组成，为了简化运算，可以考虑虚指数序列 $e^{j\omega nT_s}$激励下的稳态响应。离散系统在虚指数序列 $e^{j\omega nT_s}$激励下的零状态响应为

$$y_{zs}(n) = h(n) * e^{j\omega nT_s} = \sum_{k=-\infty}^{\infty} h(k)e^{j\omega(n-k)T_s}$$

$$= e^{j\omega nT}\sum_{k=-\infty}^{\infty} h(k)(e^{j\omega T_s})^{-k} = e^{j\omega nT_s} \cdot H(e^{j\omega T_s}) \qquad (5-37)$$

式中

$$H(e^{j\omega T_s}) = \sum_{k=-\infty}^{\infty} h(k)(e^{j\omega T_s})^{-k} = H(z)\big|_{z=e^{j\omega T_s}} \qquad (5-38)$$

式(5-37)表明，离散系统对正弦序列的稳态响应仍是正弦序列，但乘以 $H(e^{j\omega T_s})$。$H(e^{j\omega T_s})$是正弦序列包络频率 ω(模拟域频率)的连续函数，它反映了离散系统在正弦序列激励下的稳态响应随频率变化的情况，称为离散系统的频率响应特性(频响特性)。它的模 $|H(e^{j\omega T_s})|$称为离散系统的幅频特性，它的幅角 $\varphi(\omega)$称为离散系统的相频特性。

由式(5-38)可知，对于稳定系统，只要把离散系统函数 $H(z)$中的复数 z 取在单位圆上，即 $z=e^{j\omega T_s}$，可得离散系统的频率特性。定义数字域角频率 $w=\omega T_s$，则 $z=e^{jw}$。由于 e^{jw} 为 w 的周期函数，周期为 2π，因而频响特性 $H(e^{j\omega T_s})=H(e^{jw})$也是 w 的周期函数。

2. 系统幅频特性与选频滤波器

离散系统在不同频率(模拟域频率 ω 或数字域频率 w)的序列作用下响应的幅度为

$$|Y(e^{j\omega T_s})| = |F(e^{j\omega T_s})| \cdot |H(e^{j\omega T_s})|$$

或

$$|Y(e^{jw})| = |F(e^{jw})| \cdot |H(e^{jw})|$$

当$|H(e^{jw})|$在某些频率范围内幅值较大时，这个频率的输入信号就会传递到输出端，这样的频率范围就叫做频率通带；当$|H(e^{jw})|$在某些频率范围内幅值较小时，这个频率的输入信号就不能被传递到输出端，即$|Y(e^{jw})|\approx 0$，这样的频率范围就叫做频率阻带。所以离散系统像连续系统一样，也具有对不同频率的选择能力，我们常将这种离散系统称为数字滤波器。有关数字滤波器的结构和实现将在第 7 章中详细介绍。

例 5-17 求图 5-7 所示系统的频率特性。

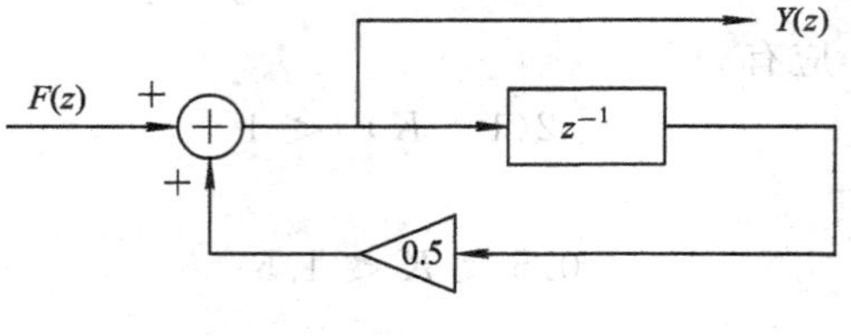

图 5-7 例 5-17 的图

解 由系统框图得

$$Y(z) = \frac{1}{2}Y(z) \cdot z^{-1} + F(z)$$

$$Y(z)=\frac{z}{z-\frac{1}{2}}F(z)$$

系统函数

$$H(z)=\frac{z}{z-\frac{1}{2}}$$

极点 $z=1/2$ 在单位圆内，系统稳定，频率响应为

$$H(e^{jw})=H(z)\big|_{z=e^{jw}}=\frac{e^{jw}}{e^{jw}-\frac{1}{2}}=\frac{1}{1-\frac{1}{2}e^{-jw}}=\frac{1}{\left(1-\frac{1}{2}\cos w\right)+j\frac{1}{2}\sin w}$$

幅频特性为

$$|H(e^{jw})|=\left|\frac{1}{\left(1-\frac{1}{2}\cos w\right)+j\frac{1}{2}\sin w}\right|=\frac{1}{\sqrt{\frac{5}{4}-\cos w}}$$

相频特性为

$$\varphi(w)=-\arctan\frac{\frac{1}{2}\sin w}{1-\frac{1}{2}\cos w}$$

幅频特性和相频特性分别如图 5-8 所示。

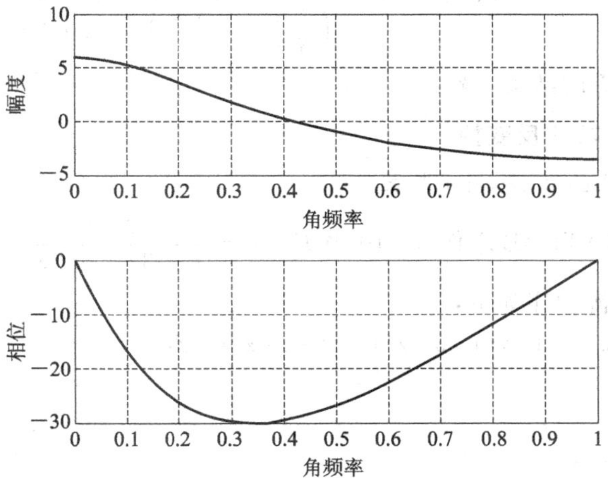

图 5-8　图 5-7 所示系统的幅频和相频特性

5.5　MATLAB 在 z 域分析中的应用

5.5.1　用 MATLAB 求 $\mathscr{Z}$ 变换和 $\mathscr{Z}$ 反变换

MATLAB 的数学工具箱提供了计算 $\mathscr{Z}$ 正变换的 ztrans 函数和 $\mathscr{Z}$ 反变换 iztrans 函数，

其调用形式为：

F=ztrans(f)

f=iztrans(F)

上述两式中，右端的 f 和 F 应分别为时域表示式和 z 域表示式的符号表示，序列 f 缺省的时间变量是 n，返回的函数 F 的缺省变量是 z。当然也可用其他符号，读者可在 MATLAB 命令窗中输入 help ztrans 和 help iztrans 查看。表达式的输入可应用 sym 来实现，其调用形式为：

S=sym(A)

式中，A 为待分析的表达式的字符串，S 为符号化的数字或变量。

1. 用 MATLAB 求 $\mathscr{Z}$ 变换

例 5-18　用 MATLAB 求例 5-3 的序列 $f(n)=\beta^n \sin n\omega_0 \cdot \varepsilon(n)$ 的 $\mathscr{Z}$ 变换。

解　源程序如下：

```
% program 5_18 for example 5_3 Z trans using ztrans function
f=sym('B^n*sin(n*w0)');          % B is efpressed as symbol "beita"
F=ztrans(f);
```

运行结果为：

```
-sin(w0)*z/B/(-z^2/B^2+2*z/B*cos(w0)-1)
```

即有

$$\mathscr{Z}[\beta^n \sin n\omega_0 \varepsilon(n)] = \frac{\sin(\omega_0)\cdot\dfrac{z}{\beta}}{\left(\dfrac{z}{\beta}\right)^2-2\left(\dfrac{z}{\beta}\right)\cos(\omega_0)+1}$$

与例 5-3 的理论计算的结果一致。

2. 用 MATLAB 求 $\mathscr{Z}$ 反变换

1) 用 MATLAB 函数 iztrans 来求

例 5-19　用 MATLAB 求例 5-10 中 $F(z)=\dfrac{5z^{-1}}{1-3z^{-1}+2z^{-2}}$ 的 $\mathscr{Z}$ 反变换。

解　MATLAB 源程序如下：

```
F=sym('(5*z^(-1))/(1-3*z^(-1)+2*z^(-2))');
f=iztrans(F);
```

运行结果如下：

```
f = -5+5*2^n
```

即

$$f(n)=5\cdot 2^n-5$$

结果与例 5-10 的理论计算相同。

2) 用 MATLAB 的长除函数 impz 来求

在 MATLAB 中，用长除法求 $\mathscr{Z}$ 反变换的指令是 impz。在计算之前，应先把有理分式 $F(z)$ 的分子、分母多项式用 z 的负幂形式表示，即

$$F(z)=\frac{b_0+b_1z^{-1}+\cdots+b_Mz^{-M}}{a_0+a_1z^{-1}+\cdots+a_Nz^{-N}}=\frac{\mathrm{num(z)}}{\mathrm{den(z)}} \tag{5-39}$$

式(5－39)中，$a_0 \neq 0$，但 b_0、b_1 等有可能为零。利用分子系数向量 b 和分母系数向量 a 求反变换 $f(n)$在各处的值用 impz 指令，基本格式是

impz(b, a)

该指令使用的参数请查阅 impz 帮助文件。

例 5－20　求例 5－12 中 $F(z)=\dfrac{z}{(z-1)^2}$的 $\mathscr{Z}$ 反变换 $f(n)$。

解

$$F(z)=\frac{z}{z^2-2z+1}$$

MATLAB 程序为

```
b=[1 0 0];
a=[1 -2 1];
[fn, n]=impz(b, a, 50);          %取 50 点样值
stem(n, fn);                     %画出 f(n)的波形(如图 5-9 所示)
```

由图 5－9 可见，序列图形与例 5－12 的理论计算结果一致。

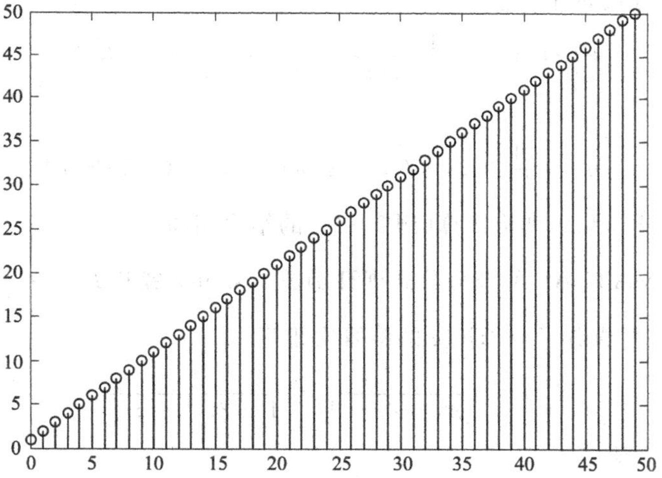

图 5－9　例 5－12 的序列 $f(n)$

3) 用部分分式展开法求 $\mathscr{Z}$ 反变换

离散系统的 z 域表达式通常用如下有理分式来表述：

$$F(z)=\frac{b_0+b_1z^{-1}+\cdots+b_Mz^{-M}}{a_0+a_1z^{-1}+\cdots+a_Nz^{-N}}=\frac{\text{num(z)}}{\text{den(z)}}$$

MATLAB 信号处理工具箱提供了一个对上式进行部分分式展开的函数 residuez，其调用形式为

[r, p, k]=residuez(num, den)

式中，num 和 den 分别为 $F(z)$的分子多项式和分母多项式的系数向量，r 为部分分式的系数向量，p 为极点向量，k 为多项式的系数向量。也就是说，借助于 residuez 函数，可以将上述分式 $F(z)$展开为

$$\frac{\text{num(z)}}{\text{den(z)}}=\frac{r(1)}{1-p(1)z^{-1}}+\cdots+\frac{r(n)}{1-p(n)z^{-n}}+k(1)+k(2)z^{-1}+\cdots+k(m-n+1)z^{-(m-n)}$$

例 5-21 利用 MATLAB 计算 $F(z)=\frac{z^2+z+1}{z^2+3z+2}$的部分分式展开式(例 5-10)，再写出其反变换 $f(n)$。

解 先将 $F(z)$写成分子分母按 z 的降幂次排列：

$$F(z)=\frac{1+z^{-1}+z^{-2}}{1+3z^{-1}+2z^{-2}}$$

MATLAB 程序为

```
num=[1 1 1];
den=[1 3 2];
[r, p, k]=residuez(num, den);
```

运行结果为

```
r=[1.5000 -1.0000]^T
p =[-2 -1]^T
k =0.5000
```

所以，$F(z)$的部分分式展开表达式为

$$F(z)=\frac{1.5}{1-(-2)z^{-1}}+\frac{-1}{1-(-1)z^{-1}}+0.5$$

$\mathscr{Z}$ 反变换为

$$f(n)=\frac{1}{2}\delta(n)-(-1)^n\varepsilon(n)+1.5\cdot(-2)^n\varepsilon(n)$$

可见用 MATLAB 计算和用理论计算(例 5-10)的结果相同。

例 5-22 用 MATLAB 的部分分式展开函数 residuez 展开 $F(z)=\frac{z^2}{(z-1)^2}$。

解 先将 $F(z)$写成分子分母按 z 的降幂次排列：

$$F(z)=\frac{z^2}{z^2-2z+1}=\frac{1}{1-2z^{-1}+z^{-2}}$$

MATLAB 程序为

```
num=[1];
den=[1 -2 1];
[r, p, k]=residuez(num, den);
```

运行结果为

```
r =[0 1]
p =[1 1]
k =[]
```

从运行结果中可以看出，$p(1)=p(2)$，说明这个系统有一个二重极点 $p_{1,2}=1$，而 $r(1)$为一阶极点的系数，$r(2)$为二阶极点的系数。所以，$F(z)$的部分分式展开表达式为

$$F(z)=\frac{0}{(1-z^{-1})}+\frac{1}{(1-z^{-1})^2}=\frac{z^2}{(z-1)^2}$$

5.5.2 利用 MATLAB 计算 $H(z)$的零极点与系统的稳定性

如果系统函数 $H(z)$用有理分式表示为

$$H(z)=\frac{b(1)z^{m}+b(2)z^{m-1}+\cdots+b(m+1)}{a(1)z^{n}+a(2)z^{n-1}+\cdots+a(n+1)} \tag{5-40}$$

那么，系统函数的零点和极点可以借助 tf2zp 函数来直接表示，其调用形式为

[z, p, k]=tf2zp(b, a)

式中，b 和 a 分别为式(5-39)所示 $H(z)$有理分式中分子多项式和分母多项式的系数向量，该函数的作用是将 $H(z)$有理分式转换为用零、极点和增益常数组成的表示式，即

$$H(z)=k\frac{(z-z(1))(z-z(2))\cdots(z-z(m))}{(z-p(1))(z-p(2))\cdots(z-p(n))} \tag{5-41}$$

例 5-23　已知离散因果系统的系统函数为

$$H(z)=\frac{z^{-1}+2z^{-2}+z^{-3}}{1-0.5z^{-1}-0.005z^{-2}+0.3z^{-3}}$$

试绘出系统的零、极点分布图并求单位序列响应 $h(n)$。

解　方法一：用系统函数变换函数[z, p, k]=tf2zp(b, a)求零、极点。首先把系统函数改写成式(5-40)的形式：

$$H(z)=\frac{z^{2}+2z+1}{z^{3}-0.5z^{2}-0.005z+0.3}$$

再用 tf2zp 函数求系统的零、极点，MATLAB 程序为

```
b=[1 2 1];
a=[1 -0.5 -0.005 0.3];
[z, p, k]=tf2zp(b, a);
```

运行结果为

$z=[-1, -1]^{T}$

$p=[0.5198+0.5346i, 0.5198-0.5346i, -0.5396]^{T}$

$k=1$

方法二：已知 $H(z)$，若要获得系统的零、极点分布图，可直接应用 zplane 函数，其调用形式为

zplane(b, a)

该函数直接在 z 平面上画出单位圆及系统的零极点。$H(z)$可表示为

$$H(z)=\frac{z^{-1}+2z^{-2}+z^{-3}}{1-0.5z^{-1}-0.005z^{-2}+0.3z^{-3}}$$

MATLAB 程序为

```
b=[0 1 2 1];
a=[1 -0.5 -0.005 0.3];
figure(1)
zplane(b, a);                %画零极点分布和单位圆
hold on
h=impz(b, a);                %求单位序列响应 h(n)
figure(2)
stem(h);                     %画单位序列响应图
```

运行结果如图 5-10 所示。

可见系统的极点都在单位圆内，系统是稳定的。从图 5-10(b)中看出 $h(n)$是收敛的，同样说明系统是稳定的。

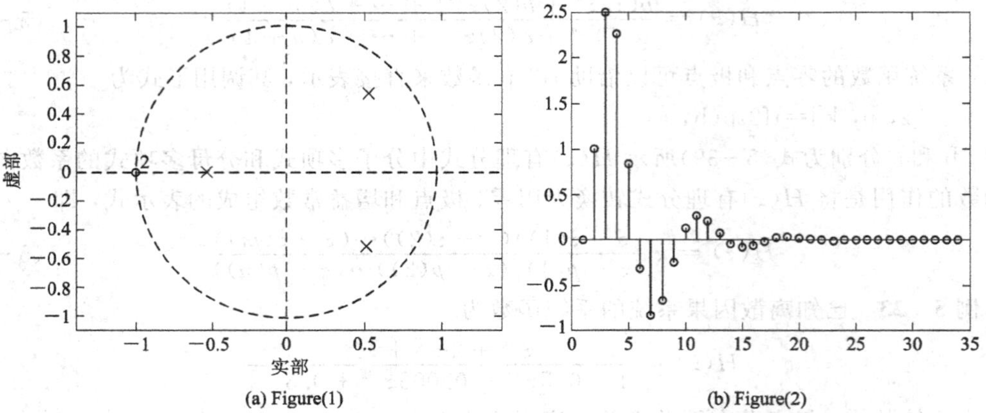

图 5－10　例 5－23 系统的零、极点分布

5.5.3　利用 MATLAB 计算系统的频率响应

用 MATLAB 计算频率响应可直接使用如下命令：

```
freqz(b, a)
freqz(b, a, n)
```

其中 b 和 a 分别为系统函数 $H(z)$的分子和分母的系数向量；n 为计算频率的点数，常取 2 的整数次幂；频率特性的横坐标 ω 的范围为 0～π。

例 5－24　用 MATLAB 绘出例 5－23 中的系统的频率特性。

解　利用 freqz 函数求系统的频率响应时，一般需要将 $H(z)$改写为

$$H(z)=\frac{z^{-1}+2z^{-2}+z^{-3}}{1-0.5z^{-1}-0.005z^{-2}+0.3z^{-3}}$$

MATLAB 程序如下：

```
b=[0 1 2 1];
a=[1 -0.5 -0.005 0.3];
freqz(b, a);
```

程序运行结果如图 5－11 所示。说明该系统是一个低通滤波器，且接近线性相位。

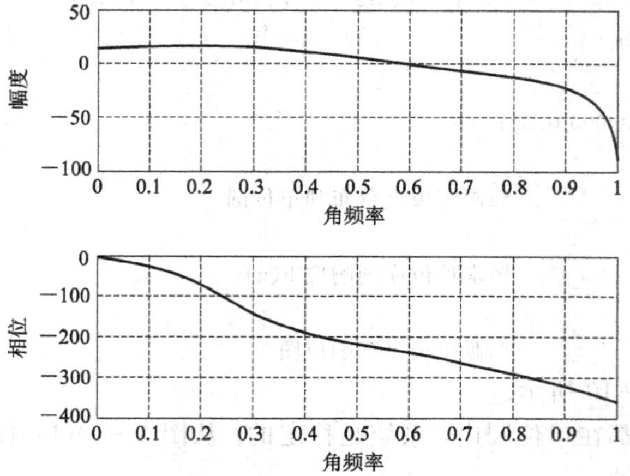

图 5－11　例 5－24 的结果

小　结

本章由拉普拉斯变换引出离散时间信号的 $\mathscr{Z}$ 变换。通过 z 平面与 s 平面的关系 $z=e^{sT}$ 分析了单边 $\mathscr{Z}$ 变换的收敛域。根据 $\mathscr{Z}$ 变换的定义导出了一些常用离散信号的 $\mathscr{Z}$ 变换，并介绍了 $\mathscr{Z}$ 变换的一些重要性质。紧接着讨论了 $\mathscr{Z}$ 反变换，重点讨论 $\mathscr{Z}$ 反变换中常用的长除法和部分分式展开法。

把离散信号变换到 z 域的目的之一，是为了把在时域中描述系统的差分方程转化为 z 域的代数方程，简化离散信号与系统的分析。目的之二是为了引出离散时间系统的系统函数，把在时域的卷积计算问题转化为 z 域的乘积计算。目的之三是利用系统函数在 z 域的零极点分布来分析系统的时域特性、频域特性和系统的稳定性。

本章最后还介绍了利用 MATLAB 对离散信号作 $\mathscr{Z}$ 变换和 $\mathscr{Z}$ 反变换、利用 MATLAB 求系统函数的零极点、分析系统的单位序列响应和频率响应的方法。

习　题　5

5-1　求下列离散信号的(单边) $\mathscr{Z}$ 变换：

(1) $\delta(n-2)$；

(2) $a^{-n}\varepsilon(n)$；

(3) $\left(\frac{1}{2}\right)^{n-1}\varepsilon(n-1)$；

(4) $\left[\left(\frac{1}{2}\right)^n+\left(\frac{1}{4}\right)^n\right]\varepsilon(n)$。

5-2　求下列 $\mathscr{Z}$ 变换式对应的离散信号 $f(n)$：

(1) $F(z)=\dfrac{2z^2-0.5z}{z^2-0.5z-0.5}$；

(2) $F(z)=\dfrac{2z}{(z-1)(z-2)}$；

(3) $F(z)=\dfrac{1-2z^{-1}}{z^{-1}+2}$；

(4) $F(z)=\dfrac{z}{(z-2)(z-1)^2}$。

5-3　已知因果序列的 $\mathscr{Z}$ 变换 $F(z)$，求序列的初值 $f(0)$ 和终值 $f(\infty)$。

(1) $F(z)=\dfrac{1+z^{-1}+z^{-2}}{(1-z^{-1})(1-2z^{-1})}$；

(2) $F(z)=\dfrac{1}{(1-0.5z^{-1})(1+0.5z^{-1})}$；

(3) $F(z)=\dfrac{z^{-1}}{1-1.5z^{-1}+0.5z^{-2}}$。

5-4　试利用 $f(n)$ 的 $\mathscr{Z}$ 变换求 $n^2f(n)$ 的 $\mathscr{Z}$ 变换。

5-5　利用 $\mathscr{Z}$ 变换的性质证明下列各式：

(1) $[a^n\varepsilon(n)]*[a^n\varepsilon(n)]=(n+1)a^n\varepsilon(n)$；

(2) $\left[\frac{1}{n!}\varepsilon(n)\right]*\left[\frac{1}{n!}\varepsilon(n)\right]=\frac{2^n}{n!}\varepsilon(n)$；

(3) $n[f_1(n)*f_2(n)]=f_1(n)*[nf_2(n)]+[nf_1(n)]*f_2(n)$。

5-6　用单边 $\mathscr{Z}$ 变换求解下列差分方程：

(1) $y(n)+0.1y(n-1)-0.02y(n-2)=10\varepsilon(n)$，$y(-1)=4$，$y(-2)=6$；

(2) $y(n)-0.9y(n-1)=0.05\varepsilon(n)$，$y(-1)=1$；

(3) $y(n)+2y(n-1)=(n-2)\varepsilon(n)$，$y(0)=1$。

5-7　试利用卷积定理求 $h(n)*f(n)=y(n)$，已知

(1) $f(n)=a^n\varepsilon(n)$，$h(n)=b^n\varepsilon(-n)$；

(2) $f(n)=a^n\varepsilon(n)$，$h(n)=\delta(n-2)$；

(3) $f(n)=a^n\varepsilon(n)$，$h(n)=\varepsilon(n-1)$。

5-8　一因果离散线性时不变系统由下述差分方程描述：

$$y(n)-\frac{1}{2}y(n-1)+\frac{1}{4}y(n-2)=f(n)$$

(a) 试求该系统的系统函数；

(b) 若 $f(n)=\left(\frac{1}{2}\right)^n\varepsilon(n)$，利用 z 域法确定输出 $y(n)$。

5-9　某离散系统的系统函数为 $H(z)=\frac{z+3}{z^2+3z+2}$，试求该系统的单位序列响应 $h(n)$ 和描述该系统的差分方程。

5-10　已知一线性时不变因果系统，用下列差分方程描述：

$$y(n)=y(n-1)+y(n-2)+f(n-1)$$

(1) 试求该系统的系统函数，画出 $H(z)$ 的零极点图并指出其收敛域；

(2) 求该系统的单位序列响应。

5-11　已知某离散系统的系统函数为

$$H(z)=\frac{1-z}{z-0.5}$$

(1) 试求系统的单位序列响应；

(2) 当输入信号 $f(n)=n\varepsilon(n)$ 时，求零状态响应；

(3) 画出该系统的模拟框图。

5-12　离散系统函数 $H(z)$ 如下，试确定系统是否稳定。

(1) $\frac{z+2}{8z^2-2z+3}$；　　(2) $\frac{2z-4}{2z^2+z-1}$；

(3) $\frac{1+z^{-1}}{1-z^{-1}+z^{-2}}$；　　(4) $\frac{8(1-z^{-1}-z^{-2})}{2+5z^{-1}+2z^{-2}}$。

5-13　已知某离散时间系统的差分方程为

$$y(n)-(\beta+1)y(n-1)=f(n-1)$$

试问 β 为何值时系统稳定？

5-14　根据题 5-14 图所示的 z 域模拟图，试写出其差分方程。

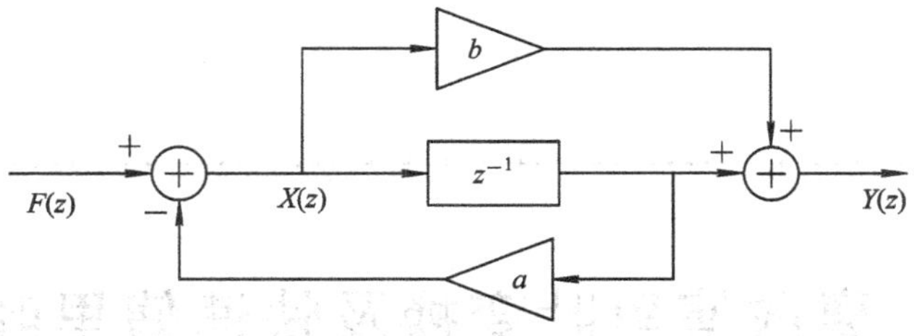

题 5 - 14 图

5 - 15　求题 5 - 15 图所示系统的系统函数。

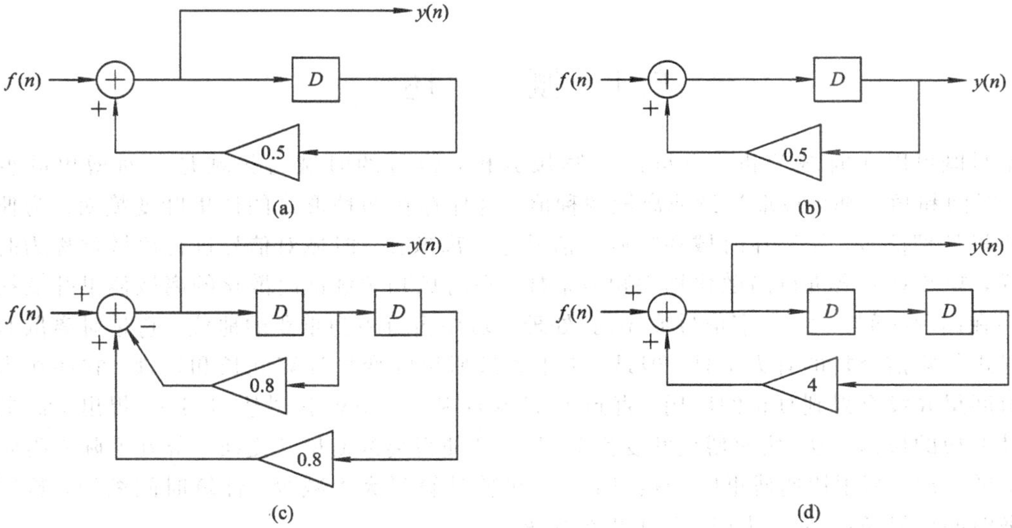

题 5 - 15 图

5 - 16　设有系统函数

$$H(z)=\frac{z^2-2z+4}{z^2-\frac{1}{2}z+\frac{1}{4}}$$

试求系统的幅频特性和相频特性。

第 6 章　离散傅里叶变换及快速傅里叶变换

6.1　概　　述

信号既可以在时域分析，也可以在频域分析，信号的时域与频域是一对傅里叶变换对。时间和频率都可以取连续或离散两种值，这样存在四种形式的傅里叶变换对。为便于计算机处理信号，需要在时域和频域对信号进行离散化。时域对信号进行离散化称为时域采样，频域对频谱进行离散化称为频域采样。在时域和频域都离散化的离散傅里叶变换(DFT)在离散时间信号(数字信号或序列)处理领域中占有极为重要的地位，它是对离散时间信号进行频谱分析的有力工具。但是，由于离散傅里叶变换计算冗长和繁琐，它在相当长的时间里并没有得到真正的应用。直到 1965 年库利(Cooley)和图基(Tukey)提出了离散傅里叶变换的快速算法(快速傅里叶变换 FFT)，才使得离散傅里叶变换运算在实际中得到了广泛的应用。利用快速傅里叶变换(FFT)，可使计算量大大减少，计算时间缩短，特别当离散时间信号长度 N 较大时，效果更为显著。

本章首先介绍时域采样定理和频域采样定理，然后讨论离散傅里叶变换(DFT)，最后利用离散傅里叶变换性质推导出快速傅里叶变换(FFT)。

6.2　采 样 定 理

大多数工程信号都是连续时间信号，具有无限多个时间点的数据，而计算机的存储空间有限，只能接受并处理有限个时间点的数据，即有限长离散时间信号。为了充分发挥计算机处理离散时间信号的优势，就必须解决如何用离散时间信号代替原连续信号的问题。解决这个问题的方法就是在时域对连续信号采样，每隔一段时间采样一个数据，而不是对所有的时间都采样数据。对于时域采样面临的问题是，采样的时间间隔取多大才合适。采样频率过大(采样周期过小)会加重计算机存储负担，还会降低计算机运算速度；采样频率过小(采样周期过大)显然会丢失原连续信号的全部或部分信息。现在的问题是如何在保留原连续信号的全部信息的条件下，尽可能采样较少的数据，时域采样定理为我们解决了这个棘手的问题。

设连续信号为 $f(t)$，其频谱 $F(\omega)$的最高频率为 ω_m。周期为 T_s 的开关信号 $s(t)$将 $f(t)$离散化的过程称为采样，如图 6-1 所示，采样信号 $f_s(t)$为 $f(t)$与 $s(t)$的乘积。

$$f_s(t) = f(t) \cdot s(t) \tag{6-1}$$

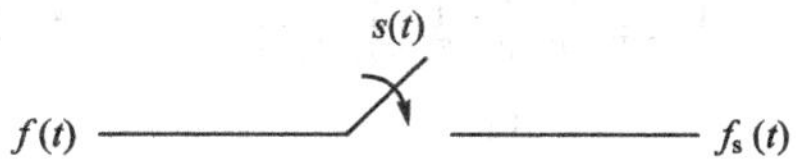

图 6-1　采样过程

若令开关信号 $s(t)$为冲激序列 $\delta_{T_s}(t)$，即

$$s(t) = \delta_{T_s}(t)$$

其中

$$\delta_{T_s}(t) = \sum_{n=-\infty}^{\infty} \delta(t - nT_s) \tag{6-2}$$

对式(6-1)两边取傅里叶变换，根据频域卷积定理得

$$F_s(\omega) = \frac{1}{2\pi} F(\omega) * S(\omega) \tag{6-3}$$

式中 $F_s(\omega)$为采样信号 $f_s(t)$的频谱，$S(\omega)$为开关信号 $s(t)$的频谱。取式(6-2)的傅里叶变换，得

$$\mathscr{F}[\delta_{T_s}(t)] = \mathscr{F}\left[\sum_{n=-\infty}^{\infty} \delta(t - nT_s)\right] = \omega_s \sum_{k=-\infty}^{\infty} \delta(\omega - k\omega_s) \tag{6-4}$$

式中 $\omega_s = 2\pi/T_s$，在时域以 T_s 为周期的单位冲激序列，其傅里叶变换也是冲激序列，频谱间隔为 ω_s，强度为 $2\pi/T_s$。将式(6-4)代入式(6-3)，得

$$F_s(\omega) = \frac{1}{2\pi} F(\omega) * \left[\omega_s \sum_{k=-\infty}^{\infty} \delta(\omega - k\omega_s)\right] = \frac{1}{T_s} \sum_{k=-\infty}^{\infty} F(\omega) * \delta(\omega - k\omega_s)$$

$$F_s(\omega) = \frac{1}{T_s} \sum_{k=-\infty}^{\infty} F(\omega - k\omega_s) \tag{6-5}$$

采样信号 $f_s(t)$的频谱 $F_s(\omega)$是由连续信号 $f(t)$的频谱 $F(\omega)$的无限多个频移项组成，其频移的角频率为 $k\omega_s$($k=0$，±1，±2，…)，其幅值为原连续信号频谱 $F(\omega)$的 $\frac{1}{T_s}$。图 6-2 表示了时域的冲激采样信号及其频谱。图 6-2(a)为连续信号 $f(t)$，图 6-2(b)为冲激序列 $\delta_{T_s}(t)$，图 6-2(c)为采样信号 $f_s(t)$，图 6-2(d)～(f)分别为上述三个信号对应的频谱。

由图 6-2 的 $F_s(\omega)$可知，当 $\omega_s - \omega_m \geqslant \omega_m$ 时，即 $\omega_s \geqslant 2\omega_m$，各相邻频移后的频谱不会发生相互重叠，可通过截止频率 ω_c 介于 ω_m 和 $\omega_s - \omega_m$ 之间的理想低通滤波器，恢复出原连续信号 $f(t)$，如图 6-3 所示。

由此得到时域采样(抽样)定理：为使最高频率为 ω_m 的有限带宽信号不失真地恢复，采样角频率 ω_s 必须大于或等于原连续信号最高频率 ω_m 的 2 倍。

当采样频率 $\omega_s = 2\omega_m$ 时(此时采样频率为奈奎斯特频率)，称为临界采样。在实际信号处理中，一般取 $\omega_s \geqslant (4 \sim 10)\omega_m$。

信号的恢复是指由 $f_s(t)$经过内插处理后，恢复出原来信号 $f(t)$的过程，又称为信号

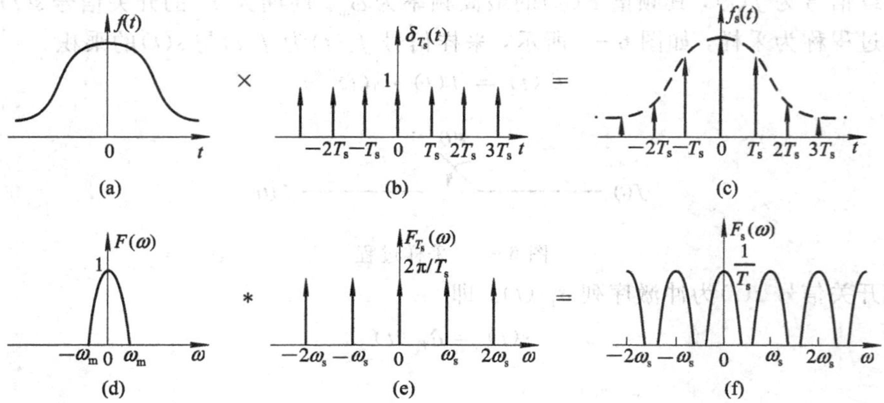

图 6－2　冲激采样

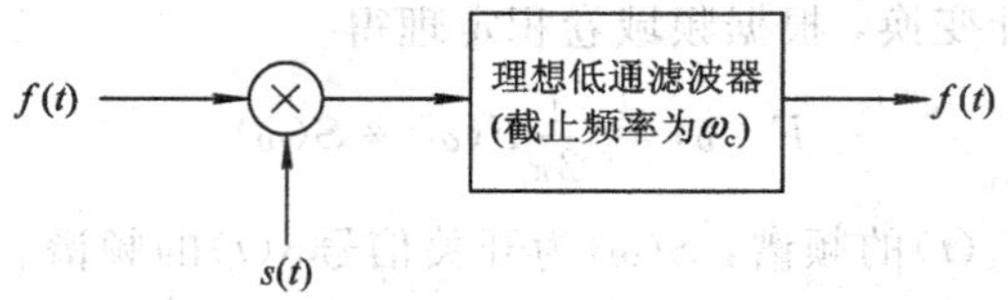

图 6－3　恢复原连续信号

重构。设采样频率 $\omega_s \geqslant 2\omega_m$，则由式(6－5)可知 $F_s(\omega)$是以 ω_s 为周期的谱线。其频域分析如图 6－4 所示，理想低通滤波器只保留采样信号 $f_s(t)$频谱 $F_s(\omega)$的主周期部分，即得到频谱 $F(\omega)$，从时域来看就是原连续信号 $f(t)$。现选取频率响应特性

$$H(\omega)\begin{cases} T_s & |\omega| < \omega_c \\ 0, & |\omega| > \omega_c \end{cases}$$

其中截止频率 ω_c 满足 $\omega_m \leqslant \omega_c \leqslant \frac{\omega_s}{2}$的理想低通滤波器与 $F_s(\omega)$相乘，得到的频谱即为原信号的频谱 $F(\omega)$，即 $F(\omega)=F_s(\omega)H(\omega)$，与之对应的时域表达式为

$$f(t) = h(t) * f_s(t) \tag{6-6}$$

其中

$$f_s(t) = f(t)\sum_{n=-\infty}^{\infty}\delta(t-nT_s) = \sum_{n=-\infty}^{\infty} f(nT_s)\delta(t-nT_s)$$

$$h(t) = \mathscr{F}^{-1}[H(\omega)] = T_s\,\frac{\omega_c}{\pi}\,\mathrm{Sa}(\omega_c t)$$

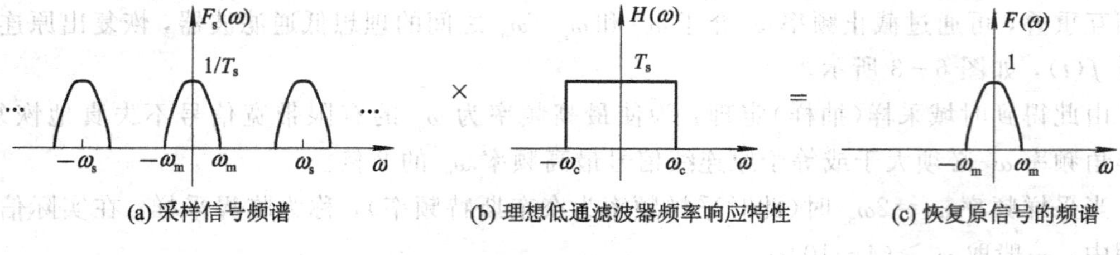

图 6－4　恢复原连续信号频谱图

将 $h(t)$ 及 $f_s(t)$ 代入式(6-6)得

$$f(t)=f_s(t)*T_s\frac{\omega_c}{\pi}\mathrm{Sa}(\omega_c t)=\frac{T_s\omega_c}{\pi}\sum_{n=-\infty}^{\infty}f(nT_s)\mathrm{Sa}[\omega_c(t-nT_s)] \tag{6-7}$$

式(6-7)即为用 $f(nT_s)$ 求解 $f(t)$ 的表达式，是实现信号恢复的基本关系式，抽样函数 $\mathrm{Sa}(\omega_c t)$ 在此起着内插函数的作用。若取 $\omega_c=\frac{\omega_s}{2}$，则

$$f(t)=\sum_{n=-\infty}^{\infty}f(nT_s)\mathrm{Sa}\left[\frac{\omega_s}{2}(t-nT_s)\right]$$

该式表明在采样信号的每个样点处，画一个最大峰值为 $f(nT_s)$ 的 Sa 函数波形，那么其合成波形就是原信号 $f(t)$，如图 6-5 所示。

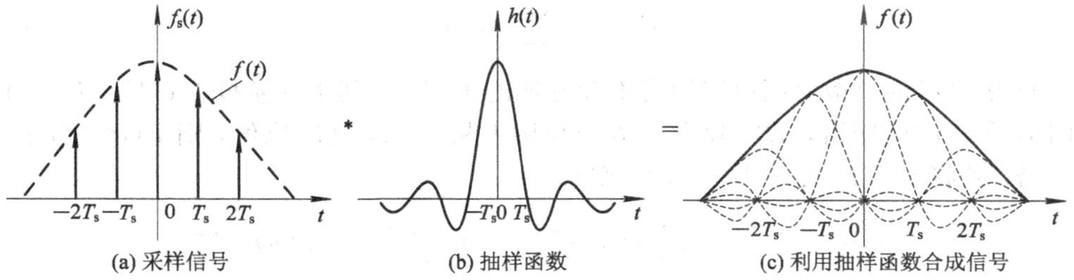

图 6-5　抽样函数内插恢复信号

例 6-1　对信号 $\mathrm{Sa}(t)$ 采样，确定临界采样周期。

解　由 $g_\tau(t)\leftrightarrow\tau\,\mathrm{Sa}\left(\frac{\omega\tau}{2}\right)$，根据对称性得 $\mathrm{Sa}(t)\leftrightarrow\pi g_2(\omega)$，其信号与频谱如图 6-6 所示。由图可知，该信号为带限信号，其频谱在 $-1\leqslant\omega\leqslant 1$ 区间为 π，其它区间为 0。所以 $\mathrm{Sa}(t)$ 的最高频率为 $\omega_m=1$，根据时域采样定理，临界采样频率 $\omega_s=2\omega_m$，临界采样周期 $T_s=\frac{2\pi}{\omega_s}=\frac{2\pi}{2\omega_m}=\pi$。

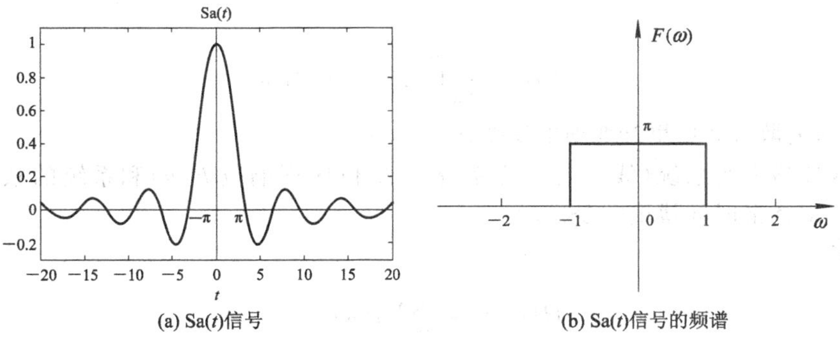

图 6-6　Sa(t)信号及其频谱

频域采样定理：根据时域和频域对偶性，若对离散时间信号的连续频谱函数在频域采样，会使信号在时域出现周期性。只有当频域采样点个数 M 大于或等于离散时间信号时域的长度 N 时，才会在时域不出现混叠现象。

6.3 离散傅里叶变换

6.3.1 离散时间傅里叶变换(DTFT)

连续信号 $f(t)$在时间上离散化为离散时间信号 $f(nT_s)$，简记为 $f(n)$。设离散时间信号 $f(n)$的 $\mathscr{Z}$变换 $F(z)$在单位圆上收敛，即

$$f(n) \leftrightarrow F(z) = \sum_{n=-\infty}^{\infty} f(n) z^{-n} \tag{6-8}$$

令 z 在单位圆上取值，将 $z=e^{jw}$代入式(6-8)得

$$F(e^{jw}) = \sum_{n=-\infty}^{\infty} f(n) e^{-jwn} \tag{6-9}$$

式(6-9)为 $f(n)$的离散时间(信号)傅里叶变换的正变换，其正变换核为 e^{-jwn}。$F(e^{jw})$为离散时间信号 $f(n)$的频谱，数字频率 w 在单位圆上从 0～2π 之间取值，则 $F(e^{jw})$为 $f(n)$的连续频谱。若将 $w+2\pi$ 代入式(6-9)，则有

$$\begin{aligned} F(e^{j(w+2\pi)}) &= \sum_{n=-\infty}^{\infty} f(n) e^{-j(w+2\pi)n} = \sum_{n=-\infty}^{\infty} e^{-j2\pi n} f(n) e^{-jwn} \\ &= \sum_{n=-\infty}^{\infty} f(n) e^{-jwn} = F(e^{jw}) \end{aligned} \tag{6-10}$$

由式(6-10)可知，$F(e^{jw})$是以 2π 为周期的频谱函数，因此，$F(e^{jw})$是以 2π 为周期的周期连续谱。

对式(6-9)两边同时乘以反变换核 e^{jwn}，再对 w 从 $-\pi$～π 积分，同时考虑到虚指函数的正交性，有

$$\begin{aligned} \int_{-\pi}^{\pi} F(e^{jw}) e^{jwn} dw &= \int_{-\pi}^{\pi} \Big[\sum_{m=-\infty}^{\infty} f(m) e^{-jwm}\Big] e^{jwn} d\omega = \sum_{m=-\infty}^{\infty} f(m) \int_{-\pi}^{\pi} e^{-jw(m-n)} d\omega \\ &= 2\pi \sum_{m=-\infty}^{\infty} f(m) \delta(m-n) = 2\pi f(n) \end{aligned}$$

即

$$f(n) = \frac{1}{2\pi} \int_{-\pi}^{\pi} F(e^{jw}) e^{jwn} d\omega \tag{6-11}$$

式(6-11)为离散时间傅里叶变换的反变换。

对于线性移不变系统(线性时不变系统)，单位序列响应 $h(n)$和系统的频率响应 $H(e^{jw})$也是一对离散时间傅里叶变换对：

正变换

$$H(e^{jw}) = \sum_{n=-\infty}^{\infty} h(n) e^{-jwn} \tag{6-12}$$

反变换

$$h(n) = \frac{1}{2\pi} \int_{-\pi}^{\pi} H(e^{jw}) e^{jwn} d\omega \tag{6-13}$$

例 6-2 设矩形窗 $R_N(n) = \begin{cases} 1, & 0 \leqslant n \leqslant N-1 \\ 0, & 其他 \end{cases}$，求系统的频率响应 $H(e^{jw})$。

解　$H(\mathrm{e}^{\mathrm{j}w})=\sum\limits_{n=-\infty}^{\infty}R_N(n)\mathrm{e}^{-\mathrm{j}wn}=\sum\limits_{n=0}^{N-1}\mathrm{e}^{-\mathrm{j}wn}=\dfrac{1-\mathrm{e}^{-\mathrm{j}wN}}{1-\mathrm{e}^{-\mathrm{j}w}}=\dfrac{\mathrm{e}^{-\mathrm{j}\frac{wN}{2}}(\mathrm{e}^{\mathrm{j}\frac{wN}{2}}-\mathrm{e}^{-\mathrm{j}\frac{wN}{2}})}{\mathrm{e}^{-\frac{\mathrm{j}w}{2}}(\mathrm{e}^{\mathrm{j}\frac{w}{2}}-\mathrm{e}^{-\mathrm{j}\frac{w}{2}})}$

$$=\mathrm{e}^{\frac{-\mathrm{j}w(N-1)}{2}}\frac{\sin\left(\frac{wN}{2}\right)}{\sin\left(\frac{w}{2}\right)}=|H(w)|\exp\{\mathrm{j}\varphi(w)\}$$

幅频响应

$$H(w)=\left|\frac{\sin\left(\frac{wN}{2}\right)}{\sin\left(\frac{w}{2}\right)}\right|$$

相频响应

$$\varphi(w)=-\frac{w(N-1)}{2}+\arg\left[\frac{\sin\left(\frac{wN}{2}\right)}{\sin\left(\frac{w}{2}\right)}\right]$$

由图 6-7 所示可知，矩形窗相当于一个低通滤波器，当 w 在 $0\sim\frac{2\pi}{N}$区间内相当于通带，在$\frac{2\pi}{N}\sim\pi$ 区间内相当于阻带，相频响应是线性的。

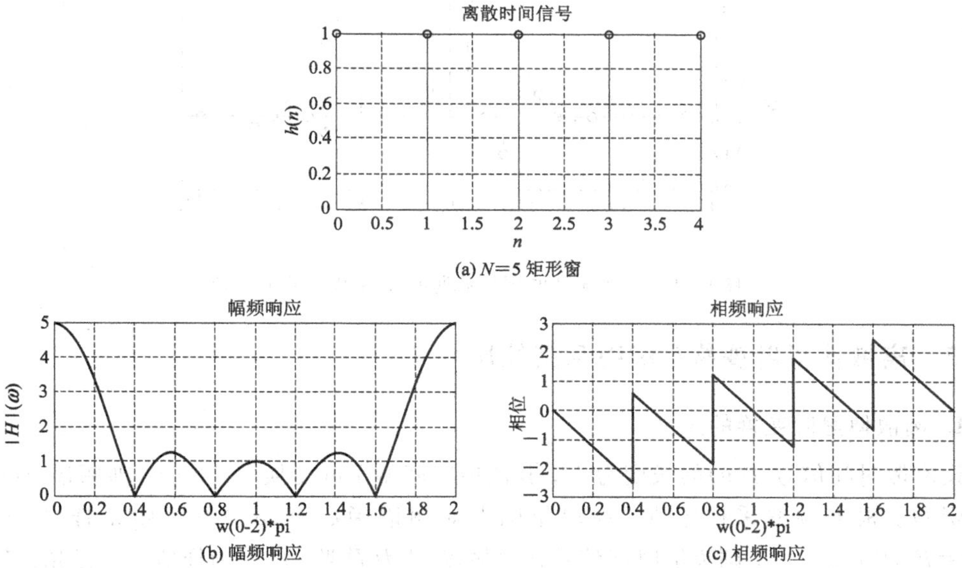

(a) $N=5$ 矩形窗

(b) 幅频响应　　(c) 相频响应

图 6-7　$N=5$ 矩形窗及频率响应

例 6-3　某理想低通滤波器的频率响应

$$H(\mathrm{e}^{\mathrm{j}w})=\begin{cases}1, & |w|\leqslant w_c\\ 0, & w_c<w\leqslant\pi\end{cases}$$

其中 w_c 为截止频率，如图 6-8 所示，求系统的单位序列响应。

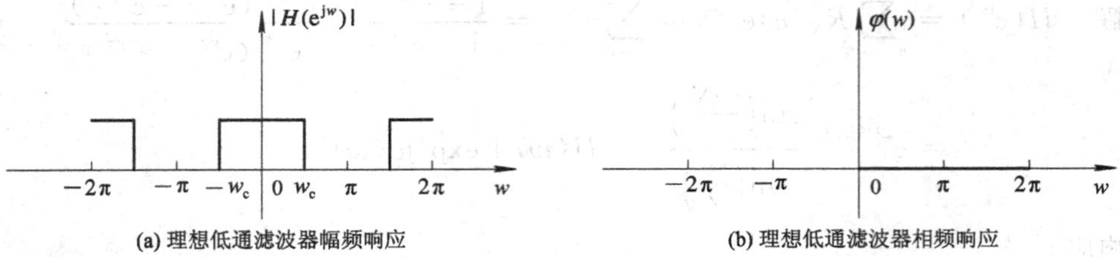

图 6-8　理想低通滤波器频率响应

解　$h(n)=\dfrac{1}{2\pi}\displaystyle\int_{-\pi}^{\pi}H(e^{jw})e^{jwn}\,dw=\dfrac{1}{2\pi}\int_{-\theta_c}^{\theta_c}e^{jwn}\,dw$

$$=\frac{1}{2\pi jn}(e^{jw_cn}-e^{-jw_cn})=\frac{\sin(w_cn)}{\pi n}$$

由图 6-9 可知，理想低通滤波器的单位序列响应 $h(n)$在 $n<0$ 时不为零，所以它是非因果的。并且可以证明 $\sum\limits_{n=0}^{\infty}|h(n)|$是无界的，系统是非稳定的。因此理想低通滤波器不是因果稳定系统。

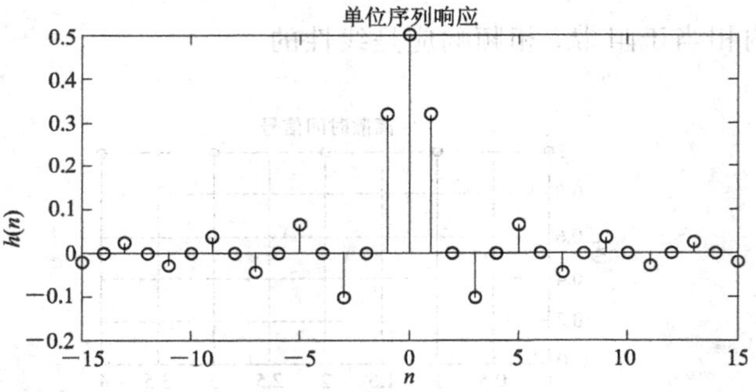

图 6-9　$w_c=\pi/2$ 的理想低通滤波器单位序列响应

6.3.2　离散傅里叶变换(DFT)及其性质

1. 离散傅里叶变换的定义

设离散时间信号 $f(n)$的长度为 N，其离散时间傅里叶变换(DTFT)，即频谱 $F(e^{jw})$是连续函数。根据频率采样定理，在单位圆上对频谱函数 $F(e^{jw})$等间距采样 N 个样值 $F(k)=F(e^{jw})|_{w=2\pi k/N}$，则离散时间信号在时域以 N 为周期、$f(n)$为样值向外延拓。若在时域和频域都只取主周期内 N 个点，则 $f(n)$和 $F(k)$的离散傅里叶变换定义为

正变换

$$F(k)=\sum_{n=0}^{N-1}f(n)e^{-j\frac{2\pi kn}{N}}\tag{6-14}$$

反变换

$$f(n)=\frac{1}{N}\sum_{k=0}^{N-1}F(k)e^{j\frac{2\pi kn}{N}}\tag{6-15}$$

或

$$F(k)=\mathrm{DFT}[f(n)],\quad f(n)=\mathrm{IDFT}[F(k)]$$

$F(k)$为连续频谱 $F(e^{j\omega})$在单位圆上的离散值，即离散时间信号 $f(n)$的离散频谱。习惯采用以下符号

$$W_N=e^{-j\frac{2\pi}{N}},\quad W_N^{kn}=e^{-j\frac{2\pi kn}{N}}$$

在上式中，W 因子存在周期性、对称性和正交性，如下：

周期性

$$W_N^{kn}=W_N^{(k+N)n}=W_N^{(n+N)k}$$

对称性

$$W_N^{-kn}=(W_N^{kn})^*=W_N^{(N-k)n}=W_N^{(N-n)k}$$

正交性

$$\frac{1}{N}\sum_{n=0}^{N-1}W_N^{kn}=\begin{cases}1, & k=mN,\ m\text{ 为任意整数}\\ 0, & k\text{ 为其他值}\end{cases}$$

特别地，

$$W_N^0=1,\quad W_N^{N/2}=-1,\quad W_N^{N/4}=j$$

采用习惯记法，式(6-14)和式(6-15)离散傅里叶变换可写为

正变换

$$F(k)=\sum_{n=0}^{N-1}f(n)W_N^{kn} \tag{6-16}$$

反变换

$$f(n)=\frac{1}{N}\sum_{k=0}^{N-1}F(k)W_N^{-kn} \tag{6-17}$$

例 6-4　计算下列各离散时间信号的离散傅里叶变换(假设长度为 N)。

(1) $f(n)=\delta(n)$；

(2) $f(n)=a^n\varepsilon(n)$。

解　(1)

$$F(k)=\sum_{n=0}^{N-1}f(n)W_N^{kn}=\sum_{n=0}^{N-1}\delta(n)W_N^{kn}=W_N^0=1$$

(2)

$$F(k)=\sum_{n=0}^{N-1}f(n)W_N^{kn}=\sum_{n=0}^{N-1}a^n\varepsilon(n)W_N^{kn}=\sum_{n=0}^{N-1}a^n e^{-j\frac{2\pi nk}{N}}$$

$$=\frac{1-a^N}{1-ae^{-j\frac{2\pi k}{N}}},\quad 0\leqslant k\leqslant N-1$$

例 6-5　已知 $F(k)=[0, 2, 0, 2]$ $(n\geqslant 0)$，求 $F(k)$的离散傅里叶反变换 $f(n)$。

解　由 $f(n)=\dfrac{1}{N}\sum\limits_{k=0}^{N-1}F(k)W_N^{-kn}$ 得

$$\begin{bmatrix}f(0)\\f(1)\\f(2)\\f(3)\end{bmatrix}=\frac{1}{4}\begin{bmatrix}W_4^0 & W_4^0 & W_4^0 & W_4^0\\ W_4^0 & W_4^{-1} & W_4^{-2} & W_4^{-3}\\ W_4^0 & W_4^{-2} & W_4^{-4} & W_4^{-6}\\ W_4^0 & W_4^{-3} & W_4^{-6} & W_4^{-9}\end{bmatrix}\begin{bmatrix}F(0)\\F(1)\\F(2)\\F(3)\end{bmatrix}=\frac{1}{4}\begin{bmatrix}1 & 1 & 1 & 1\\ 1 & j & -1 & -j\\ 1 & -1 & 1 & -1\\ 1 & -j & -1 & j\end{bmatrix}\begin{bmatrix}0\\2\\0\\2\end{bmatrix}=\begin{pmatrix}1\\0\\-1\\0\end{pmatrix}$$

即

$$f(n)=[1,0,-1,0]$$

2. 离散傅里叶变换的性质

讨论离散傅里叶变换(DFT)的性质时，要注意 $f(n)$ 和 $F(k)$ 的隐含周期性。

1) 线性性质

假定 $f_1(n)$ 和 $f_2(n)$ 都是有 N 个点的离散时间信号，它们的离散傅里叶变换分别为 $F_1(k)$ 和 $F_2(k)$，则有

$$\mathrm{DFT}[a_1f_1(n)+a_2f_2(n)]=a_1F_1(k)+a_2F_2(k) \tag{6-18}$$

式中 a_1、a_2 为任意常数。若 $f_1(n)$ 和 $f_2(n)$ 的长度不等，将短的离散时间信号后面补零值，直到两者长度相等时再做离散傅里叶变换。

2) 圆周时移和频移

离散时间信号 $f(n)$ 的圆周时移是以它的长度 N 为周期，将其延拓成周期离散时间信号，并将周期离散时间信号进行移位，然后取主值区间($n=0, 1, \cdots, N-1$)上的值。图 6-10(a)是其长度为 N 的离散时间信号 $f(n)$，图 6-10(b)是以 N 为周期的离散时间信号 $f((n))_N$，图 6-10(c)是在图 6-9(b)基础上向右移 2 位再截取主周期。也可以将离散时间信号 $f(n)$ 分布在圆周上，然后旋转移位实现圆周时移。图 6-10(d)和图 6-10(e)所示，是以逆时针为正方向，右移一位逆时针旋转一个单位；反之，左移一位顺时针旋转一个单位。

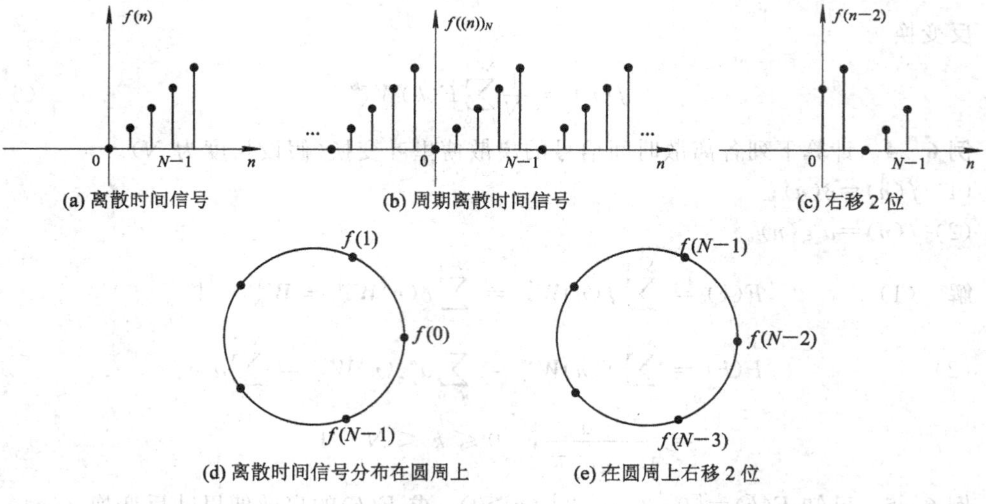

图 6-10　$N=5$ 圆周时移

设离散时间信号 $f(n)$ 的离散傅里叶变换为 $F(k)$，$f(n)$ 右移 m 个单位记为 $f(n-m)$ 称圆周时移，$F(k)$ 右移 l 个单位记为 $F(k-l)$ 称圆周频移，有下式成立

$$\mathrm{DFT}[f(n-m)]=W_N^{mk}F(k) \tag{6-19}$$

$$\mathrm{IDFT}[F(k-l)]=W_N^{-nl}f(n) \tag{6-20}$$

离散傅里叶变换(DFT)的主要性质如表 6-1 所示。

表 6-1　离散傅里叶变换(DFT)性质

特　　性	时域表示	频域表示
	$f(n)$ $h(n)$	$F(k)$ $H(k)$
线性	$af(n)+bh(n)$	$aF(k)+bH(k)$
时移	$f(n\pm m)$	$F(k)W^{\mp mk}$
频移	$f(n)W^{\pm ln}$	$F(k\pm l)$
时域圆周卷积	$f(n)*h(n)$	$F(k)H(k)$
频域圆周卷积	$f(n)h(n)$	$\frac{1}{N}F(k)*H(k)$
帕斯瓦尔定理	$\sum_{n=0}^{N-1}\mid f(n)\mid^2$	$\frac{1}{N}\sum_{k=0}^{N-1}\mid F(k)\mid^2$

6.3.3　圆周卷积及其应用

1. 圆周卷积的定义

设 $f(n)$ 和 $h(n)$ 都是 N 点有限长离散时间信号(序列)，其离散傅里叶变换分别是 $F(k)$ 和 $H(k)$，则 $f(n)$ 和 $h(n)$ 的圆周卷积定义为

$$y(n)=f(n)*h(n)=\sum_{m=0}^{N-1}f(m)h(n-m) \tag{6-21}$$

其中 $y(n)$ 为 N 点序列。圆周卷积具有交换性，即 $y(n)=f(n)*h(n)=h(n)*f(n)$。

2. 圆周卷积的计算方法

(1) 先将 $f(n)$ 的数据按逆时针方向(设为正方向)均匀分布在一个圆周(内圆)上，如图 6-11(a)所示，而 $h(n)$ 按顺时针方向均匀分布在另一个同心圆(外圆)上(相当于做信号反折运算 $h(-n)$。

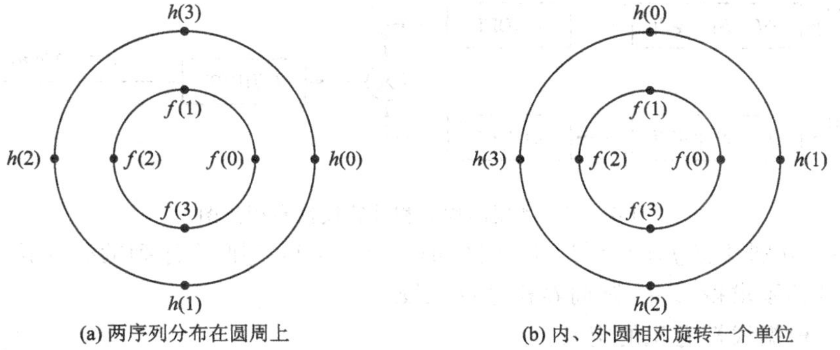

图 6-11　两序列的圆周卷积

(2) 然后求两个圆上相应序列的乘积，并把 N 项乘积叠加起来作为 $n=0$ 时圆周卷积 $y(0)$。

(3) 若求 $n=1$ 时的值 $y(1)$，将 $f(n)$固定，把外圆上的序列 $h(n)$作逆时针旋转(相当于信号右移一个单位)，或者将外圆 $h(n)$固定，把内圆上的序列 $f(n)$顺时针旋转一个单位时间，即内、外圆相对旋转一个单位。

(4) 然后把对应项的乘积叠加起来，即为所求 $y(1)$值，如图 6－11(b)所示。这样依次将外圆序列圆周移位一周，便可求得所有 $y(n)$值。

3. 时域和频域圆周卷积

设 $f(n)$、$h(n)$和 $y(n)$都是 N 点序列，其离散傅里叶变换分别为 $F(k)$、$H(k)$和$Y(k)$，若 $y(n)=f(n)*h(n)$，则

$$Y(k) = F(k)H(k) \tag{6-22}$$

时域两序列圆周卷积等于两序列离散傅里叶变换的乘积。

若 $y(n)=f(n)\cdot h(n)$，则

$$Y(k) = \frac{1}{N}F(k)*H(k) \tag{6-23}$$

时域两序列乘积等于两序列离散傅里叶变换的圆周卷积除以 N。

4. 利用圆周卷积计算线性卷积

对于离散时间信号，存在两种形式卷积：线性卷积和圆周卷积。由于圆周卷积与离散傅里叶变换相对应，在后面的讨论中可以知道，它可以采用快速傅里叶变换算法(FFT)进行运算，运算速度上有很大的优越性。然而实际问题均需解决线性卷积。例如离散时间信号通过线性系统，系统响应 $y(n)$为输入离散时间信号 $f(n)$与系统单位序列响应 $h(n)$的线性卷积 $y(n)=f(n)*h(n)$。设 $f(n)$和 $h(n)$的长度分别为 N_1 和 N_2，圆周卷积的长度为 L，利用圆周卷积实现线性卷积，应将 $f(n)$和 $h(n)$的后面补零值，直到长度都为 L 的序列再做圆周卷积 $y(n)=f(n)*h(n)$，且圆周卷积长度 L 必须大于或等于线性卷积的长度，即 $L\geqslant N_1+N_2-1$，否则会产生混叠。根据时域圆周卷积定理，也可先做 $f(n)$和 $h(n)$的 L 点离散傅里叶变换乘积 $F(k)H(k)$，再做离散傅里叶反变换 $y(n)=\mathrm{IDFT}[F(k)H(k)]$。如图 6－12 所示。

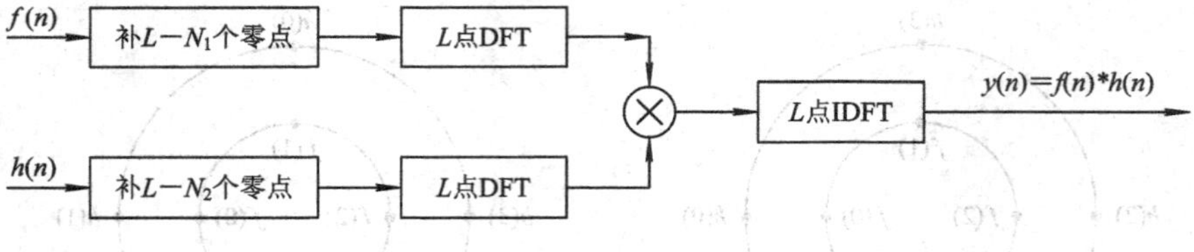

图 6－12　利用圆周卷积计算线性卷积流图

例 6－6　分别计算 $f(n)=[1, 1, 1]$和 $h(n)=[0, 1, 2]$两个序列的线性卷积和圆周卷积，并与通过补零求得 $L=5$ 圆周卷积进行比较。

解　(1) 根据线性卷积的定义

$$y(n) = f(n)*h(n) = \sum_{m=0}^{2} f(m)h(n-m)$$

$$= f(0)h(n) + f(1)h(n-1) + f(2)h(n-2)$$

将 $f(n)$ 和 $h(n)$ 的值代入上式得线性卷积 $y(n)=[0, 1, 3, 3, 2]$。

(2) 根据圆周卷积的定义

$$y(n) = f(n) * h(n) = \sum_{m=0}^{L-1} f(m)h(n-m)$$

利用圆周卷积图解法，求得 $L=3$ 的圆周卷积如图 6-13(a)，$y_1(0)=2\times1+1\times1=3$。由于内圆上每点均为 1，因此每次圆周移位其值不变，故得循环卷积为 $y_1(n)=[3, 3, 3]$。同理可求 $L=5$ 的圆周卷积如图 6-13(b)～(f)所示，$y_2(n)=[0, 1, 3, 3, 2]$。当 $L=N_1+N_2-1=3+3-1=5$ 时，此时圆周卷积等于线性卷积。

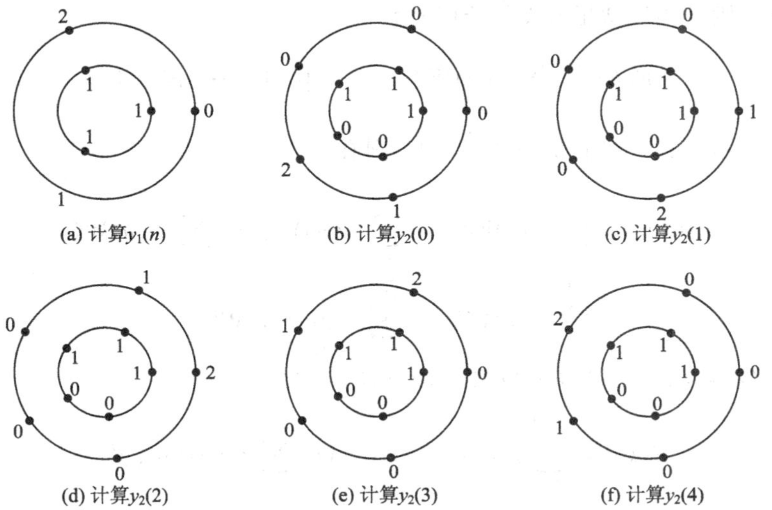

图 6-13　圆周卷积图解

6.4　快速傅里叶变换

快速傅里叶变换(FFT)并不是与离散傅里叶变换(DFT)不同的另外一种变换，只是为减少离散傅里叶变换计算次数而设计的一种快速有效的算法。由前面讨论可知，对于一个长度为 N 的序列 $f(n)$，其离散傅里叶变换为

$$F(k) = \sum_{n=0}^{N-1} f(n)W_N^{kn}, \quad k = 0, 1, \cdots, N-1$$

一般来说，$f(n)$ 和 W_N^{kn} 都是复数，$F(k)$ 也是复数，因此每计算一个 $F(k)$ 值，需要 N 次 $f(n)W_N^{kn}$ 形式的复数乘法和 $N-1$ 次复数加法的运算。而 $F(k)$ 共有 N 个点($k=0, 1, \cdots, N-1$)，所以完成全部离散傅里叶变换运算总共需要 N^2 次复数乘法和 $N(N-1)$ 次复数加法。傅里叶反变换也同样需要上述运算量。由此可见，直接计算离散傅里叶变换时，乘法次数与加法次数都与 N^2 成正比，N 愈大，运算量将显著增加。为此需要对离散傅里叶变换的计算方法进行改进，以减少总的运算次数。

6.4.1 快速傅里叶变换原理

按时间抽取的快速傅里叶变换算法的基本思想是：将输入的有限长序列首先分成奇数序列和偶数序列，分别计算出奇数序列和偶数序列的离散傅里叶变换，然后根据 W_N^{kn} 的周期性和对称性质，将其化简。接着将已分成的奇数序列和偶数序列再次分别划分成奇数序列和偶数序列，然后分别计算其离散傅里叶变换后，再按上述方法进行化简。如此反复，直至被划分成的奇数序列和偶数序列长度为 1 为止。

基于这种思想，下面简要介绍基 2 的时间抽取快速傅里叶变换算法定理。设有限长序列 $f(n)$的长度为 N，N 是 2 的幂次($N=2^m$，m 为整数)，否则 $f(n)$后面补零值，直到 N 满足要求为止。则其离散傅里叶变换 $F(k)$为

$$F(k)=\sum_{n=0}^{N-1}f(n)W_N^{kn},\quad k=0,1,\cdots,N-1$$

令 $n=2r$(或 $n=2r+1$)，其中 $0\leqslant r\leqslant\frac{N}{2}-1$，则有

$$\begin{aligned}F(k)&=\sum_{n=0}^{N-1}f(n)W_N^{kn}=\sum_{n=\text{偶数}}f(n)W_N^{kn}+\sum_{n=\text{奇数}}f(n)W_N^{kn}\\&=\sum_{r=0}^{\frac{N}{2}-1}f(2r)W_N^{2kr}+\sum_{r=0}^{\frac{N}{2}-1}f(2r+1)W_N^{(2r+1)k}\end{aligned}$$

记 $f(2r)$为 $f_1(r)$，$f(2r+1)$为 $f_2(r)$代入上式得

$$F(k)=\sum_{r=0}^{\frac{N}{2}-1}f_1(r)(W_N^2)^{kr}+W_N^k\sum_{r=0}^{\frac{N}{2}-1}f_2(r)(W_N^2)^{kr}\tag{6-24}$$

令

$$F_1(k)=\sum_{r=0}^{\frac{N}{2}-1}f_1(r)(W_N^2)^{kr}=\sum_{r=0}^{\frac{N}{2}-1}f_1(r)(W_{N/2}^1)^{kr}$$

$$F_2(k)=\sum_{r=0}^{\frac{N}{2}-1}f_2(r)(W_N^2)^{kr}=\sum_{r=0}^{\frac{N}{2}-1}f_2(r)(W_{N/2}^1)^{kr}$$

式(6－24)改写为

$$F(k)=F_1(k)+W_N^kF_2(k),\quad k=0,1,\cdots,N-1\tag{6-25}$$

上式表明，求 N 点的离散傅里叶变换 $F(k)$可分解为求两个 $N/2$ 点的离散傅里叶变换 $F_1(k)$和 $F_2(k)$的代数和。当 $k=0,1,\cdots,\frac{N}{2}-1$ 时，考虑到 W_N 对称性以及 $F_1(k)$和 $F_2(k)$周期性

$$\begin{cases}W_N^{\left(k+\frac{N}{2}\right)n}=-W_N^{kn}\\F_1(k)=F_1\left(k+\frac{N}{2}\right),\quad k=0,1,\cdots,\frac{N}{2}-1\\F_2(k)=F_2\left(k+\frac{N}{2}\right)\end{cases}$$

式(6－25)可写为

$$\begin{cases} F(k) = F_1(k) + W_N^k F_2(k) \\ F\left(k + \dfrac{N}{2}\right) = F_1(k) - W_N^k F_2(k) \end{cases}, \quad k = 0, 1, \cdots, \frac{N}{2} - 1 \tag{6-26}$$

式(6-26)可用流图来表示，流图的形式如图 6-14 所示，称为蝶形运算单元。蝶形运算单元左边两节点为输入节点，代表输入数值；右边两节点为输出节点，表示输入数值的代数和，运算是自左向右进行的。流图线上没标注，则加权系数默认为 1，线旁标注的加权系数 W_N^k 和 -1 分别与输入数值作乘法运算。从式(6-26)可知，每个蝶形运算需要 1 次乘法和 2 次加法(1 次加法和 1 次减法)。以 $N=8$ 为例代入式(6-26)，有

$$\begin{cases} F(0) = F_1(0) + W_8^0 F_2(0) \\ F(1) = F_1(1) + W_8^1 F_2(1) \\ F(2) = F_1(2) + W_8^2 F_2(2) \\ F(3) = F_1(3) + W_8^3 F_2(3) \\ F(4) = F_1(0) - W_8^0 F_2(0) \\ F(5) = F_1(1) - W_8^1 F_2(1) \\ F(6) = F_1(2) - W_8^2 F_2(2) \\ F(7) = F_1(3) - W_8^3 F_2(3) \end{cases} \tag{6-27}$$

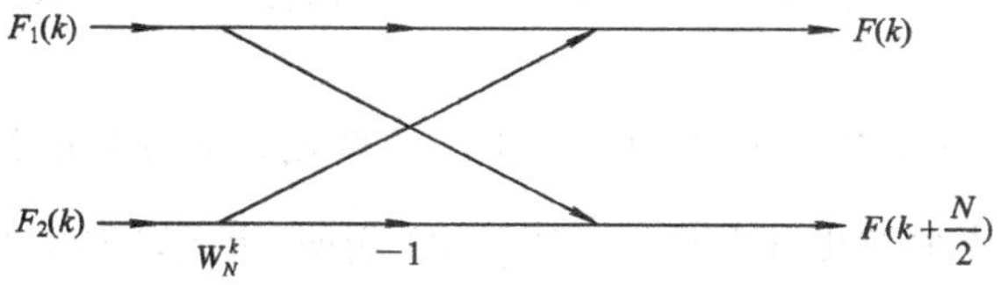

图 6-14　蝶形运算单元

8 点的离散傅里叶变换 $F(k)$ 可分解为两个 4 点的离散傅里叶变换 $F_1(k)$ 和 $F_2(k)$ 以及 4 个蝶形运算。如图 6-15 右边，由 $F_1(0)$、$F_2(0)$、$F(0)$ 和 $F(4)$ 组成第一个蝶形运算单元，由 $F_1(3)$、$F_2(3)$、$F(3)$ 和 $F(7)$ 组成第四个蝶形运算单元。

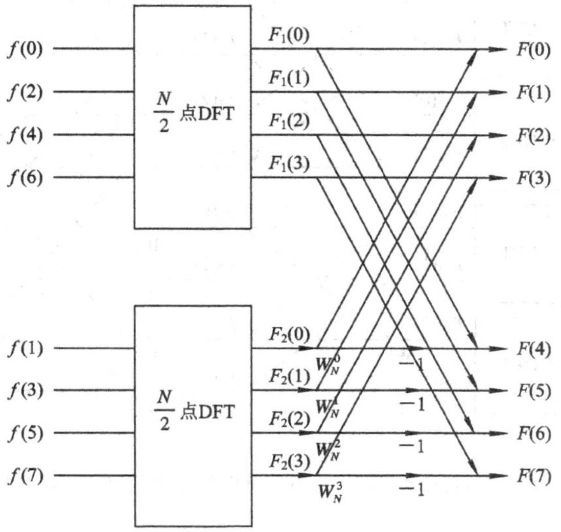

图 6-15　按时间抽取将 $N=8$ 点 DFT 分解为两个 $N/2$ 点 DFT

当 $N=8$ 时，$F_1(k)$是由 $f(0)$、$f(2)$、$f(4)$、$f(6)$4 个偶数点序列组成的 4 点离散傅里叶变换，按上述方法继续再分解为两个 $N/4$ 点的离散傅里叶变换。

令 $r=2l$(或 $r=2l+1$)，其中 $0\leqslant l\leqslant \frac{N}{4}-1$

$$
\begin{aligned}
F_1(k) &= \sum_{r=0}^{\frac{N}{2}-1} f_1(r)(W_{N/2}^1)^{kr} = \sum_{r=\text{偶数}} f_1(r)(W_{N/2}^1)^{kr} + \sum_{r=\text{奇数}} f_1(r)(W_{N/2}^1)^{kr} \\
&= \sum_{l=0}^{\frac{N}{4}-1} f_1(2l)(W_{N/2}^1)^{2kl} + \sum_{l=0}^{\frac{N}{4}-1} f_1(2l+1)(W_{N/2}^1)^{(2l+1)k}
\end{aligned}
$$

记 $f_1(2l)$为 $f_{11}(l)$，$f_1(2l+1)$为 $f_{12}(l)$，代入上式得

$$
\begin{aligned}
F_1(k) &= \sum_{l=0}^{\frac{N}{4}-1} f_{11}(l)(W_{N/2}^1)^{2kl} + W_{N/2}^k \sum_{l=0}^{\frac{N}{4}-1} f_{12}(l)(W_{N/2}^1)^{2lk} \\
&= \sum_{l=0}^{\frac{N}{4}-1} f_{11}(l)(W_{N/4}^1)^{kl} + W_{N/2}^k \sum_{l=0}^{\frac{N}{4}-1} f_{12}(l)(W_{N/4}^1)^{lk}
\end{aligned}
\tag{6-28}
$$

当 $N=8$ 时，$\sum_{l=0}^{\frac{N}{4}-1} f_{11}(l)(W_{N/4}^1)^{kl}$ 是 $f(0)$ 和 $f(4)$ 两点离散傅里叶变换，$\sum_{l=0}^{\frac{N}{4}-1} f_{12}(l)(W_{N/4}^1)^{lk}$ 是 $f(2)$ 和 $f(6)$ 两点离散傅里叶变换。式(6-28) 表明，$F_1(k)$为 2 个两点离散傅里叶变换的代数和。同理利用上述将长序列的离散傅里叶变换变为短序列的离散傅里叶变换，可以将 $F_2(k)$继续分解为两个 $N/4$ 点的离散傅里叶变换。如此反复，直至被划分成的奇数和偶数序列长度为 1 为止，如图 6-16、6-17 所示。

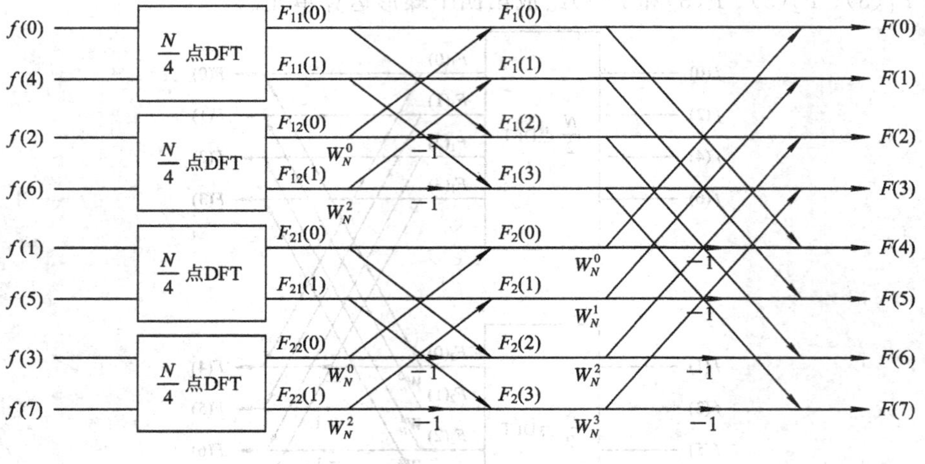

图 6-16　按时间抽取将 $N=8$ 点 DFT 分解为四个 $N/4$ 点 DFT

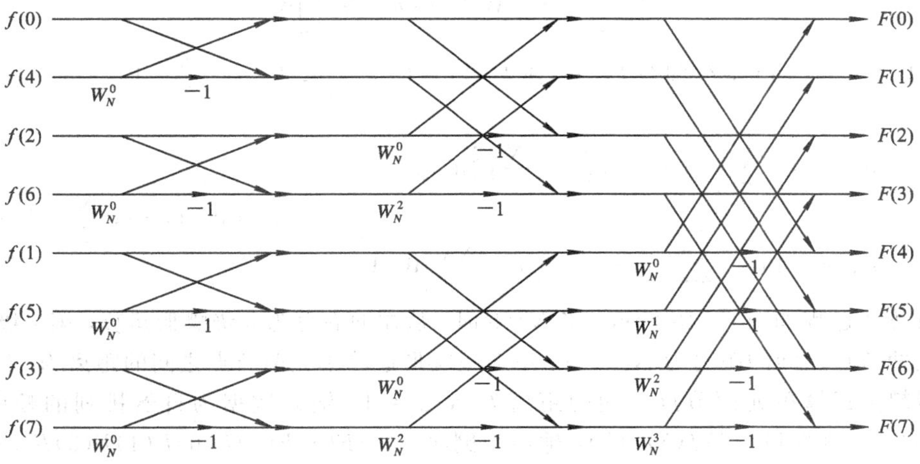

图 6-17　按时间抽取将 $N=8$ 点 DFT 分解为八个 $N/8$ 点 DFT

在图 6-17 中，从左到右可分为 3($\mathrm{lb}N=\mathrm{lb}8=3$)级运算。2 个节点组成一个蝶形运算单元，每级运算中有 $N/2$ 个蝶形运算单元。每个蝶形运算单元需要 1 次乘法和 2 次加法。利用蝶形运算完成 N 点的离散傅里叶变换称为快速傅里叶变换(FFT)，快速傅里叶变换需要复数乘法运算次数$\frac{N}{2}\mathrm{lb}N$，复数加法运算次数为：

$$2\frac{N}{2}\mathrm{lb}N = N\,\mathrm{lb}N \tag{6-29}$$

快速傅里叶变换乘法运算次数和加法运算次数都只与 $N\,\mathrm{lb}N$ 成正比，与 N 点有限长序列直接作离散傅里叶变换需要运算次数 N^2 相比要少。特别是当 N 较大时，优越性更明显。当 $N=8$ 时，从左向右分为 3 级蝶形运算，第 1 级蝶形运算单元两节点之间的距离为 $N/2^3=1$，第 2 级蝶形运算单元两节点之间的距离为 $N/2^2=2$，第 3 级蝶形运算单元两节点之间的距离为 $N/2^1=4$。

值得注意的是，在计算 8 点快速傅里叶变换之前，应将输入数据 $f(0)f(1)f(2)f(3)f(4)f(5)f(6)f(7)$倒排，即 $f(0)f(4)f(2)f(6)f(1)f(5)f(3)f(7)$，如图 6-17 左边所示。

上面讨论的按时间抽取快速傅里叶变换算法，是将输入序列 $f(n)$按奇数或偶数分解为越来越短的序列，使得输入序列倒排，称为时间抽取快速傅里叶变换算法。若将输出序列 $F(k)$按 k 取奇数或偶数，分解成越来越短的序列，称为按频域抽取快速傅里叶变换算法。频域抽取快速傅里叶变换算法实际上是将输入序列反复分成前、后两部分来完成，即

$$\begin{aligned}F(k) &= \sum_{n=0}^{N-1} f(n)W_N^{kn} = \sum_{n=0}^{\frac{N}{2}-1} f(n)W_N^{kn} + \sum_{n=\frac{N}{2}}^{N-1} f(n)W_N^{kn} \\ &= \sum_{n=0}^{\frac{N}{2}-1} f(n)W_N^{kn} + \sum_{n=0}^{\frac{N}{2}-1} f\left(n+\frac{N}{2}\right)W_N^{kn}W_N^{Nk/2}\end{aligned}$$

$$= \sum_{n=0}^{\frac{N}{2}-1}\left[f(n) + W_N^{Nk/2} f\left(n+\frac{N}{2}\right)\right] W_N^{kn}$$

式中，$W_N^{Nk/2}=(-1)^k$，分别令 $k=2r$(或 $k=2r+1$)，$r=0, 1, \cdots, \frac{N}{2}-1$。

$$\left.\begin{aligned} F(2r) &= \sum_{n=0}^{\frac{N}{2}-1}\left[f(n)+f\left(n+\frac{N}{2}\right)\right]W_{N/2}^{nr} \\ F(2r+1) &= \sum_{n=0}^{\frac{N}{2}-1}\left[f(n)-f\left(n+\frac{N}{2}\right)\right]W_N^n W_{N/2}^{nr} \end{aligned}\right\}, \quad r=0, 1, \cdots, \frac{N}{2}-1 \quad (6-30)$$

其算法过程如图 6-18 所示。当 $N=8$ 时，从左向右分为 3 级蝶形运算，第 1 级蝶形运算单元两节点之间的距离为 $N/2=4$，第 2 级蝶形运算单元两节点之间的距离为 $N/2^2=2$，第 3 级蝶形运算单元两节点之间的距离为 $N/2^3=1$。输入数据为自然排列的顺序 $f(0)$ $f(1)f(2)f(3)f(4)f(5)f(6)f(7)$，输出为倒序 $F(0)F(4)F(2)F(6)F(1)F(5)F(3)F(7)$。

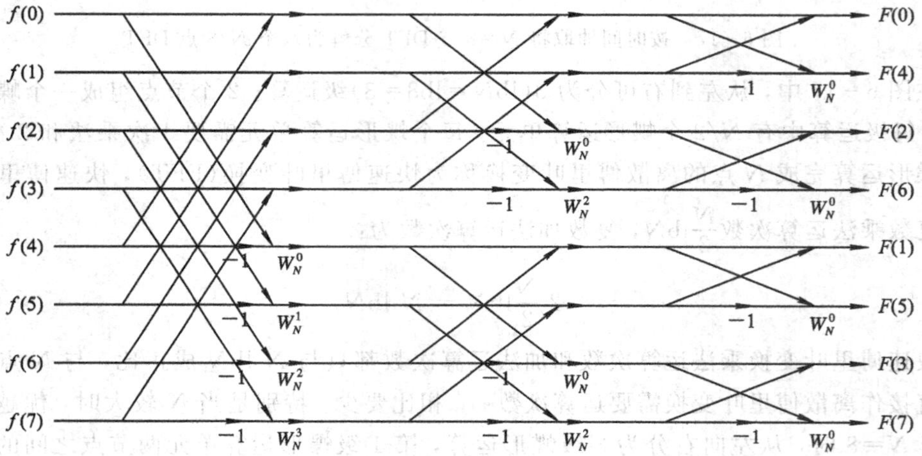

图 6-18　$N=8$ 按频率抽取快速傅里叶变换算法

6.4.2　逆快速傅里叶变换(IFFT)

前面推导了快速傅里叶变换(FFT)，按同样的思想可推导逆离散傅里叶变换的快速算法。比较如下两式

$$F(k) = \sum_{n=0}^{N-1} f(n) W_N^{kn}$$

$$f(n) = \frac{1}{N}\sum_{k=0}^{N-1} F(k) W_N^{-kn}$$

从以上两式中可以看出，只要将正变换中的 W_N^{kn} 换成 W_N^{-kn}，同时将 $f(n)$和 $F(k)$互换，然后再乘以常数$\frac{1}{N}$(各级乘以$\frac{1}{2}$)即变成逆变换。也就是说，根据离散傅里叶变换的快速算法很容易地求出 IDFT 的快速算法。这个过程如图 6-19 所示，图 6-19 由图 6-18 转换而来。

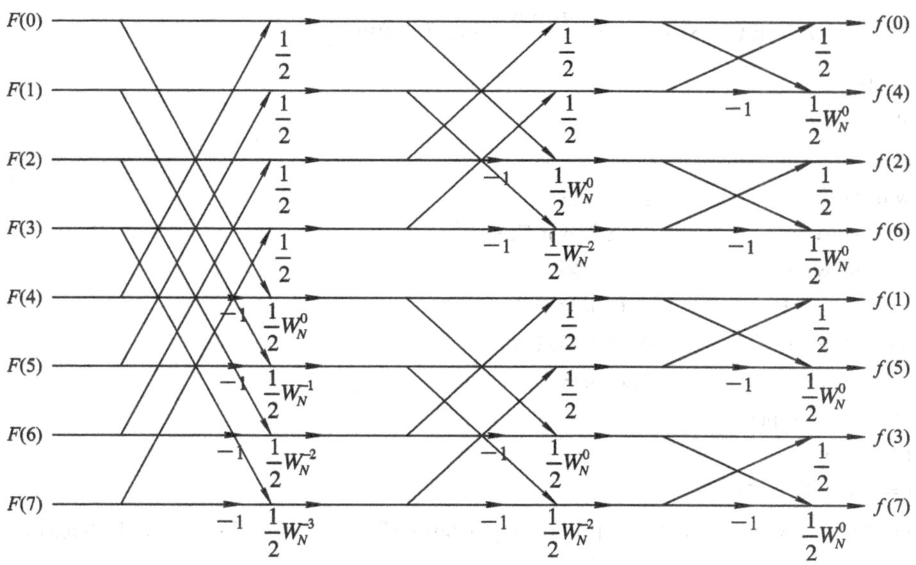

图 6－19　按时间抽取 IFFT 算法

另外，我们还可以通过序列共轭对称性来得到另外一种 IDFT 的快速算法。

将 $f(n)=\frac{1}{N}\sum_{k=0}^{N-1}F(k)W_N^{-kn}$ 两边取共轭得

$$f^*(n)=\left[\frac{1}{N}\sum_{k=0}^{N-1}F(k)W_N^{-kn}\right]^*=\frac{1}{N}\sum_{k=0}^{N-1}F^*(k)W_N^{kn}$$

对上式两边再取共轭，得

$$\begin{aligned}f(n)&=\left[\frac{1}{N}\sum_{k=0}^{N-1}F^*(k)W_N^{kn}\right]^*\\&=\frac{1}{N}\left[\sum_{k=0}^{N-1}F^*(k)W_N^{kn}\right]^*\\&=\frac{1}{N}\mathrm{DFT}[F^*(k)]^*\end{aligned}\tag{6-31}$$

由此可见，只要先将 $F(k)$序列取共轭，经过 DFT 的快速运算后再将结果取共轭乘上系数 $1/N$，即可得到 $f(n)$序列。这种方法用于计算机运算时，可以直接调用离散傅里叶变换快速算法的程序。

6.5　MATLAB 语言在离散傅里叶变换及快速傅里叶变换中的应用

6.5.1　利用 MATLAB 实现信号采样与恢复

例 6－7　利用 MATLAB 实现对信号 Sa(t)的采样及由采样信号恢复 Sa(t)。

解　因为 $Sa(t) \leftrightarrow \pi g_2(\omega)$，所以 $Sa(t)$ 的最高频率为 $\omega_m=1$，取临界采样 $\omega_s=2\omega_m$，$T_s=\frac{2\pi}{\omega_s}=\frac{2\pi}{2\omega_m}=\pi$。注意，$\mathrm{sinc}(x)=\frac{\sin\pi x}{\pi x}$，$Sa(t)=\mathrm{sinc}\,\frac{t}{\pi}$。

```
%M61
clc;
clear;
wm=1;                  %信号带宽
wc=wm;                 %滤波器截止频率
Ts=pi/wm;              %采样间隔
ws=2*pi/Ts;            %采样角频率
n=-100:100;            %时域采样点数
nTs=n*Ts;              %时域采样点
f=sinc(nTs/pi);
Dt=0.005;
t=-15:Dt:15;
fa=f*Ts*wc/pi*sinc((wc/pi)*(ones(length(nTs),1)*t-nTs'*ones(1,length(t))));
                       %信号重构

error=abs(fa-sinc(t/pi)); %求重构信号与原信号的误差

figure(1);
t1=-15:1:15;
f1=sinc(t1*Ts/pi);
stem(t1,f1);
xlabel('nTs');
ylabel('f(nTs)');
title('sa(t)=sinc(t/pi)临界采样信号');

figure(2);
plot(t,fa);
xlabel('t');
ylabel('fa(t)');
title('由 sa(t)=sinc(t/pi)的临界采样信号重构 sa(t)');
grid;

figure(3);
plot(t,error);
xlabel('t');
ylabel('error(t)');
title('临界采样信号与原信号的误差 error(t)');
```

结果如图 6－20(c)所示，两信号的绝对误差 error 已在 10^{-6} 数量级，说明重构信号的精度已经很高。

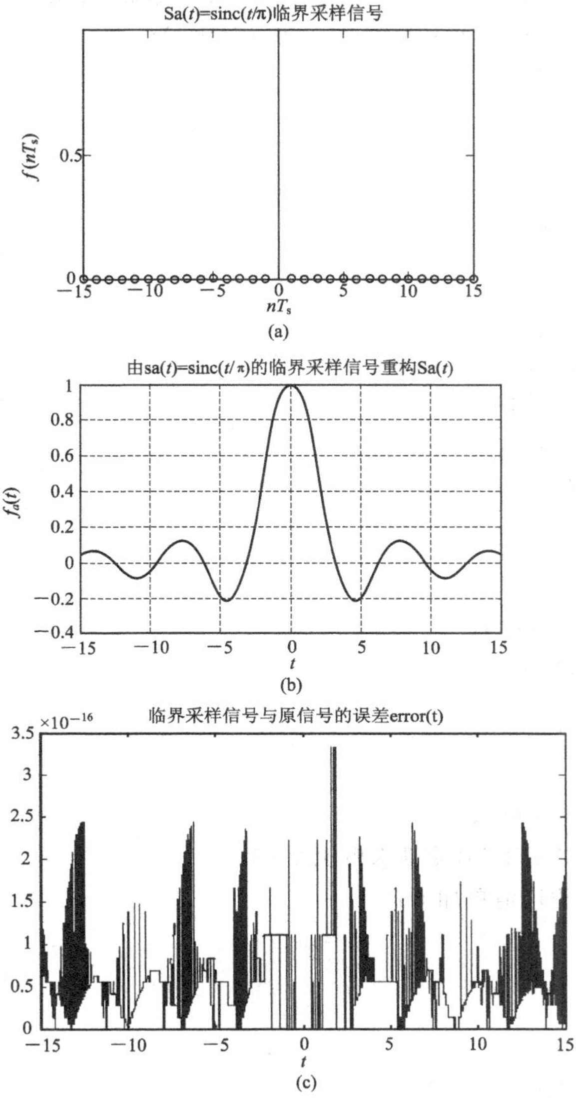

图 6-20　信号采样与重构

6.5.2 MATLAB 在 DFT 中的应用

例 6-8　利用 MATLAB 重新求解例 6-2。

解　MATLAB 程序清单如下：

```
%M62
clc;
clear;
N=5;
n=0:N-1;
fn=[(n>=0)&(n<=(N-1))];         %产生信号
```

```
w=2*pi*(0:2047)/2048;              %对fn的频谱采样2048个点可看做连续频谱
Fw=(1-exp(-j*N*w))./(1-exp(-j*w)+eps);
subplot(3,1,1);
stem(n,fn);
xlabel('n');
ylabel('f(n)');
title('离散时间信号');
grid;

subplot(3,1,2);
plot(w/pi,abs(Fw));
xlabel('w(0-2)*pi');
ylabel('|H(w)|');
title('幅频响应');
grid;

subplot(3,1,3);
plot(w/pi,angle(Fw));
xlabel('w(0-2)*pi');
ylabel('相位');
title('相频响应');
grid;
```

运行结果如图 6-7 所示。

例 6-9 利用 MATLAB 重新求解例 6-3。

解 MATLAB 程序清单如下：

```
%T6-2
clc;
clear;
wc=pi/2;
n=[-100:100];
w=2*pi*(0:2047)/2048;          %对频谱采样2048个点可看做连续频谱
Hw=[(w>=0)&(w<=wc)];

subplot(2,1,1);
plot(w/pi,Hw);
xlabel('w(0-2)*pi');
ylabel('|H(w)|');
title('幅频响应');
grid;

n1=n+eps;
hn=sin(wc*n1)./(pi*n1);
```

```
subplot(2, 1, 2);
stem(n, hn);
xlabel('n');
ylabel('h(n)');
title('单位序列响应');
```

运行结果如图 6-9 所示。

例 6-10　利用 MATLAB 编写离散傅里叶变换函数。

解　离散傅里叶变换函数如下：

```
function [Xk]=dft(xn, N)
        n= [0: 1: N-1];
        k=n;
        WN=exp(-j * 2 * pi/N);
        nk=n' * k;
        WNnk=WN. ^ nk;
        Xk= xn * WNnk;

function [xn]=idft(Xk, N)
        n= [0: 1: N-1];
        k= n;
        WN=exp(-j * 2 * pi/N);
        nk=n' *  k;
        WNnk=WN. ^ (-nk);
        xn= (Xk * WNnk) /N;
```

例 6-11　利用 MATLAB 求 $f(n)=a^n\varepsilon(n)$ 的离散傅里叶变换，设长度为 $N=8$，$a=0.7$。

解　MATLAB 程序清单如下：

```
clear;
clc;
N=8;
a=0.7;
n=[0: N-1];
fn=a. ^ n;
Fk=dft(fn, N);
subplot(3, 1, 1)
stem(n, fn, '. k') ; axis([0, 8, 0, 1.5])
subplot(3, 1, 2)
stem(n, abs(Fk), '. k') ; axis([0, 8, 0, 5] )
subplot(3, 1, 3)
stem(n, angle(Fk), '. k') ; axis([0, 8, -1.5, 1.5])
```

图 6-21 所示为 $f(n)$ 和 $F(k)$ 的幅度特性与相位特性。

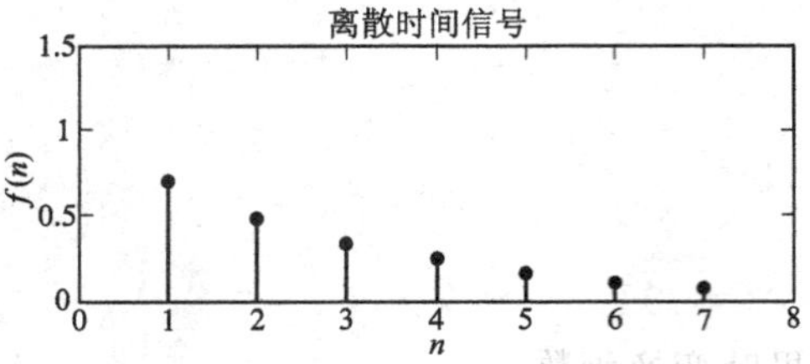

(a) 离散时间信号

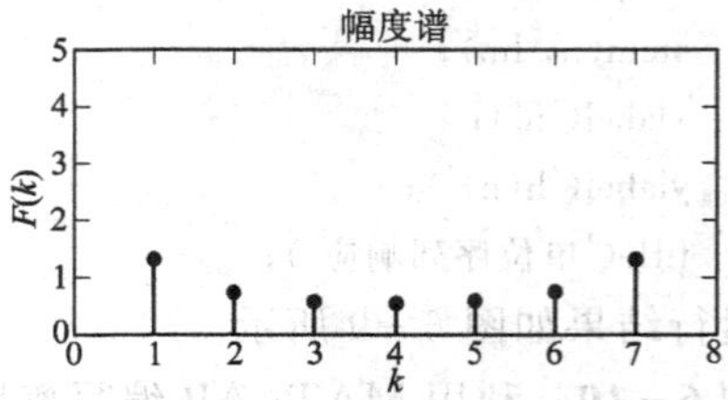

(b) 离散时间信号的幅度特性

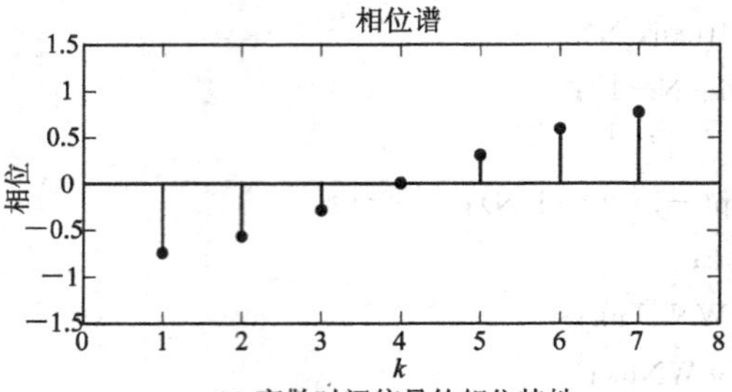

(c) 离散时间信号的相位特性

图 6－21　离散时间信号的幅度特性与相位特性

例 6－12　利用 MATLAB 重新求解例 6－5。

```
%TM66 - T6 - 5
clc;
clear;
Fk=[0, 2, 0, 2];
fn=idft(Fk, 4)
```

程序运行的结果为：

```
fn = 1.0000    -0.0000    -1.0000+0.0000i    0.0000
```

例 6－13　利用 MATLAB 重新求解例 6－6，设 $f(n)$ 和 $h(n)$ 是两个四点离散时间信号，$f(n)=[1, 1, 1]$，$h(n)=[0, 1, 2]$。

① 确定它们的线性卷积 $y_1(n)=f(n)*h(n)$。

② 计算圆周卷积 $y_3(n)$，使得它与 $y(n)$ 相等。

解　利用 MATLAB 来解决这个问题。线性卷积可以调用 conv 函数，圆周卷积也可调用 cir_convt 函数，关键是圆周卷积的长度要正确选择，必须使 $L\geqslant N_1+N_2-1=3+3-1=5$。选择 $N=5$，程序如下：

```
clc;
clear;
fn=[1, 1, 1];
hn=[0, 1, 2];
y1=conv(fn, hn)                  %线性卷积
y3=cir_convt(fn, hn, 5)          %圆周卷积，长度为 5
```

程序运行的结果为

```
y1 =   0     1     3     3    2
y3 =   0.0000-0.0000i   1.0000-0.0000i   3.0000   3.0000   2.0000-0.0000i
```

因此 $y_1(n)=y_3(n)$。本例说明，为了用 DFT 做线性卷积，必须选择足够大的 L。另外，本例需要用到圆周卷积函数，MATLAB 程序如下：

```
function y=cir_convt(x1, x2, N);
if length(x1)>N
    error('Length(x1) is not greater than N');
end
if length(x2)>N
    error('Length(x2) is not greater than N');
end
x1=[x1, zeros(1, N-length(x1))];
x2=[x2, zeros(1, N-length(x2))];
Xk1=dft(x1, N);
Xk2=dft(x2, N);
Yk=Xk1.*Xk2;
y=idft(Yk, N);
```

6.5.3　MATLAB 在 FFT 中的应用

例 6-14　验证频域采样和时域采样的对偶性。

① 产生一个三角波序列 $f(n)$，长度为 $M=40$。

② 计算 $N=64$ 时的 $F(k)=\text{DFT}[f(n)]$，并画出 $f(n)$和 $F(k)$的图形。

③ 对 $F(k)$在$[0, 2\pi]$上进行 32 点抽样，得到 $F_1(k)=F(2k)$，$k=0, 1, \cdots, 31$。

④ 求 $F(k)$的 32 点 IDFT，即 $f_1(n)=\text{IDFT}[F(k)]$。

⑤ 绘制 $f_1((n))32$ 的波形图，观察 $f_1((n))32$ 和 $f(n)$的关系，并加以说明。

解　程序清单如下：

```
%M68 验证频域采样和时域采样的对偶性
M=40; N=64; n=0: M;
fa=[0: floor(M/2)]; fb=ceil(M/2)-1: -1: 0;
fn=[fa fb]                     %产生长度为 M=40 的三角波序列 f(n)
Fk=fft(fn, 64);                %计算 F(k)=DFT[f(n)]
F1k=Fk(1: 2: N)                %对 F(k)隔点抽取得到 F1(k)
f1n=ifft(F1k, 32);             %计算 f1(n)=IDFT [F1(k)]
nc=0: 4*N/2;                   %取 129 点进行观察
fc=f1n(mod(nc, N/2)+1);        %将 f1(n)以 N/2 为周期进行延拓
subplot(3, 2, 1);
stem(n, fn, '.');
ylabel('f(n)');
title('40 点的三角波序列 f(n)')
subplot(3, 2, 2);
k1=0: N-1;
stem(k1, abs(Fk), '.');
ylabel('|F(k)|');
```

```
title('64 点的 DFT [f(n)]')

subplot(3，2，3)；
k2=0：N/2-1；
stem(k2，abs(F1k)，'.')；
ylabel('|f1(k)|')；
title('隔点抽取 F(k)得到 F1(k)')；

subplot(3，2，4)；
n1=0：N/2-1；
stem(n1，f1n，'.')；
ylabel('f1(n)')；
title('32 点的 IDFT[F2(k)]=f1(n)')
subplot(3，2，5)；
stem(nc，fc，'.')；
ylabel('f1((n))32')；
title('f1(n)的周期延拓序列')
```

程序运行结果如图 6-22 所示。

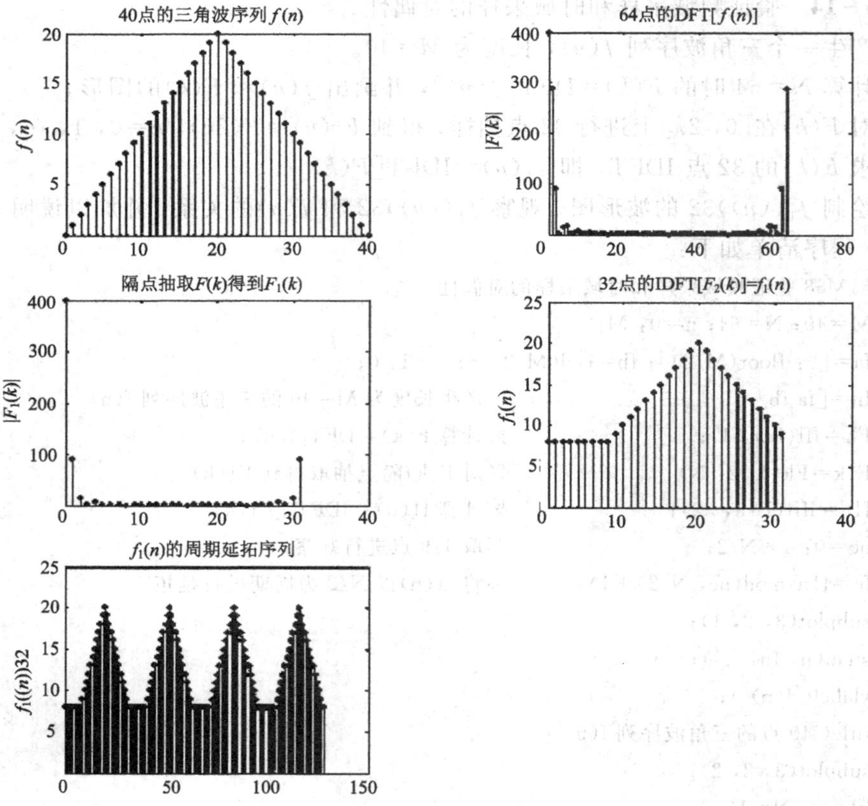

图 6-22　例 6-14 运行结果

由图 6-22 看出，在频域[0，2π]上采样点数 $N=32$ 小于离散信号 $f(n)$的长度 $M=40$，所以产生时域混叠现象，不能由 $F(k)$恢复出原序列 $f(n)$。只有当 $N>M$ 时，才能由频域采样 $F(k)$不失真地恢复出原序列 $f(n)$，即 $f(n)=\text{DFT}[F(k)]$。

例 6-15　用快速傅里叶变换计算下面两个序列的卷积。

$$f(n) = \sin(0.4n)R_{15}(n)$$

$$h(n) = 0.9^n R_{20}(n)$$

解　程序清单如下：

```
%M69
M=15; N=20; nf=1: 15; nh=1: 20;
fn=sin(0.4 * nf); hn=0.9.^nh;
L=pow2(nextpow2(M+N-1));
Fk=fft(fn, L);
Hk=fft(hn, L);
Yk=Fk. * Hk;
yn=ifft(Yk, L);
ny=1: L;
subplot(3, 1, 1); stem(nf, fn, '.'); title('f (n)');
subplot(3, 1, 2); stem(nh, hn, '.'); title('h (n)');
subplot(3, 1, 3); stem (ny, real (yn), '.'); title('y(n)');
```

程序运行结果如图 6-23 所示。

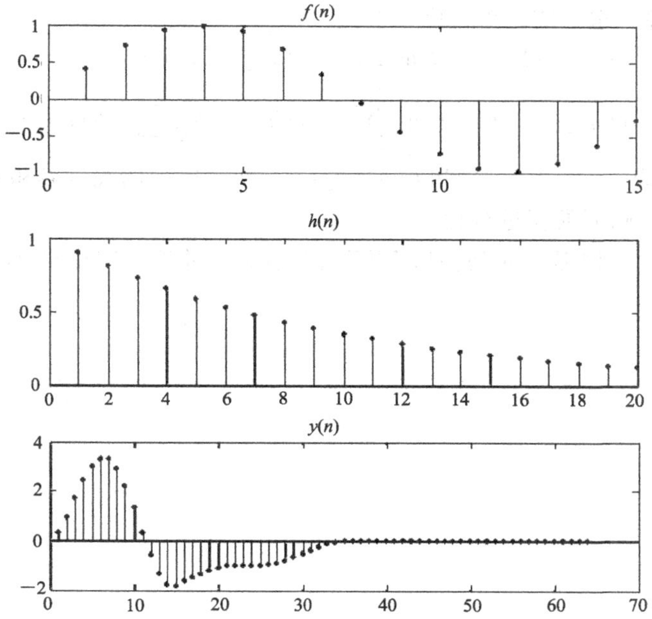

图 6-23　例 6-15 运行结果

小　结

傅里叶变换反映了信号的时域与频域之间的某种对应关系，而离散傅里叶变换(DFT)则是针对有限长序列进行的频谱分析。在对有限长序列进行频谱分析时，如果恰当地利用离散傅里叶变换的性质，可以大大减少运算量，从而提高运算速度。根据序列是输入有序还是输出有序，可将 FFT 分为按时间抽取和按频率抽取两种。在 FFT 算法运算中，基 2FFT 是一种常见的算法。

习　题　6

6-1　设信号 $f(t)$为包含 $0\sim\omega_m$ 的频带有限信号，试确定 $f(4t)$的奈奎斯特频率。

6-2　设 $f(n)=a^n\varepsilon(n)$，$|a|<1$，求 $F(e^{jw})$。

6-3　计算下列各离散时间信号的离散时间傅里叶变换 $F(e^{jw})$：

(1) $\left(\frac{1}{2}\right)^n[\varepsilon(n+2)-\varepsilon(n-2)]$；

(2) $\delta(4-2n)$。

6-4　某理想高通滤波器的频率响应为

$$H(e^{jw})=\begin{cases}1, & w_c<|w|\leqslant\pi \\ 0, & 0\leqslant w\leqslant w_c\end{cases}$$

其中 w_c 为截止频率，求系统的单位序列响应。

6-5　设 DFT$[f(n)]=F(k)$，求证 DFT$[F(k)]=Nf(N-n)$。

6-6　设 DFT$[f(n)]=F(k)$，求证 $\sum_{n=0}^{N-1}|f(n)|^2=\frac{1}{N}\sum_{k=0}^{N-1}|F(k)|^2$，即帕斯瓦尔关系。

6-7　分别计算 $f(n)=[1, 1]$和 $h(n)=[1, 2]$两个序列的线性卷积和圆周卷积，并与通过补零求得 $L=3$ 圆周卷积进行比较。

6-8　画出 $N=4$ 时基 2 时间抽取 FFT 算法流图，并按此图求出 $f(n)=[1, 1, 1, 1]$的 $F(k)$。

第 7 章　数字滤波器设计

7.1　概　　述

在工程信号中往往混有噪声，如何从接收到的信号中消除或减弱噪声是信号传输和处理中十分重要的问题。根据信号和噪声的不同特性，消除或减弱噪声，提取信号的过程称为滤波，实现滤波功能的系统称为滤波器。滤波器可以用各种标准来分类，按频带可分为低通滤波器、高通滤波器和带通滤波器及带阻滤波器，按照被处理信号是否连续可分为模拟滤波器和数字滤波器。

在工程应用中多数情况是利用数字滤波器来处理模拟信号，处理模拟信号的数字滤波器的基本结构如图 7－1 所示。输入端接入一个低通模拟滤波器 $H_1(s)$，其作用是对输入信号 $f_0(t)$的频带进行限制，以避免频谱混叠。A/D 变换器将模拟信号转换为数字信号，D/A 变换器将数字信号转换为模拟信号。在输出端也接一个低通模拟滤波器 $H_2(s)$，以便将 D/A 变换器输出的模拟信号恢复成连续信号。数字滤波器 $H(z)$，即离散时间系统(LTI)对数字信号进行处理，其功能是将输入的数字信号通过一定的运算，转变为输出的数字信号。数字滤波器频率响应具有周期性，设数字频率用 w 表示，与模拟滤波器的关系为 $w=\omega T_s$，其中 ω 为模拟角频率，T_s 为采样时间间隔。

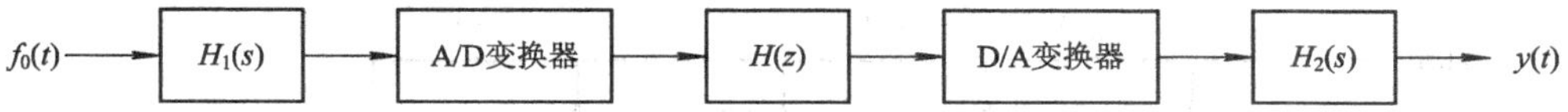

图 7－1　处理模拟信号的数字滤波器基本结构

根据单位序列响应 $h(n)$的长度，数字滤波器可分为无限长冲激响应(IIR)数字滤波器和有限长冲激响应(FIR)数字滤波器两种，也称 IIR 滤波器和 FIR 滤波器。设数字滤波器的系统函数为 $H(z)$，输入信号 $f(n)$对应的 $\mathscr{Z}$变换为 $F(z)$，输出信号 $y(n)$对应的 $\mathscr{Z}$变换为 $Y(z)$，则 IIR 数字滤波器的系统函数为

$$H(z)=\frac{Y(z)}{F(z)}=\frac{\sum_{k=0}^{M}b_k z^{-k}}{1-\sum_{k=1}^{N}a_k z^{-k}} \tag{7-1}$$

上式对应的 N 阶差分方程为

$$y(n)=\sum_{k=1}^{N}a_k y(n-k)+\sum_{k=0}^{M}b_k f(n-k) \tag{7-2}$$

该差分方程的物理意义表示了两个延时网络的混合体，其中 $\sum_{k=0}^{M}b_k f(n-k)$ 对输入信号 $f(n)$ 进行延时后加权相加，加权系数为 b_k。$\sum_{k=1}^{N}a_k y(n-k)$ 对输出信号 $y(n)$ 进行延时后加权相加，加权系数为 a_k，其结构流图如图 7-2 所示。

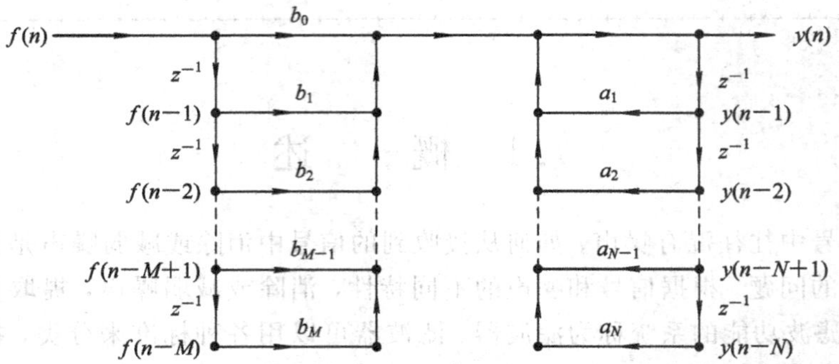

图 7-2 实现 N 阶差分方程的 IIR 数字滤波器直接型结构

该图表明，网络结构由两部分网络级联而成，第一级网络实现了系统的零点，第二级网络实现了系统的极点，总共需要 $N+M$ 级延时单元。

FIR 数字滤波器的系统函数为

$$H(z)=\sum_{n=0}^{N-1}h(n)z^{-n} \tag{7-3}$$

将此方程转化成时域形式，可得差分方程

$$y(n)=\sum_{n=0}^{N-1}h(k)f(n-k) \tag{7-4}$$

根据该差分方程的表达式可画出其对应的网络结构形式，如图 7-3 所示。

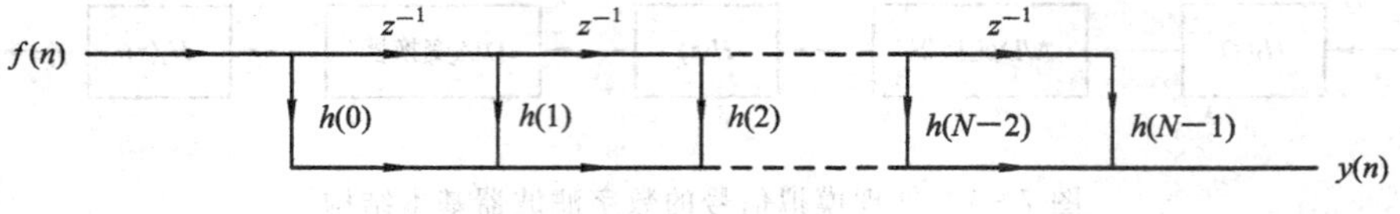

图 7-3 FIR 数字滤波器直接型结构

从结构上看，IIR 数字滤波器采用递归结构，FIR 数字滤波器采用非递归结构。FIR 数字滤波器可以做成具有严格的线性相位，同时又可以具有任意的幅频特性。此外，FIR 数字滤波器的单位序列响应是有限长的，因而 FIR 数字滤波器一定是稳定的。IIR 数字滤波器的优点是可以利用模拟滤波器设计的结果，而模拟滤波器的设计有大量图表可查，方便简单。IIR 数字滤波器可以实现用较少的阶数达到所要求的频率响应特性，因此，所需的运算次数及存储单元都较少，在要求相位特性不严格的场合，使用 IIR 数字滤波器是适宜的，但是它也有明显的缺点，就是相位的非线性，在图像处理以及数据传输等要求具有线性相位特性的场合，IIR 数字滤波器就不太适用了，并且存在稳定性问题。

数字滤波器是一门迅速发展起来的新技术和新学科，它在理论上和实践中都有巨大的意义。数字滤波器理论在网络与滤波理论中占有越来越重要的地位。数字滤波器与模拟滤波器相比较，数字滤波器有如下优点：

(1) 精度高。在很多高精密的数字技术方面是很有效的工具。

(2) 可靠性高。在模拟滤波器中各种参数都有一定的温度系数，模拟滤波器会随着环境的条件变化而出现感应、杂散效应甚至振荡等，而在数字滤波器中，这些因素的影响要小得多。

(3) 灵活性高。一个数字滤波器的性能主要由乘法器的各系数决定，这些系数是存放在系数存储器中的，只要对这些存储器输入不同的数据，就可以随时改变滤波器的参数，从而得到不同的滤波器，这对工程试验研究尤为便利。

(4) 便于大规模集成。数字部件具有高度的规范性，便于大规模集成、大规模生产。数字滤波器可以获得有限长的单位序列响应，可以容易地实现准确的线性相位的滤波器响应，而这是模拟滤波器很难实现的。

(5) 多维滤波。数字滤波器的一个很大特点是可以拥有庞大的存储单元，因而可以将一帧或数帧的图像信号存储起来，实现对图像的多维滤波或帧间滤波。

本章先讨论巴特沃兹模拟滤波器的频率响应函数，然后讨论模拟滤波器设计，IIR 数字滤波器设计，最后讨论用窗口法设计 FIR 数字滤波器。

7.2　巴特沃兹滤波器

在前面学习过理想的低通滤波器，其系统的频率响应函数在截止频率处是陡峭变化的。在实际工程应用中，不可能得到这种频率响应陡峭变化的滤波器，从通带到阻带是一个连续变化的过程，存在过渡带区域。

7.2.1　巴特沃兹滤波器的频率响应函数

巴特沃兹滤波器的频率响应在通带内具有最平坦的特性，并且在通带和阻带内频率响应是单调变化的。模拟巴特沃兹低通滤波器的频率响应函数平方为

$$|H(\omega)|^2=\frac{1}{1+\left(\frac{\omega}{\omega_c}\right)^{2N}} \tag{7-5}$$

上式中 N 为滤波器阶数，ω 为模拟角频率，ω_c 为截止频率。图 7-4 为 N 取不同值时巴特沃兹低通滤波器的频率响应函数。在 $\omega=0$ 处，$|H(\omega)|$ 为最大值；在 $\omega=\omega_c$ 处 $|H(\omega)|=0.707|H(0)|$，即半功率点 $\left(\frac{|H(\omega)|}{|H(0)|}\right)^2=\frac{1}{2}$，或者说 $|H(\omega)|$ 比 $|H(0)|$ 下降了 -3 dB。当滤波器的阶数 N 增加时，

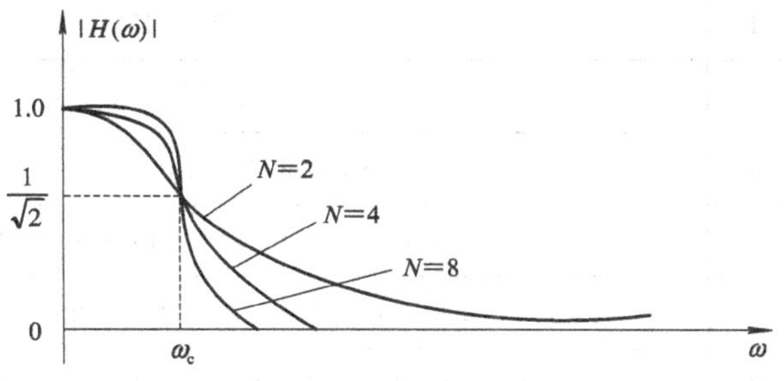

图 7-4　巴特沃兹低通滤波器的频率响应函数

通带频率响应特性变平坦，阻带衰减得更快，整个频率响应特性更趋近于理想低通滤波器，但$|H(\omega)|=0.707|H(0)|$的关系并不随阶次N的变化而改变。

7.2.2　巴特沃兹滤波器系统函数

若用s代替$j\omega$，即经解析延拓，式(7-5)可写为

$$H(s)H(-s)=|H(\omega)|^2_{\omega=\frac{s}{j}}=\frac{1}{1+\left(\frac{s}{j\omega_c}\right)^{2N}} \tag{7-6}$$

$H(s)$为巴特沃兹低通滤波器的系统函数，为求系统函数$H(s)$的极点，令

$$1+\left(\frac{s}{j\omega_c}\right)^{2N}=0 \tag{7-7}$$

$$s_k=(-1)^{\frac{1}{2N}}(j\omega_c)=\omega_c e^{j\pi(2k+N+1)/2N},\quad k=0,1,\cdots,2N-1 \tag{7-8}$$

实际滤波器应是一个因果稳定的系统，因此，式(7-8)s在左半平面的N个根s_k为$H(s)$的极点，s在右半平面的N个根为$H(-s)$的极点。系统函数$H(s)$为

$$H(s)=\frac{\omega_c^N}{\prod_{k=1}^{N}(s-s_k)}=\frac{\omega_c^N}{A_N(s)} \tag{7-9}$$

在一般设计中，把上式中的ω_c选为1 rad/s，即将频率归一化，归一化后巴特沃兹低通滤波器的系统函数分母$A_N(s)$有表7-1所示形式。当截止频率ω_c不为1时，只要将s/ω_c代替归一化多项式中的s即可。在进行低通滤波器设计时，通常都给出一定的技术指标。如：(1) 在通带内ω_1处的增益不能低于k_1；(2) 在阻带内ω_2处的衰减至少为k_2。巴特沃兹低通滤波器技术指标要求的示意图如图7-5所示。该技术指标用数学式表示则为下式：

$$\begin{cases}20\lg|H(\omega)|\geqslant k_1,\ \omega\leqslant\omega_1\\20\lg|H(\omega)|\leqslant k_2,\ \omega\geqslant\omega_2\end{cases} \tag{7-10}$$

表7-1　归一化后巴特沃兹低通滤波器的系统函数分母$A_N(s)$

n	巴特沃兹分母$A_N(s)$
1	$s+1$
2	$s^2+\sqrt{2}s+1$
3	s^3+2s^2+2s+1
4	$s^4+2.613s^3+3.41s^2+2.613s+1$
5	$s^5+3.236s^4+5.236s^3+5.236s^2+3.236s+1$
6	$s^6+3.864s^5+7.464s^4+9.141s^3+7.464s^2+3.864s+1$
7	$s^7+4.494s^6+10.103s^5+14.606s^4+14.606s^3+10.103s^2+4.494s+1$
8	$s^8+5.126s^7+13.137s^6+21.846s^5+25.688s^4+21.846s^3+13.137s^2+5.126s+1$
9	$s^9+5.759s^8+16.582s^7+31.163s^6+41.986s^5+41.986s^4+31.163s^3+16.582s^2+5.759s+1$

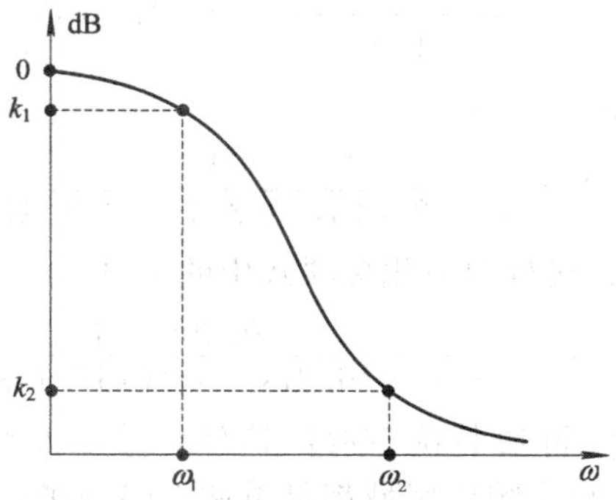

图 7-5　巴特沃兹低通滤波器技术指标要求示意图

将式(7-6)代入式(7-10)得

$$10\lg\left[\frac{1}{1+(\omega/\omega_c)^{2N}}\right]\geqslant k_1,\quad 10\lg\left[\frac{1}{1+(\omega/\omega_c)^{2N}}\right]\leqslant k_2 \tag{7-11}$$

将上式同除以10，并取反对数再化简得

$$\left(\frac{\omega_1}{\omega_2}\right)^{2N}\leqslant\frac{10^{-0.1k_1}-1}{10^{-0.1k_2}-1}$$

$$N\geqslant\frac{\lg\left(\dfrac{10^{-0.1k_1}-1}{10^{-0.1k_2}-1}\right)}{2\lg\left(\dfrac{\omega_1}{\omega_2}\right)} \tag{7-12}$$

取满足式(7-12)的最小整数 N 后，可由式(7-11)求 ω_c。

如果要求通带在 ω_1 处刚好达到指标 k_1，则将 N 代入式(7-11)左边后可得

$$\omega_c=\frac{\omega_1}{(10^{-0.1k_1}-1)^{\frac{1}{2N}}} \tag{7-13}$$

如果要求阻带在 ω_2 处刚好达到指标 k_2，则将 N 代入式(7-11)右边后可得

$$\omega_c=\frac{\omega_2}{(10^{-0.1k_2}-1)^{\frac{1}{2N}}} \tag{7-14}$$

一般取式(7-13)和式(7-14)平均值，能满足工程技术指标。下面举一例来说明巴特沃兹低通滤波器的设计过程。

例 7-1　试设计一巴特沃兹低通滤波器，要求在 20 rad/s 处的频率响应衰减不多于 −2 dB。在 30 rad/s 处的衰减大于 −10 dB。

解　技术指标为

$$\omega_1=20,\ k_1=-2\text{ dB},\ \omega_2=30,\ k_2=-10\text{ dB}$$

$$N\geqslant\frac{\lg\left(\dfrac{10^{-0.1k_1}-1}{10^{-0.1k_2}-1}\right)}{2\lg\left(\dfrac{\omega_1}{\omega_2}\right)}=\frac{\lg\left(\dfrac{10^{0.2}-1}{10^1-1}\right)}{2\lg\left(\dfrac{20}{30}\right)}=3.371$$

选 $N=4$ 代入 $\omega_c=\dfrac{\omega_1}{(10^{-0.1k_1}-1)^{\frac{1}{2N}}}$ 得

$$\omega_c = \frac{20}{(10^{0.2}-1)^{\frac{1}{8}}} = 21.387$$

查表 7－1，归一化系统函数

$$H_4(s) = \frac{1}{s^4 + 2.613s^3 + 3.41s^2 + 2.61s + 1}$$

当 $\omega_c = 21.387$ 时，要将 s/ω_c 代替归一化多项式中的 s 即

$$H_4(s)\Big|_{s \to \frac{s}{21.387}} = \frac{0.209 \times 10^6}{(457.4 + 16.37s + s^2)(457.4 + 39.52s + s^2)}$$

在模拟滤波器的设计中，除巴特沃兹滤波器外，还有切比雪夫滤波器和椭圆滤波器。巴特沃兹低通滤波器在整个频率响应区域都是单调下降的函数，而切比雪夫滤波器在通带或阻带区域具有等波纹特性，椭圆滤波器在通带和阻带都具有等波纹特性。

7.3　双线性变换法设计无限冲激响应滤波器

7.3.1　无限冲激响应滤波器设计方法

实际中通常要求的滤波器是低通、高通、带通、带阻数字滤波器，图 7－6 给出了上述几种理想数字滤波器的频率响应曲线。无限冲激响应数字滤波器可由模拟滤波器转换得到，其设计步骤如下：

(1) 设计一个归一化频率的原型低通模拟滤波器($\omega_c = 1$)；

(2) 由原型低通模拟滤波器转换成所需类型的模拟滤波器，如表 7－2 所示；

(3) 然后转换成数字滤波器。

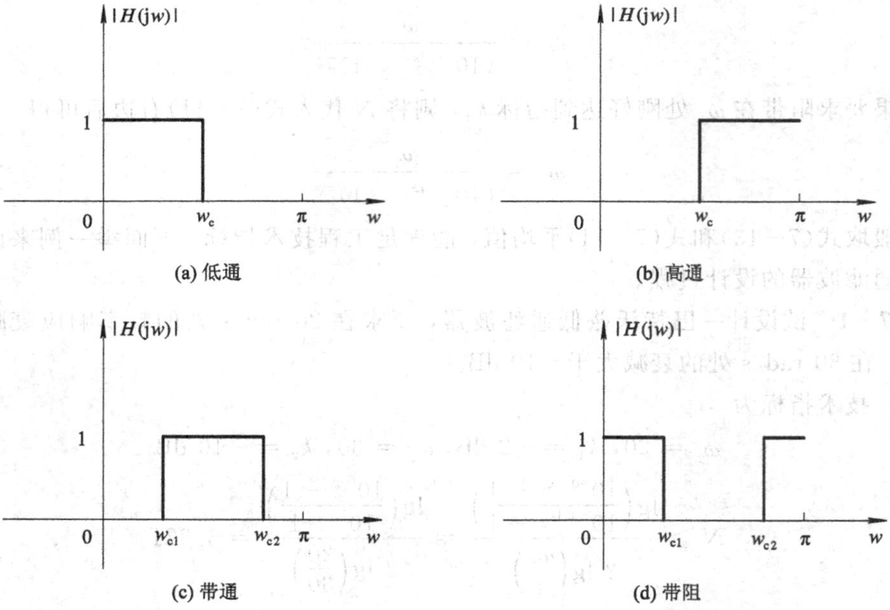

图 7－6　各种理想滤波器频率响应

表 7-2　模拟原型变换成所需类型的模拟滤波器

模拟低通→模拟低通	$s \to \dfrac{s}{\omega_c}$
模拟低通→模拟高通	$s \to \dfrac{\omega_c}{s}$
模拟低通→模拟带通	$s \to \dfrac{s^2+\omega_1\omega_2}{s(\omega_2-\omega_1)}$
模拟低通→模拟带阻	$s \to \dfrac{s(\omega_2-\omega_1)}{s^2+\omega_1\omega_2}$

表中，ω_1 为下截止频率，ω_2 为上截止频率。

或者用下述方法：

(1) 将原型低通模拟滤波器映射成低通数字滤波器；

(2) 再用变量代换变换成所需类型的数字滤波器，如表 7-3 所示。

表 7-3　数字原型变换成所需类型的数字滤波器

数字低通→数字低通	$z^{-1} \to \dfrac{z^{-1}-\alpha}{1-\alpha z^{-1}}$	$\alpha=\dfrac{\sin\left(\dfrac{w_c-\theta_c}{2}\right)}{\sin\left(\dfrac{w_c+\theta_c}{2}\right)}$，$\theta_c$ 为所需的截止频率
数字低通→数字高通	$z^{-1} \to \dfrac{-z^{-1}+\alpha}{1-\alpha z^{-1}}$	$\alpha=-\dfrac{\sin\left(\dfrac{\theta_c+w_c}{2}\right)}{\sin\left(\dfrac{\theta_c-w_c}{2}\right)}$，$\theta_c$ 为所需的截止频率

7.3.2　双线性变换法设计原理

在原型模拟滤波器的设计基础上，如果能建立模拟滤波器与数字滤波器的映射关系，则可以很好地利用模拟滤波器的研究成果来设计数字滤波器。要建立模拟滤波器与数字滤波器的映射关系，就要建立 s 平面与 z 平面的映射关系，即把 s 平面映射到 z 平面，使模拟滤波器系统函数 $H(s)$ 变换成所需的数字滤波器的系统函数 $H(z)$。这种由复平面 s 到复平面 z 的映射(变换)关系，必须满足两个基本要求：

(1) $H(z)$ 的频率响应要能模仿 $H(s)$ 的频率响应，即 s 平面的虚轴 $\mathrm{j}\omega$ 必须映射到 z 平面的单位圆 $\mathrm{e}^{\mathrm{j}w}$ 上。

(2) 变换前 $H(s)$ 是因果稳定的，变换后 $H(z)$ 也必须是因果稳定的，也就是说，s 轴的左半平面必须映射到 z 平面的单位圆内。

双线性变换法采取二次映射的方法，即先将 s 全平面压缩到 s_1 平面的一条横带中，然后再将此区域映射到 z 平面上，就能建立 s 平面与 z 平面映射的一一对应关系，如图 7-7 所示，这就是双线性变换的思路，其具体做法如下：

首先利用公式

$$\frac{T_s}{2}s = \frac{1-e^{-s_1 T_s}}{1+e^{-s_1 T_s}} \tag{7-15}$$

实现上述 s 平面到 s_1 平面映射，其中 T_s 为采样周期，为采样频率的倒数。这点可校核如下：当 $s_1=0$ 时，$s=0$；当 $s_1=\pm j\frac{\pi}{T_s}$时，$s=\pm\infty$。因此，式(7-15)实际上将 s 全平面压扁到 s_1 平面的一条横带上，如图 7-7(a)、(b)所示。再利用公式

$$z = e^{s_1 T_s} \tag{7-16}$$

实现 s_1 平面到 z 平面的映射，如图 7-7(b)、(c)所示。联合式(7-15)和式(7-16)，消去中间变量 s_1，得

$$s = \frac{2}{T_s}\frac{1-z^{-1}}{1+z^{-1}} \tag{7-17}$$

式(7-17)实现了 s 平面到 z 平面的一一对应，此变换为双线性变换。

$$H(z) = H(s)\big|_{s\to\frac{2}{T_s}\cdot\frac{1-z^{-1}}{1+z^{-1}}} \tag{7-18}$$

在式(7-18)中，s 平面的虚轴 $j\omega$ 映射到 z 平面的单位圆 e^{jw} 上，模拟角频率 ω 与数字角频率 w 反畸变关系为

$$j\omega = \frac{2}{T_s}\frac{1-e^{-jw}}{1+e^{-jw}} = \frac{2}{T_s}j\tan\left(\frac{w}{2}\right)$$

$$\omega = \frac{2}{T_s}\tan\left(\frac{w}{2}\right) \tag{7-19}$$

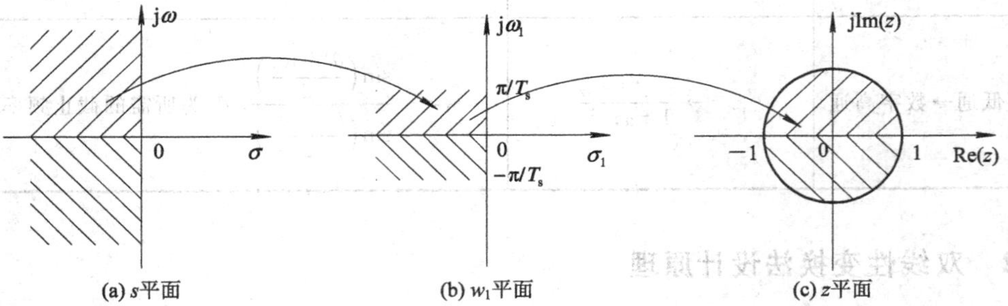

图 7-7　双线性变换法的映射

例 7-2　用双线性变换法设计一低通数字滤波器，并满足下述技术要求：

(1) 通带和阻带都是频率的单调下降函数，而无起伏；

(2) 数字频率在 0.5π 处的衰减为 -3.01 dB；

(3) 数字频率在 0.75π 处的幅度至少衰减为 -15 dB。

解　根据题意，显然要先设计一个原型巴特沃兹低通滤波器。

(1) 利用 $T_s=1$(也可以设为其他值，不影响计算结果)对技术指标先做反变换。

由 $\omega=\frac{2}{T_s}\tan\left(\frac{w}{2}\right)$得

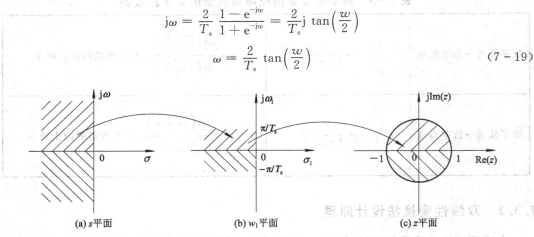

$$\omega_p = \frac{2}{T_s}\tan\left(\frac{w_p}{2}\right) = 2\tan\left(\frac{0.5\pi}{2}\right) = 2$$

$$\omega_s = \frac{2}{T_s}\tan\left(\frac{w_s}{2}\right) = 2\tan\left(\frac{0.75\pi}{2}\right) = 4.828$$

(2) 根据 ω_p、ω_s 处的技术指标设计模拟低通滤波器。

$$\omega_p = 2,\ k_1 = -3.01;\ \omega_s = 4.828,\ k_2 = -15$$

$$N \geqslant \frac{\lg\left(\dfrac{10^{-0.1k_1}-1}{10^{-0.1k_2}-1}\right)}{2\lg\left(\dfrac{\omega_p}{\omega_s}\right)} = \frac{\lg\left(\dfrac{10^{0.301}-1}{10^{1.5}-1}\right)}{2\lg\left(\dfrac{2}{4.828}\right)} = 1.941$$

选 $N=2$，代入

$$\omega_c = \frac{\omega_p}{(10^{-0.1k_1}-1)^{\frac{1}{2N}}} = \frac{2}{(10^{0.301}-1)^{\frac{1}{4}}} = 2$$

查表 7 - 1，归一化模拟低通滤波器系统函数

$$H(s) = \frac{1}{1+\sqrt{2}s+s^2}$$

当 $\omega_c=2$ 时，要将 $\dfrac{s}{\omega_c}$ 代替归一化多项式中的 s，即 $\omega_c=2$ 的系统函数

$$H(s)\Big|_{s\to\frac{s}{2}} = \frac{1}{1+\sqrt{2}s+s^2}\Big|_{s\to\frac{s}{2}} = \frac{4}{4+2\sqrt{2}s+s^2}$$

(3) 利用双线性变换(令 $T_s=1$)求低通数字滤波器

$$H(z) = H(s)\Big|_{s\to\frac{2}{T_s}\cdot\frac{1-z^{-1}}{1+z^{-1}}} = \frac{4}{4+2\sqrt{2}\,2\dfrac{1-z^{-1}}{1+z^{-1}}+\left[2\dfrac{1-z^{-1}}{1+z^{-1}}\right]^2}$$

$$= \frac{1+2z^{-1}+z^{-2}}{3.414+0.586z^{-2}}$$

例 7 - 3　利用模拟频带变换法，由二阶巴特沃兹函数设计出截止频率为 200 Hz，抽样频率为 500 Hz 的数字高通滤波器。

解　(1) 归一化二阶巴特沃兹滤波器系统函数：

$$H(s)=\frac{1}{1+\sqrt{2}s+s^2}$$

(2) 将数字频率转换为模拟频率

模拟频率与数字频率关系，由 $w=\omega T_s$ 得

$$w_c = \frac{2\pi f_c}{f_s} = \frac{2\pi\times 200}{500} = 0.8\pi$$

反畸变：

$$\omega_c = \frac{2}{T_s}\tan\frac{w_c}{2} = \frac{2}{1/500}\tan 0.4\pi = 3.0776835\times 10^3$$

(3) 将模拟低通滤波器映射成模拟高通滤波器。

$$H_h(s) = H(s)\Big|_{s\to\frac{\omega_c}{s}} = \frac{s^2}{\omega_c^2+1.4142136\omega_c s+s^2}$$

(4) 利用双线性变换将模拟高通滤波器映射成数字高通滤波器。

$$H(z) = H_h(s)\Big|_{s\to\frac{2}{T_s}\cdot\frac{1-z^{-1}}{1+z^{-1}}} = \frac{0.0674553(1-z^{-1})^2}{1+1.14298z^{-1}+0.412802z^{-2}}$$

模拟滤波器转换成数字滤波器可以在时域中完成，也可以在频域中实现。在频域中变换的最常用方法为上述的双线性变换法。在时域中进行变换的最常用方法为冲激响应不变法。冲激响应不变法的主要依据是数字滤波器的单位序列响应 $h(n)$ 与模拟滤波器的单位冲激响应 $h(t)$ 在每个采样点上的值相等，即 $h(n)=h(t)|_{t=nT_s}$。冲激响应不变法会造成频率响应混叠，不宜用来设计高通、带阻滤波器，只适用于低通和带通滤波器设计。双线性变换法克服了频率响应的混叠现象，但频率变换关系产生了非线性。并且双线性变换法同冲激响应不变法相比，它具有计算简单和易于实现的特点。因此，实际工作中广泛采用双线性变换法来设计 IIR 数字滤波器。

7.4 窗口法设计有限冲激响应滤波器

无限冲激响应 IIR(数字)滤波器设计中的各种变换法对有限冲激响应 FIR 滤波器设计是不适用的，因为那里是利用有理分式的系统函数，而有限冲激响应 FIR 滤波器的系统函数只是 z^{-1} 的多项式。本节首先讨论 FIR 滤波器相位的线性，再讨论用窗口法设计有限冲激响应滤波器。

7.4.1 有限冲激响应滤波器特点

对于单位序列响应为 $h(n)$ 的有限冲激响应 FIR 滤波器，设其长度为 N，频率响应 $H(w)$ 为

$$H(w)=\sum_{n=0}^{N-1}h(n)\mathrm{e}^{-\mathrm{j}wn}=|H(w)|\,\mathrm{e}^{\mathrm{j}\varphi(w)} \tag{7-20}$$

$H(w)$ 具有线性相位是指相频特性 $\varphi(w)$ 与角频率 w 具有线性关系，即

$$\varphi(w)=\beta-\alpha w \tag{7-21}$$

其中 α 和 β 为参数。当 $h(n)$ 为偶对称，即 $h(n)=h(N-1-n)$，且 $\alpha=\frac{1}{2}(N-1)$、$\beta=0$ 和 N 为奇数时，称第一类线性相位；当 $h(n)$ 为偶对称，即 $h(n)=h(N-1-n)$，且 $\alpha=\frac{1}{2}(N-1)$、$\beta=0$ 和 N 为偶数时，称第二类线性相位，如图 7-8(a)、(b)所示。当 $h(n)$ 为奇对称，即 $h(n)=-h(N-1-n)$，且 $\alpha=\frac{1}{2}(N-1)$、$\beta=\frac{\pi}{2}$ 和 N 为奇数时，称第三类线性相位，当 $h(n)$ 为奇对称，即 $h(n)=-h(N-1-n)$，且 $\alpha=\frac{1}{2}(N-1)$、$\beta=\frac{\pi}{2}$ 和 N 为偶数时，称第四类线性相位，如图7-8(c)、(d)所示。

对于第一类线性相位滤波器，由于 $h(n)=h(N-1-n)$，则频率响应 $H(w)$ 为

$$\begin{aligned}H(w)&=\sum_{n=0}^{N-1}h(n)\mathrm{e}^{-\mathrm{j}wn}=\sum_{n=0}^{\frac{N-1}{2}-1}h(n)\mathrm{e}^{-\mathrm{j}wn}+h\left(\frac{N-1}{2}\right)\mathrm{e}^{-\mathrm{j}w\left(\frac{N-1}{2}\right)}+\sum_{n=\frac{N-1}{2}+1}^{N-1}h(n)\mathrm{e}^{-\mathrm{j}wn}\\&=\mathrm{e}^{-\mathrm{j}w\left(\frac{N-1}{2}\right)}\sum_{n=0}^{\frac{N-1}{2}}a(n)\cos(wn)\end{aligned}$$

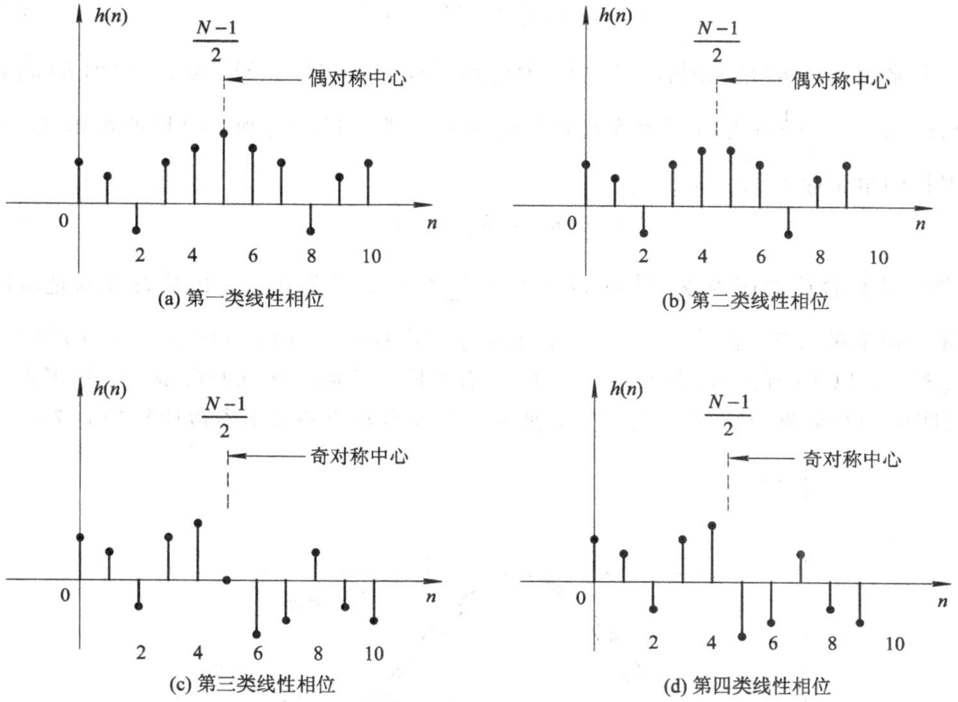

图 7－8　线性相位滤波器单位序列响应的对称性

其中

$$a(0)=h\left(\frac{N-1}{2}\right),\ a(n)=2h\left(\frac{N-1}{2}-n\right),\quad n=1,2,\cdots,\frac{N-1}{2}$$

$$|H(w)|=\sum_{n=0}^{\frac{N-1}{2}}a(n)\cos(wn) \qquad (7-22)$$

$$\varphi(w)=-\left(\frac{N-1}{2}\right)w \qquad (7-23)$$

由式(7－23)可知，相频特性 $\varphi(w)$ 与角频率 w 具有线性关系。由式(7－22)可知，幅频特性 $|H(w)|$ 在 $w=0$，π，2π 处也呈偶对称。同理可证明其它几类 FIR 也存在线性相位关系。

7.4.2　窗口法设计原理

给定频域指标设计有限冲激响应 FIR 滤波器，就是根据要求的频率响应 $H_d(w)$，寻找有限长单位序列响应 $h(n)$ 的离散时间系统，其系统频率响应 $H(w)$ 尽可能地逼近 $H_d(w)$，使二者的均方误差在允许的范围之内。

若用 $h_d(n)$ 代表所要求的 FIR 数字滤波器的单位序列响应，则 $h_d(n)$ 与 $H_d(w)$ 是一对离散时间傅里叶变换对。

$$H_d(w)=\sum_{n=-\infty}^{\infty}h_d(n)e^{-jwn} \qquad (7-24)$$

$$h_d(n)=\frac{1}{2\pi}\int_{-\pi}^{\pi}H_d(w)e^{jwn}dw \tag{7-25}$$

一般来说，$h_d(n)$是无限长的序列，为得到对称的有限长(长度为 N)序列 $h(n)$，需将 $h_d(n)$右移 $\alpha=\frac{N-1}{2}$后再用窗函数截取获得 $h(n)$，即窗口法是利用时域的窗函数 $w(n)$乘以无限长的单位序列响应 $h_d(n)$。

$$h(n)=h_d(n)w(n) \tag{7-26}$$

如何选择合适的窗函数，使得 $H(w)=\sum_{n=0}^{N-1}h(n)e^{-jwn}$ 满足给定的指标要求是窗口法设计 FIR 滤波器的关键。由式(7-26)根据频域卷积定理，$H(w)$是 $H_d(w)$和窗函数 $w(n)$频谱的卷积，所以不同的窗函数 $w(n)$对 $H(w)$有不同的影响。常见的窗函数有矩形窗、汉宁窗、海明窗和布莱克曼窗等，如图 7-9 所示。几种窗函数的基本参数比较如表 7-4 所示。

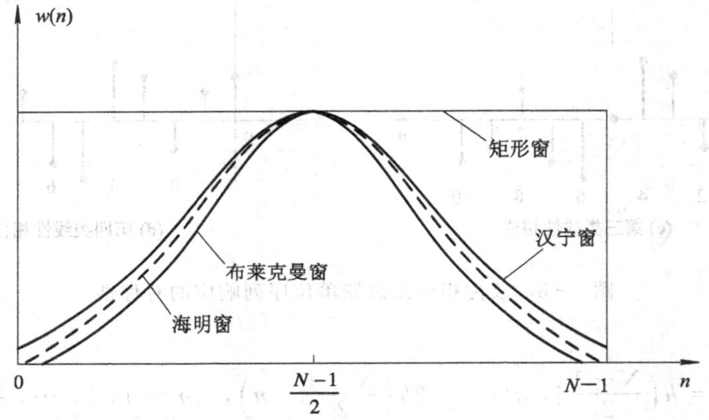

图 7-9　窗函数图形

表 7-4　几种窗函数的基本参数比较

窗函数	窗谱性能指标		加窗后滤波器性能指标	
	旁瓣峰值 /dB	主瓣宽度 /(×2π/N)	过渡带宽 /(×2π/N)	阻带最小衰减 /dB
矩形窗函数(boxcar)	−13	2	0.9	−21
汉宁窗(hanning)	−31	4	3.1	−44
海明窗(hamming)	−41	4	3.3	−53
布莱克曼窗(blackman)	−57	6	5.5	−74

注：最小阻带衰减只由窗函数决定，不受 N 的影响，而过渡带宽则随 N 的增加而减小。

若记

$$R_N(n)=\begin{cases}1, & 0\leqslant n\leqslant N-1\\ 0, & 其他\end{cases} \tag{7-27}$$

① 矩形窗函数(boxcar)$w(n)=R_N(n)$，主瓣宽度为 $2\times\frac{2\pi}{N}=\frac{4\pi}{N}$，加窗后过渡带宽 $\Delta w=w_s-w_p=0.9\frac{2\pi}{N}$；

② 汉宁窗(升余弦窗，hanning)函数 $w(n)=\left[0.5-0.5\cos\left(\frac{2\pi n}{N-1}\right)\right]R_N(n)$，主瓣宽度为 $4\times\frac{2\pi}{N}=\frac{8\pi}{N}$，加窗后过渡带宽 $\Delta w=w_s-w_p=3.1\frac{2\pi}{N}$；

③ 海明窗(改进升余弦窗，hamming)函数 $w(n)=\left[0.54-0.46\cos\left(\frac{2\pi n}{N-1}\right)\right]R_N(n)$，主瓣宽度为 $4\times\frac{2\pi}{N}=\frac{8\pi}{N}$，加窗后过渡带宽 $\Delta w=w_s-w_p=3.3\frac{2\pi}{N}$；

④ 布莱克曼窗(blackman)$w(n)=\left[0.42-0.5\cos\left(\frac{2\pi n}{N-1}\right)+0.08\cos\left(\frac{4\pi n}{N-1}\right)\right]R_N(n)$，主瓣宽度为 $6\times\frac{2\pi}{N}=\frac{12\pi}{N}$，加窗后过渡带宽 $\Delta w=w_s-w_p=5.5\frac{2\pi}{N}$。

现在将窗函数设计 FIR 数字滤波器的步骤归纳如下：

(1) 给出所希望设计的 FIR 滤波器的频率响应函数 $H_d(w)$；

(2) 根据允许的过渡带宽度及阻带衰减，初步确定所采用的窗函数和 N 值；

(3) 计算积分 $h_d(n)=\frac{1}{2\pi}\int_{-\pi}^{\pi}H_d(w)e^{jwn}dw$，求出 $h_d(n)$。一般采用理想滤波器的单位序列响应。

(4) 将 $h_d(n)$ 右移 $\alpha=\frac{N-1}{2}$ 后，再与窗函数相乘得 FIR 滤波器的单位序列响应 $h(n)$。

$$h(n)=h_d(n)w(n)$$

(5) 计算 FIR 滤波器的频率响应 $H(w)$，验证是否达到所要求的指标，即

$$H(w)=\sum_{n=0}^{N-1}h(n)e^{-jwn}$$

若不能达到要求，重新选择窗函数和 N 值，重复(1)～(5)步，最终满足技术指标要求为止。

例 7-4　试用窗函数法设计一线性相位 FIR 滤波器，其技术指标如下：

(1) 在 $w_p\leqslant 0.2\pi(\mathrm{rad/s})$ 时，衰减不大于 -0.25 dB；

(2) 在 $w_s\geqslant 0.3\pi(\mathrm{rad/s})$ 时，衰减不小于 -50 dB。

解　① 海明窗和布莱克曼窗均可提供大于 50 dB 的衰减。这里选择海明窗，它提供了较小的过渡带，因此，具有较小的阶数。海明窗为

$$w(n)=\left[0.54-0.46\cos\left(\frac{2\pi n}{N-1}\right)\right]R_N(n)$$

② 确定窗口长度 N：

$$N=\frac{2\pi D}{\Delta w}=\frac{2\pi\times 3.3}{0.3\pi-0.2\pi}=66$$

为实现第一类线性相位 FIR 滤波器，应确保其长度 N 为奇数，选 $N=67$。

③ 平移量：

$$\alpha=\frac{N-1}{2}=33$$

④ 理想低通滤波器单位序列响应：

$$h_d(n)=\frac{\sin(w_c n)}{\pi n}$$

其中 $w_c=\dfrac{w_p+w_s}{2}$。

⑤ 所求线性相位 FIR 滤波器

$$h(n)=h_d(n-\alpha)w(n)=\frac{\sin[w_c(n-\alpha)]}{\pi(n-\alpha)}\left[0.54-0.46\cos\left(\frac{2\pi n}{N-1}\right)\right]R_N(n)$$

⑥ 验证是否达到所要求的指标。

7.5　MATLAB 在滤波器设计中的应用

下面给出与无限冲激响应滤波器 IIR 和有限冲激响应滤波器 FIR 设计有关的 MATLAB 文件。

1. Buttord 函数

调用格式：

[N, Wc]= buttord(Wp, Ws, Kp, Ks, 's')

功能：求出巴特沃兹模拟滤波器的最小阶数 N 和频率参数 Wc(3 dB 截止频率)。

说明：Wp、Ws 为通带截止频率和阻带截止频率，Kp、Ks 为通带最大衰减和阻带最小衰减，'s'表示模拟滤波器。

2. bilinear 函数

调用格式：

[Bz, Az]=bilinear(B, A, Fs)

功能：实现双线性变换，由模拟滤波器 H(s)得到数字滤波器 H(z)。

说明：B、A 分别是 H(s)的分子、分母多项式的系数向量，Bz、Az 分别是 H(z)的分子、分母多项式的系数向量，Fs 是抽样频率。

3. 窗函数

MATLAB 提供窗函数分别为

```
wd=boxcar(N)        %数组 wd 中返回 N 点矩形窗函数
wd=triang(N)        %数组 wd 中返回 N 点 Bartlett(三角)窗函数
wd=hanning(N)       %数组 wd 中返回 N 点汉宁窗函效
wd=hamming(N)       %数组 wd 中返回 N 点海明窗函数
wd=blackman(N)      %数组 wd 中返回 N 点布莱克曼窗函数
```

例 7-5　利用 MATLAB 重新求解例 7-1。

解　MATLAB 清单如下：

```
%T75-71
clc;
clear;
Wp=20; Ws=30; Kp=2; Ks=10;          %设置指标
%求模拟低通滤波器阶数 N
```

```
N=ceil(log10((10.^(0.1*abs(Kp))-1)./(10.^(0.1*abs(Ks))-1))/(2*log10(Wp/Ws)))
                                                   %求最小整数 N
Wc=Wp/((10^(0.1*abs(Kp))-1)^(1/(2*N)))          %求截止频率
[B, A]=butter(N, Wc, 's')                         %代入 N 和 Wc 设计巴特沃兹模拟低通滤波器
[sos, G]=tf2sos(B, A)                             %分解为级联二阶环节参数
[h, w]=freqs(B, A, 1024);                         %计算 1024 点模拟滤波器频率响应 h，和对应的
                                                  %频率点 w
%画频率响应幅度图
plot(w, 20*log10(abs(h)/abs(h(1))))
grid;
xlabel('频率 rad/s'); ylabel('幅度(dB)')          %给 x 轴和 y 轴加标注
title('巴特沃兹幅频响应');                          %给图形加标题

N = 4
Wc =21.3868
B = 1.0e+005 *
        0         0         0         0        2.0921
A = 1.0e+005 *
    0.0000    0.0006    0.0156    0.2556    2.0921
sos =   0         0       1.0000    1.0000    39.5176   457.3944
        0         0       1.0000    1.0000    16.3687   457.3944
G = 2.0921e+005
```

频率响应幅度如图 7-10 所示。

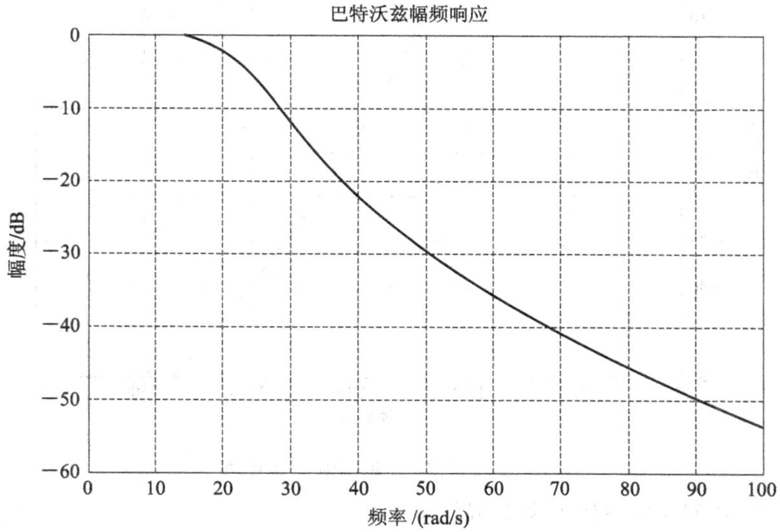

图 7-10　例 7-5 频率响应幅度图

例 7-6　利用 MATLAB 设计一个低通巴特沃兹模拟滤波器，并绘制滤波器的频率响应，指标如下：

通带截止频率：Wp=1000 Hz，通带最大衰减：Kp=3 dB

阻带截止频率：Ws=2000 Hz，阻带最小衰减：Ks=40 dB

解　MATLAB 清单如下：

```
%T7-6
clc;
clear;
Wp=1000; Ws=2000; Kp=3; Ks=40;            %设置指标
[N, Wc]=buttord(Wp, Ws, Kp, Ks, 's')     %计算巴特沃兹低通滤波器的阶数和-3 dB
                                          %截止频率
[B, A]=butter(N, Wc, 's');               %代入 N 和 Wc 设计巴特沃兹模拟低通滤波器
[h, w]=freqs(B, A);                       %计算模拟滤波器频率响应 h 和对应的频率点
%画频率响应幅度图
plot(w, 20*log10(abs(h)/abs(h(1))))
grid;
xlabel('频率 Hz'); ylabel('幅度(dB)')     %给 x 轴和 y 轴加标注
title('巴特沃兹幅频响应');                 %给图形加标题
axis([0, 3000, -50, 3])
```

运行结果：

```
N   =   7
Wc    =    1.0359e+003
```

频率响应如图 7-11 所示。

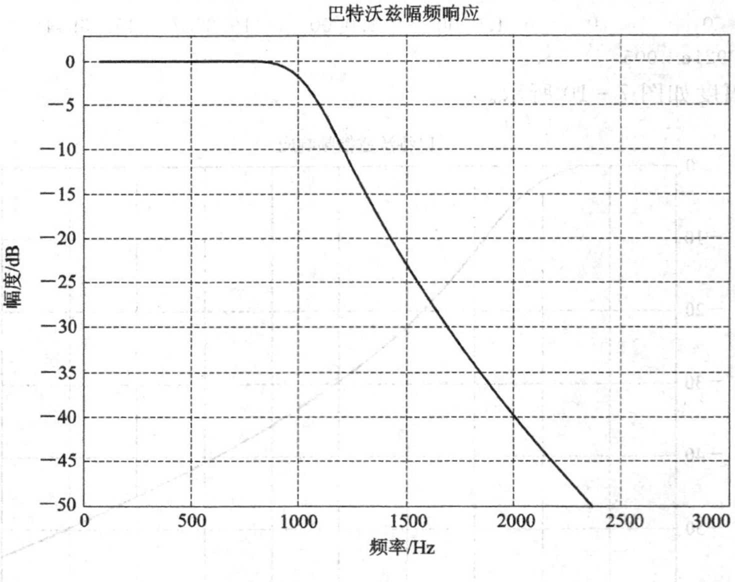

图 7-11　例 7-6 频率响应幅度图

例 7-7　利用 MATLAB 重新求解例 7-2。

解：MATLAB 清单如下：

```
%T77-T7-2
clc;
clear;
WWp=0.5*pi; WWs=0.75*pi; Kp=3.01; Ks=15; Ts=1;     %设置指标
Wp=2/Ts*tan(WWp/2)                                   %反畸变
```

```
Ws=2/Ts * tan(WWs/2)                                  %反畸变
N=ceil(log10((10.^(0.1 * abs(Kp))-1)./(10.^(0.1 * abs(Ks))-1))/(2 * log10(Wp/Ws)))
Wc=Wp/((10^(0.1 * abs(Kp))-1)^(1/(2 * N)))
[B, A]=butter(N, Wc, 's')                 %代入 N 和 Wc 设计巴特沃兹模拟低通滤波器
[h, w]=freqs(B, A);                       %计算模拟滤波器频率响应 h 和对应的频率点
%画频率响应幅度图
subplot(1, 2, 1);
plot(w, 20 * log10(abs(h)/abs(h(1))))
grid;
xlabel('频率 rad/s'); ylabel('幅度(dB)')    %给 x 轴和 y 轴加标注
title('巴特沃兹幅频响应');                   %给图形加标题

[bz, az]=bilinear(B, A, 1/Ts)             %双线性变换法设计 IIR
wz=[0: pi/512: pi];
hz=freqz(bz, az, wz);
subplot(1, 2, 2); plot(wz/pi, 20 * log10(abs(hz)/hz(1))); grid;  %画出双线性变换法滤波器
                                                                  %幅频图
xlabel('归一化数字频率'); ylabel('幅度(dB)')     %给 x 轴和 y 轴加标注
%axis([0, 1, -30, 0])                         %数字频率 wz 归一化为 0-1
title('双线性变换法数字频率响应');
```

运行结果：

```
Wp = 2.0000
Ws = 4.8284
N = 2
Wc = 2.0001
B =        0        0        4.0003
A =        1.0000   2.8285   4.0003
bz =       0.2929   0.5858   0.2929
az =       1.0000   0.0000   0.1716
```

频率响应如图 7-12 所示。

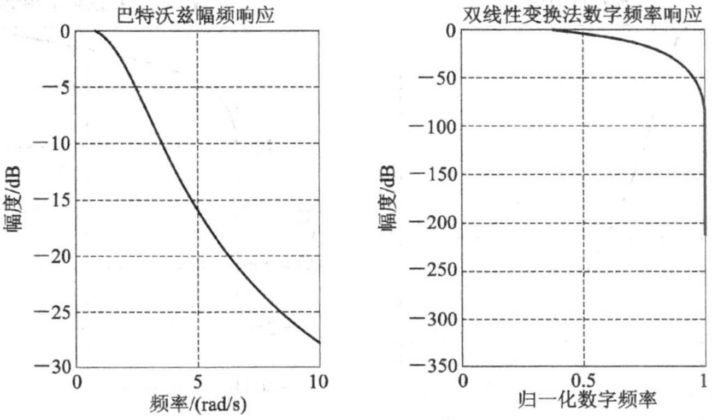

图 7-12　例 7-7 频率响应幅度图

例 7-8　利用 MATLAB 重新求解例 7-3。

解　MATLAB 清单如下：

```
%T78-T7-3
clc;
clear;
N=2;
Fs=500;
fc=200;
wc=2*pi*fc/Fs;                        %利用模拟频率与数字频率关系，求数字频率
[z, p, k]=buttap(N);                  %以零极点值表示系统函数
[b, a]=zp2tf(z, p, k);                %以多项式表示系统函数
[h, w]=freqs(b, a, 512);
subplot(1, 2, 1)
plot(w, 20*log10(abs(h)/abs(h(1)))); grid;       %画模拟滤波器幅频特性
title('模拟低通滤波器');
xlabel('模拟频率(Hz)'); ylabel('幅度 dB');
wwc=2*Fs*tan(wc/2);                   %反畸变
[Bs, As]=lp2hp(b, a, wwc);            %模拟低通滤波器映射成模拟高通滤波器
[Bz, Az]=bilinear(Bs, As, Fs)         %双线性变换法设计 IIR
wz=[0: pi/512: pi];
hz=freqz(Bz, Az, wz);
subplot(1, 2, 2); plot(wz/pi, 20*log10(abs(hz)/hz(512))); grid;   %画双线性变换法滤波器
                                                                    %幅频图
xlabel('归一化数字频率'); ylabel('幅度( dB)')       %给 x 轴和 y 轴加标注
axis([0, 1, -350, 0])                               %数字频率 wz 归一化为 0-1
title('双线性变换法数字频率响应');
```

运行结果：

```
wwc = 3.0777e+003
Bs =    1.0000      0.0000      0.0000
As = 1.0e+006 *
        0.0000      0.0044      9.4721
Bz =       0.0675      -0.1349      0.0675
Az =       1.0000       1.1430      0.4128
```

频率响应如图 7-13 所示。

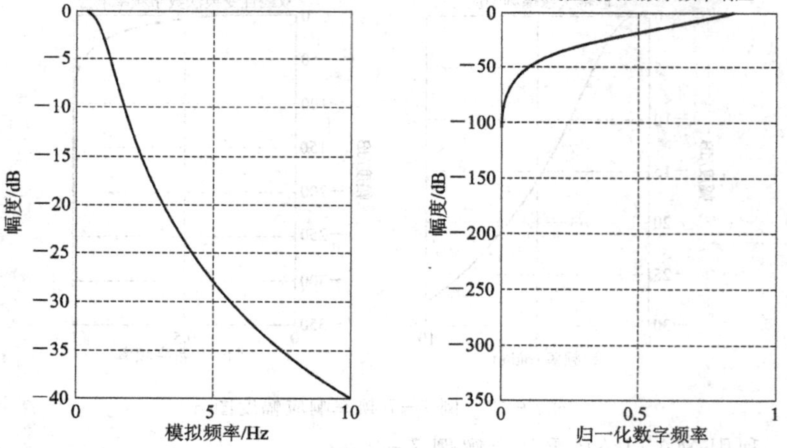

图 7-13　例 7-8 频率响应幅度图

例 7-9　利用 MATLAB 重新求解例 7-4。

解　MATLAB 清单如下：

```
%T79-T7-4
clc;
clear;
Wp=0.2*pi; Ws=0.3*pi; Kp=0.25; Ks=50; deltaw=Ws-Wp;          %设置指标
N0=ceil(2*pi*3.3/deltaw)
N=N0+mod(N0+1, 2)
win= (hamming (N))';                                          %选择海明窗
Wc=(Wp+Ws)/2;
tao=(N-1)/2;
n=[0: (N-1)];
m=n-tao+eps;                                  %加 eps 避免除数为零
hd=sin(Wc*m)./(pi*m);                         %计算出理想滤波器的冲激响应
h=hd.*win;
[H, w]=freqz(h, [1], 1000, 'whole');          %求加窗后的频率特性
H=H(1: 501); w=w(1: 501);
mag=abs(H);
db=20*log10((mag+eps)/max(mag));
plot(w, db);                                  %画出加窗后的幅频特性图
dw=2*pi/1000;
KKp=min(db(1: Wp/dw+1))
KKs=round(max(db(Ws/dw+1: 501)))
```

运行结果：

```
N0 =     66
N =      67
KKp =    -0.0394
KKs =    -52
```

频率响应如图 7-14 所示。

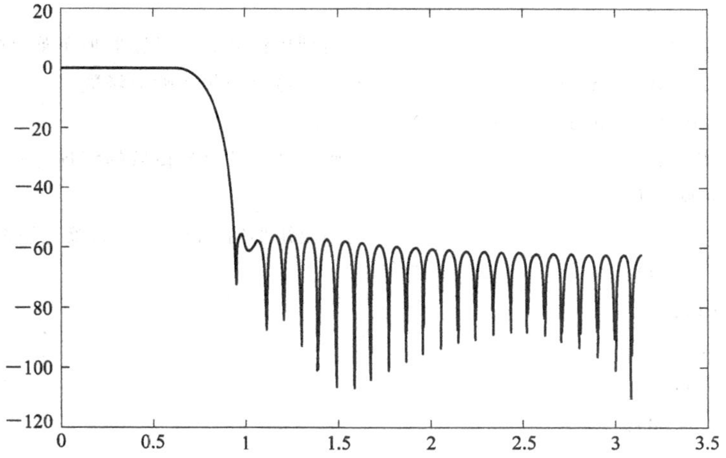

图 7-14　例 7-9 频率响应幅度图

例 7-10　利用窗生成函数 boxcar、hanning、blackman 设计 FIR 低通数字滤波器，指标如下：采样频率 Fs＝1000 Hz，截止频率 wc＝200 Hz，滤波器阶数 N＝65。

解　MATLAB 清单如下：

```
%T10
clc;
clear;
N=65
wp=200/1000*2*pi;                    %将频率指标转换为数字角频率
tao=(N-1)/2;
n=[0: (N-1)];
m=n-tao+eps;                         %加 eps 避免除数为零
hd=sin(wp*m)./(pi*m);                %计算出理想滤波器的单位序列响应
wl=boxcar(N);                        %生成矩形窗
subplot(2, 3, 1)
hl=hd.*rot90(wl);                    %给理想低通数字滤波器加矩形窗
[mag1, r1]=freqz(h1);                %求加窗后的频率响应函数
db1=20*log10(abs(mag1/mag1(1)));
plot(r1, db1);                       %画出加矩形窗后的幅频特性图
title('矩形窗')
w2=hanning(N);
subplot(2, 3, 2)
h2=hd.*rot90(w2);                    %给理想低通数字滤波器加汉宁窗
[mag2, r2]=freqz(h2);                %求加窗后的频率响应函数
db2=20*log10(abs(mag2/mag2(1)));
plot(r2, db2);                       %画出加汉宁窗后的幅频特性图
title('汉宁窗')
w3=blackman(N);                      %生成布莱克曼窗
subplot(2, 3, 3)
h3=hd.*rot90(w3);                    %给理想低通数字滤波器加布莱克曼窗
[mag3, r3]=freqz(h3);                %求加窗后的频率响应函数
db3=20*log10(abs(mag3/mag3(1)));
plot(r3, db3);                       %画出加布莱克曼窗后的幅频特性图
title('布莱克曼窗')
                                     %画出矩形窗、汉宁窗、布莱克曼窗的时域波形
subplot(2, 3, 4);
plot(n, w1);
subplot(2, 3, 5);
plot(n, w2);
subplot(2, 3, 6);
plot(n, w3)
```

运行结果如图 7-15 所示。

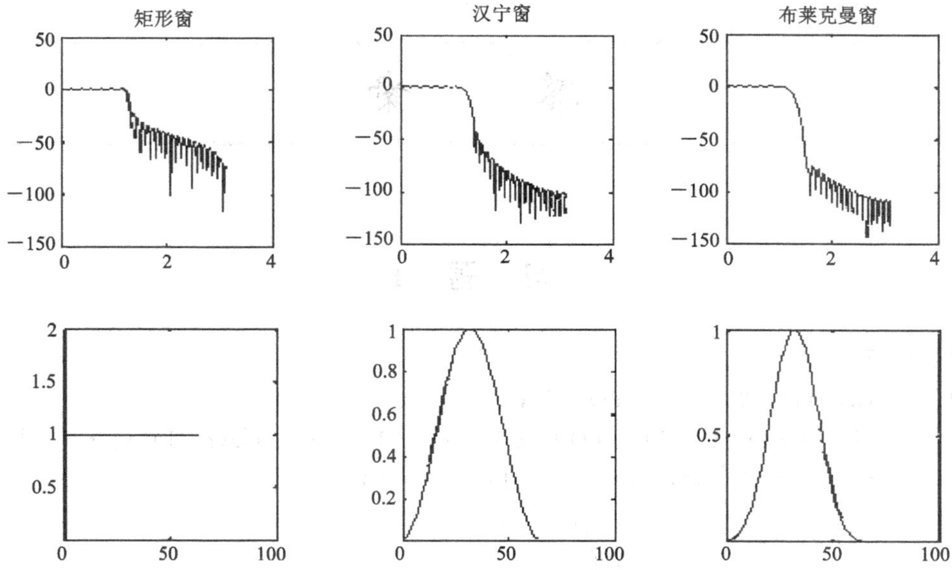

图 7-15　例 7-10 频率响应幅度及窗函数图

小　结

数字滤波器的设计属系统综合的范畴，包括无限冲激响应 IIR 滤波器和有限冲激响应 FIR 滤波器。本章应掌握双线性变换法设计具有巴特沃兹幅频特性的 IIR 滤波器，了解冲激响应不变法。掌握应用窗口法设计 FIR 滤波器，学会根据性能指标正确选择窗函数。了解 MATLAB 在数字滤波器设计中的应用。

习　题　7

7-1　试设计一巴特沃兹模拟低通滤波器，要求在 0.2π 处的频率响应衰减不多于 -7 dB；在 0.3π 处的衰减大于 -16 dB。

7-2　利用双线性变换设计数字低通滤波器，要求在 0.2π 处的频率响应衰减不多于 -1 dB；在 0.3π 处的衰减大于 -15 dB。

7-3　利用双线性变换将 $H_d(s)=\dfrac{s+1}{s^2+5s+6}$ 转换成数字滤波器，选择 $T_s=1$。

7-4　试用窗函数法设计一线性相位 FIR 滤波器，其技术指标如下：

(1) 在 $w_p \leqslant 0.2\pi(\text{rad/s})$，衰减不大于 -0.25 dB；

(2) 在 $w_s \geqslant 0.3\pi(\text{rad/s})$，衰减不小于 -40 dB。

答　　案

习　题　1

1-1　略

1-2　(a) $\varepsilon(t)-2\varepsilon(t-1)+\varepsilon(t-2)$；

(b) $(t+1)[\varepsilon(t+1)-\varepsilon(t)]+\varepsilon(t)-\varepsilon(t-1)-(t-2)[\varepsilon(t-1)-\varepsilon(t-2)]$

(c) $\varepsilon(t+2)-\varepsilon(t+1)+\varepsilon(t-1)-\varepsilon(t-2)$

(d) $f(t)=\begin{cases}|t|, & |t|\leqslant 1\\ 0, & \text{其他}\end{cases}$

1-3　(a) $\varepsilon(n+2)$　　(b) $\varepsilon(n-3)-\varepsilon(n-7)$

(c) $\varepsilon(-n+2)$　　(d) $(-1)^n\varepsilon(n)$

1-4　略

1-5　略

1-6　略

1-7　(1) 非线性；(2) 非线性；(3) 线性；(4) 非线性。

1-8　(1) 线性系统；(2) 非线性系统；(3) 线性系统；(4) 线性系统；

(5) 线性系统；(6) 非线性系统；(7) 非线性系统；(8) 线性系统。

1-9　(1) 线性、非时变；(2) 线性、非时变；(3) 线性、时变；(4) 线性、非时变；

(5) 非线性、非时变；(6) 线性、非时变。

1-10　(a) $y(t)=2t$；　　(b) $y(t)=t$。

1-11　$y(t)=2-e^{-t}$，$t\geqslant 0$。

1-12　(1) $y_{x3}(t)=17e^{-2t}+6e^{-4t}$

(2) $y(t)=42e^{-2t}+11e^{-4t}+6e^{-t}$

习　题　2

2-1　(1) $\delta(t-1)$　　(2) 1　　(3) $\frac{1}{2}$　　(4) 1

2-2　$y_{zi}(n)=2(-1)^n-3(-2)^n$

2-3　$y_{zi}(n)=(2n-1)(-1)^n\varepsilon(n)$；

$$y_{zs}(n)=\left[\left(-2n+\frac{8}{3}\right)(-1)^n+\frac{1}{3}\left(\frac{1}{2}\right)^n\right]\varepsilon(n)$$

2-4　(1) $f(t)=\varepsilon(t)-2\varepsilon(t-1)+\varepsilon(t-2)$；

(2) $f(t)=\varepsilon(t)+\varepsilon(t-T)+\varepsilon(t-2T)$

2-5　$y(n)-5y(n-1)+6y(n-2)=f(n)-3f(n-2)$

2-6　$h(t)=\delta(t)-2e^{-3t}\varepsilon(t)$；$s(t)=\frac{1}{3}(1+2e^{-3t})\varepsilon(t)$

2-7

(1) $(t-2)\varepsilon(t-2)$　(2) 2　(3) $(e^{-t}-te^{-t})\varepsilon(t)$　(4) $(1-e^{-2t})\varepsilon(t)$

(5) $\delta(t)-3e^{-3t}\varepsilon(t)$　(6) $\frac{1}{2}e^2[1-e^{-2(t-2)}]\varepsilon(t-2)$　(7) $\begin{cases}0, & t<0\\ \frac{1}{2}t^2, & 0\leqslant t\leqslant 2\\ 2(t-1), & t>0\end{cases}$

2-8　$h(t)=\delta(t)-3e^{-3t}\varepsilon(t)$

2-9　(1) $h(n)=(0.8)^n\varepsilon(n)$　(2) $s(n)=5(1-0.8^{n+1})\varepsilon(n)$

2-10　$2t\varepsilon(t)-2(t-1)\varepsilon(t-1)-2(t-2)\varepsilon(t-2)+2(t-3)\varepsilon(t-3)$

MATLAB 程序：

```
clc;
clear;
p=0.01;
n1=0:p:1;
f1=2*ones(1,length(n1));
n2=0:p:2;
f2=ones(1,length(n2));
f=conv(f1,f2);
f=f*p;
plot(p*([1:length(f)]-1),f);grid on;
```

2-11

$$y(t)=f(t)*h(t)=\begin{cases}0, & t<0\\ \frac{1}{2}t^2, & 0\leqslant t<T\\ Tt-\frac{1}{2}T^2, & T\leqslant t<2T\\ -\frac{1}{2}t^2+Tt+\frac{3}{2}T^2, & 2T\leqslant t<3T\\ 0, & t\geqslant 3T\end{cases}$$

2-12　$y(n)=\frac{6}{5}(2)^n\varepsilon(n)-\frac{1}{5}\left(\frac{1}{3}\right)^n\varepsilon(n)$

2-13　$y_{zs}(n)=\frac{1-a^{n+1}}{1-a}\varepsilon(n)-\frac{1-a^{n+1-6}}{1-a}\varepsilon(n-6)$

2-14　$y(n)=\{2, 3.5, 4.5, 5.5, 5, 5.5, 4.5, 3.5, 2\}$

习　题　3

3-1　(1) $F(\omega)=\frac{j}{4}\frac{d}{d\omega}F_1\left(\frac{\omega}{4}\right)$

(2) $F(\omega)=\mathrm{j}\dfrac{\mathrm{d}}{\mathrm{d}\omega}F_1(\omega)-F_1(\omega)$

(3) $F(\omega)=F_1(-\omega)\mathrm{e}^{-\mathrm{j}\omega}$

(4) $F(\omega)=-F_1(\omega)-\omega\dfrac{\mathrm{d}}{\mathrm{d}\omega}F_1(\omega)$

(5) $F(\omega)=\dfrac{1}{2}F_1\left(\dfrac{\omega}{2}\right)\mathrm{e}^{\mathrm{j}\frac{3}{2}\omega}$

3-2　(1) $g_{4\pi}(\omega)\mathrm{e}^{-\mathrm{j}2\omega}=\mathrm{e}^{-\mathrm{j}2\omega}$，$|\omega|<2\pi$

$g_{4\pi}(\omega)\mathrm{e}^{-\mathrm{j}2\omega}=0$，$|\omega|>2\pi$

(2) $F(\omega)=2\pi\mathrm{e}^{-\alpha\omega}$

3-3　(1) $f(t)=\dfrac{\sin\omega_0 t}{\mathrm{j}\pi}$

(2) $f(t)=\delta(t+5)+\delta(t-5)$

3-4　(1) $H(\omega)=\dfrac{1}{(\mathrm{j}\omega)^2+\mathrm{j}3\omega+2}$

(2) $H(\omega)=\dfrac{\mathrm{j}\omega+4}{(\mathrm{j}\omega)^2+\mathrm{j}5\omega+6}$

3-5　$G_\tau(\omega)=\mathrm{Sa}\left(\dfrac{\omega}{2}\right)$

$F(\omega)=\left(\dfrac{1}{2}\right)\left[\mathrm{Sa}\left(\dfrac{\omega-\omega_0}{2}\right)+\mathrm{Sa}\left(\dfrac{\omega+\omega_0}{2}\right)\right]$

3-6　$h(t)=(\mathrm{e}^{-t}+\mathrm{e}^{-2t})\varepsilon(t)$

$y_{zs}(t)=2(\mathrm{e}^{-t}-\mathrm{e}^{-2t})\varepsilon(t)$

3-7　先求 $F_1(\omega)F_2(\omega)$，再用傅里叶逆变换求得

$$f_1(t)*f_2(t)=2(1-\mathrm{e}^{-t})\varepsilon(t)-2[1-\mathrm{e}^{-(t-2)}]\varepsilon(t-2)$$

3-8　$h(t)=2\mathrm{e}^{-t}\varepsilon(t)-\delta(t)$

$s(t)=(1-2\mathrm{e}^{-t})\varepsilon(t)$

$y_{zs}(t)=(2\mathrm{e}^{-t}-3\mathrm{e}^{-2t})\varepsilon(t)$

3-9　$F(\omega)=\left(\dfrac{2}{\omega}\right)(\sin 2\omega+\sin\omega)$

习　题　4

4-1　(1) $\dfrac{s+1}{s+2}$

(2) $\dfrac{1}{(s+3)^2}$

(3) $\dfrac{s+2}{s^2+4s+5}$

4-2　$F_1(s)=F_2(s)=\mathscr{L}[\sin\omega_0(t-t_0)]=\dfrac{\omega_0\cos\omega_0 t_0-s\sin\omega_0 t_0}{s^2+\omega_0^2}$

$F_3(s)=e^{-st_0}\left[\frac{\omega_0\cos\omega_0 t_0+s\sin\omega_0 t_0}{s^2+\omega_0^2}\right]$

$F_4(s)=e^{-st_0}\left[\frac{\omega_0}{s^2-\omega_0^2}\right]$

4－3　(1) $\frac{s}{s^2+4}$　　(2) $\frac{2}{(s+4)^2}$

4－4　(1) $f(t)=2\delta(t)+(2e^{-t}-2e^{-2t})\varepsilon(t)$

(2) $f(t)=(5t+3)e^{-2t}\varepsilon(t)$

4－5　$f(t)=\frac{7}{5}e^{-2t}+2e^{-t}\left[-\frac{1}{5}\cos(2t)-\frac{2}{5}\sin(2t)\right]$,　$t\geqslant 0$

4－6　$y_{zi}(t)=-(2e^{-2t}+e^{-3t})\varepsilon(t)$；$y_{zs}(t)=2\sqrt{5}\cos(t-26.6°)\varepsilon(t)$；$y(t)=y_{zs}(t)+y_{zi}(t)$

4－7　$H(s)=\frac{s(s+2)}{(s+3)^2+2^2}$；零点：0，－2；极点：$-3+j2\omega$，$-3-j2\omega$

4－8　$f(t)=(1-0.5e^{-2t})\varepsilon(t)$

4－9　(1) 是；(2) 是；(3) 否

4－10　(1) $0<K<16$；　(2) $K>-6$；　(3) $0<K<99$

4－11　$P=-1.0000$　　$-0.5000+0.8660j$　　$-0.5000-0.8660j$

$Z=-3.0000$　　-2.0000

习　题　5

5－1　(1) z^{-2}，$0<|z|\leqslant\infty$　　(2) $\frac{z}{z-\frac{1}{a}}$，$|z|>\frac{1}{a}$

(3) $\frac{1}{z-\frac{1}{2}}$，$|z|>\frac{1}{2}$　　(4) $\frac{z}{z-0.5}+\frac{z}{z-0.25}$，$|z|>0.5$

5－2　(1) $\left[1+\left(-\frac{1}{2}\right)^n\right]\varepsilon(n)$

(2) $2(2^n-1)\varepsilon(n)$

(3) $0.5(-0.5)^n\varepsilon(n)-(-0.5)^{n-1}\varepsilon(n-1)$

(4) $(2^n-n-1)\varepsilon(n)$

5－3　(1) $x(0)=1$，$x(\infty)$不存在

(2) $x(0)=1$，$x(\infty)=0$

(3) $x(0)=0$，$x(\infty)=2$

5－4　$zX'(z)+z^2X''(z)$

5－6　(1) $y(n)=[9.26+0.66(-0.2)^n-0.2(0.1)^n]\varepsilon(n)$

(2) $y(n)=[0.5+0.45(0.9)^n]\varepsilon(n)$

(3) $y(n)=\frac{1}{9}[3n-4+13(-2)^n]\varepsilon(n)$

5－7　(1) $\frac{b}{b-a}[a^n\varepsilon(n)+b^n\varepsilon(-n-1)]$；

(2) $a^{n-2}\varepsilon(n-2)$;

(3) $\dfrac{1-a^n}{1-a}\varepsilon(n)$

5-8 (a) $H(z)=\dfrac{1}{1-\frac{1}{2}z^{-1}+\frac{1}{4}z^{-2}}$, $|z|>\dfrac{1}{2}$

(b) $y(n)=\left(\dfrac{1}{2}\right)^n\varepsilon(n)+\dfrac{2}{\sqrt{3}}\left(\dfrac{1}{2}\right)^n\cdot\sin\dfrac{\pi n}{3}\varepsilon(n)$

5-9 $h(n)=\dfrac{3}{2}\delta(n)-2(-1)^n\varepsilon(n)+\dfrac{1}{2}(-2)^n\varepsilon(n)$

$y(n)+3y(n-1)+2y(n-2)=x(n-1)+3x(n-2)$

5-10 (1) $H(z)=\dfrac{z}{(z-\alpha_1)(z-\alpha_2)}$, $\alpha_1=\dfrac{1+\sqrt{5}}{2}$, $\alpha_2=\dfrac{1-\sqrt{5}}{2}$

(2) $h(n)=\dfrac{1}{\alpha_1-\alpha_2}\cdot(\alpha_1^n-\alpha_2^n)\varepsilon(n)$，不稳定。

5-11 (1) $h(n)=0.5^{n-1}\varepsilon(n-1)-0.5^n\varepsilon(n)$

(2) $y(n)=2(0.5^n-1)\varepsilon(n)$

5-12 (1) 稳定 (2) 临界稳定 (3) 临界稳定 (4) 不稳定

5-13 $-2<\beta<0$

5-14 $y(n)+ay(n-1)=bf(n)+f(n-1)$

5-15 (a) $H(z)=\dfrac{1}{1-0.5z^{-1}}$ (b) $H(z)=\dfrac{z^{-1}}{1-0.5z^{-1}}$

(c) $H(z)=\dfrac{1}{1+0.8z^{-1}-0.8z^{-2}}$ (d) $H(z)=\dfrac{1}{1-4z^{-2}}$

5-16 $|H(e^{j\omega})|=4$, $\varphi(\omega)=-2\arctan\left(\dfrac{3\sin\omega T_s}{5\cos\omega T_s-2}\right)$

习 题 6

6-1 $\Delta\omega=8\omega_m$

6-2 $\dfrac{e^{jw}}{e^{jw}-1}$

6-3 (1) $8e^{j3w}\left[\dfrac{1-\left(\frac{1}{2}\right)^5e^{-5jw}}{1-\frac{e^{-jw}}{2}}\right]$ (2) e^{-j2w}

6-4 $\delta(n)-\dfrac{\sin(\omega_c n)}{\pi n}$

6-7 (1) [1, 3, 2], (2) [3, 3], (3) [1, 3, 2]

6-8 $F(k)=[4, 0, 0, 0]$

习　题　7

7－1　N=3，C=0.1238，B=[0 0 1]，

A=[1.0000，0.4985，0.2485；0，1.0000，0.4985]

7－2　N=6

7－3　B=[0.15，0.1，－0.05]，A=[1，0.2]

7－4　hanning；N = 63；KKp=－0.0888；KKs=－44

参考文献

[1] 姜建国. 信号与线性系统分析基础. 2 版. 北京：清华大学出版社，2006
[2] 吴大正. 信号与线性系统分析. 4 版. 北京：高等教育出版社，2005
[3] 燕庆明. 信号与系统. 3 版. 北京：高等教育出版社，2004
[4] 杨育霞. 信号与系统. 北京：人民邮电出版社，2005
[5] 刘卫国. MATLAB 程序设计教程. 北京：水利电力出版社，2005
[6] 余成波. 数字信号处理及 MATLAB 实现. 北京：清华大学出版社，2005